KB002100

즐거운

365일 수학

"Mathematics Teacher"

National Council of Teachers of Mathematics
"Mathematics Teacher"

책머리에

"지혜로운 이는 작은 돌을 어디에 감출까?"

"바닷가에."

"지혜로운 이는 나뭇잎을 어디에 감출까?"

"숲속에."

이것은 명탐정 브라운 신부의 어떤 이야기 가운데 유명한 대화이다. 이 말에는 문제를 푸는 요령이 숨겨져 있는 것 같다. 출제자가 지혜로운 이라면 풀이하는 이도 지혜로운 이의 사고를 웃돌지 않으면 안 된다.

그렇다. 출제자는 아무리 난해하게 보이는 문제라도 그 속에 슬쩍 해답의 실마리를 숨기고 있는 것이다.

세계에서 둘째가라면 서러울 정도의 왕성한 교육열을 가지고 있는 우리나라가 높은 교육열에 비추어 수학교육에는 큰 문제점이 있다. 이를 두고 교수, 일선교사들은 입시 위주의 획일 · 주입식 교육 탓이라고 분석했다. 평준화된 학생들에게 기껏해야 몇 가지 교재를 선택해 가르치는 획일적 교과 과정, 그것도 대학입시에 전력하지 않을 수 없는 교육 아래서는 진정 창의적인 수학적 사고를 개발할 수 없다는 것이다.

일선 교사들이 가장 가르치기 쉬운 과목이 수학이라고 대답하면서도 가장 성적이 나쁜 과목 또한 수학이라는 사실은 곧 우리나라 수학교육에 문제점이 있다는 반증이 된다.

이러한 수학교육의 제반 문제점을 극복하기 위해서, 합리적이고 효율적인 교과과정으로 논리전개와 사고력 함양을 중시하는 미국 고등학생들의 수학교육 일면을 음미해 보는 것은 바람직한 일이라 하겠다.

NCTM(National Council of Teachers of Mathematics)은 전 미국 수학교사들의 협의체로서 〈Mathematics Teacher〉라는 문제집을 캘린더 형식으로 발간하고 있다.

출제된 문제들은 언뜻 보아 쉬운 듯하면서도 논리적인 사고가 요구되며, 일견 어려운 듯하지만, 치밀한 논리의 전개로 해결할 수 있는 기지가 번뜩이는 문제들로 구성되어 있다.

누구도 풀 수 있지만, 누구나 풀 수는 없다!

초등학생부터 수학박사까지 같이 푼다!

공식을 외워서 푸는 문제는 하나도 없다.

미국의 수학교사들이 정선한 365문제를 한 문제씩 풀어보는 것도 흥미있고 고정관념에서 벗어나 수학적 사고를 마음껏 발휘할 수 있는 절호의 기회가 될 수 있을 것이다.

교과 과정만 높여 놓아 제대로 소화해 내지도 못함으로써 대부분의 학생들이 수학에 염증을 느끼고, 이해도 되지 않는 문제를 단순히 유사 문제의 반복 암기로써 입시에 대비하는 우리의 수학교육에 대해서 많은 것을 생각하게 하는 길잡이가 될 것이다.

언제, 어디서, 어떤 유형의 난제를 만나더라도,

고정관념에서 탈출,
유니크한 발상과
번뜩이는 기지,
자유분방한 사고로

해결의 실마리를 이끌어내는 능력을 키움으로써, 단지 입시만을 위한 수학이 아닌, 창조적인 사고로 오늘의 급변하는 시대를 살아갈 수 있는 지혜로운 학생이 될 것을 바라면서.

— 엮은이

*문제들 가운데 중간 중간 풀이를, 어려운 수학공식(이를테면 방정식 등)을 사용하지 않고 풀이한 해답들이 상당수 있다. 이것은 문제의 난이도와 상관없이 학생들에게 논리적인 사고를 고취하기 위한 풀이법으로 효과적이라 생각한 것이다.

January Problem

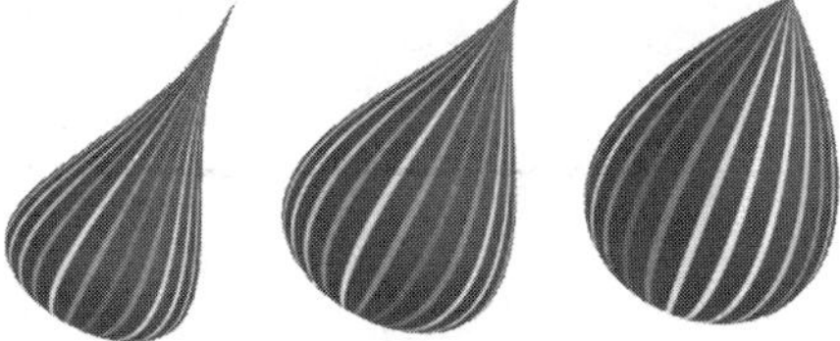

◀수학 에세이▶

<왜 미지수를 x로 표시할까?>

일반적으로 방정식에서 미지수는 대부분 x로 표시하는데, 왜 그럴까?

처음 x를 사용한 사람은 프랑스의 사상가이며 수학자인 데카르트인데, 프랑스어에는 x자가 들어가는 단어가 많다. 그래서 인쇄소에서는 x자의 활자를 여분으로 많이 가지고 있었기 때문이라고 한다.

1.

어느 국도에 2.2km마다 신호등이 있다. 이들 신호는 파랑 신호등이 2분, 노랑 신호등이 5초 빨강 신호등이 40초 간격으로 동시에 점멸하고 있다. 지금 빨간 신호등에서 정지해 있던 차가 푸른 신호등이 켜진 직후에 출발했다. 이 자동차가 앞으로 나올 모든 신호를 파랑 신호등으로 통과하려면 시속 몇 km로 달려가야 할까?

또 시속 40km로 달려가면 노랑 신호등이나 빨강 신호에서 정차하는 것은 몇 번째 신호가 되는가? 또 이때에 기다려야 하는 시간을 구하라.

2.

그림과 같이 직각이등변삼각형 ABC가 있다. A의 내각이 직각이고, AB와 AC 두 변의 길이는 각각 12cm이다. 또 BD의 길이는 빗변 BC의 1/3이고, 사각형 ABDE와 삼각형 EDC의 넓이의 비는 3:2가 되도록 점 E를 잡고 있다. 이때 AE의 길이는 얼마가 될까?

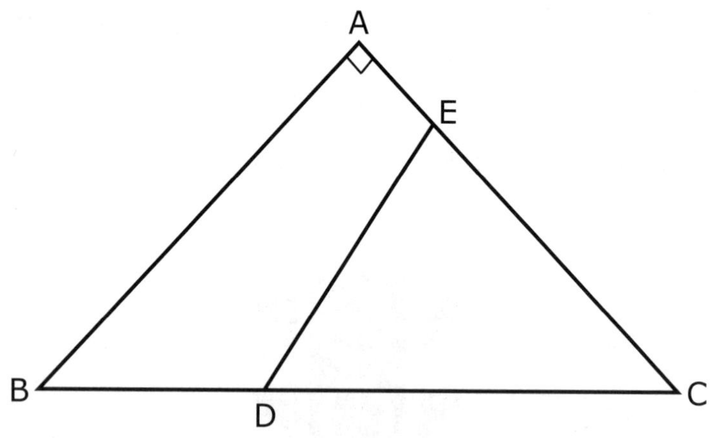

3.

한 숫자만 움직여서 아래 식이 성립되도록 하라.

$$101 - 102 = 1$$

4.

아래의 점들은 가로 세로로 각각 1cm의 간격으로 배열되어 있다. 두 점을 연결해 길이가 $\sqrt{5}$ cm가 되는 선분의 개수는?

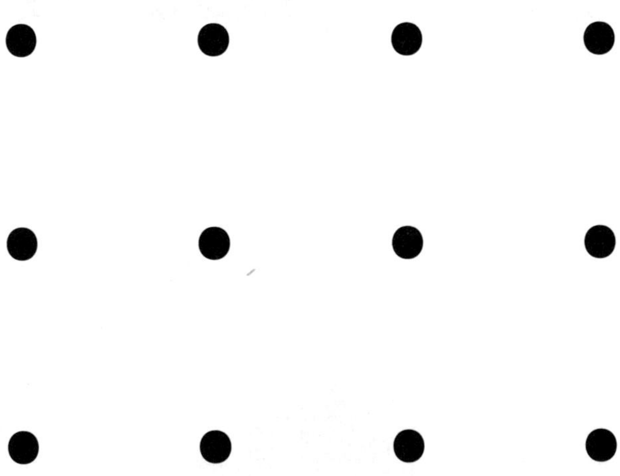

5.

X는?

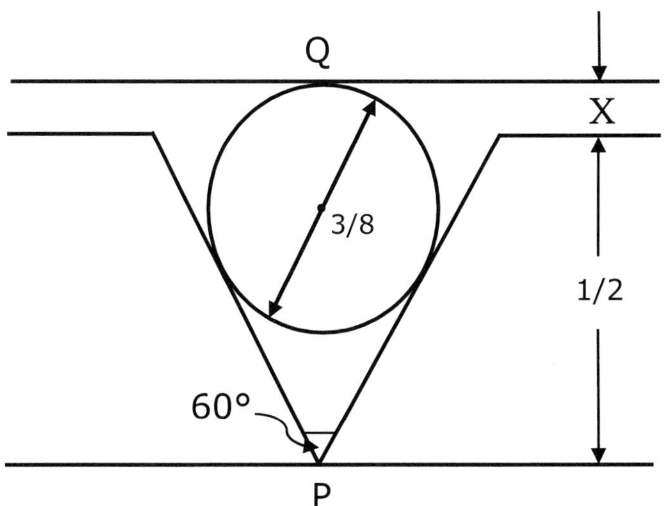

6.

수학책의 두 페이지를 펼쳤을 때 두 페이지의 쪽수의 곱이 1,806이었다면 두 페이지는 각각 몇 쪽인가?

7.

한 남자와 그의 손녀는 생일이 같다. 연속되는 여섯 번의 생일 동안 그 남자는 손녀 나이의 정수배이다. 이 생일들 가운데 여섯 번째에 그들 각각의 나이는?

8.

1에서 9까지의 수를 조합해서 더하면 100이 되도록 하라.

9.

아래 배열된(좌변) 숫자들 사이에 두 개의 + 기호와 두 개의 − 기호를 넣어 식이 성립되도록 하라.

$$3\ 3\ 4\ 4\ 5\ 5\ 6\ 6\ 7\ 7=153$$

10.

아래 그림을 크기와 모양이 똑같도록 4개로 분할하라.

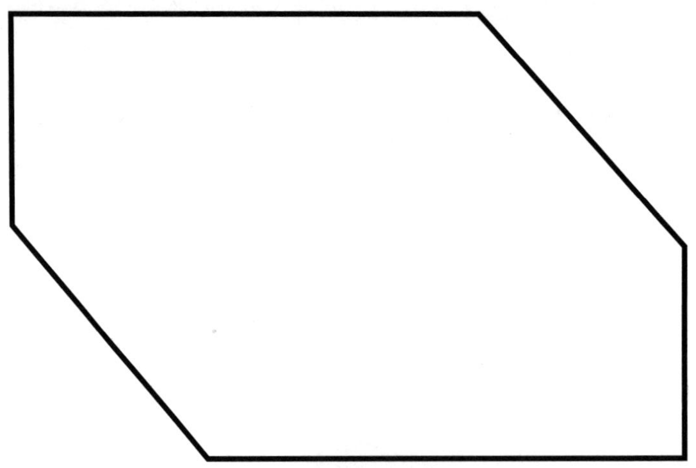

11.

BC의 길이가 AB의 길이의 2배인 직사각형이 있다. 지금 점 P는 A→B→C→D→A의 순서로 한 바퀴 도는 것으로 하고, AB 위에서는 매초 2cm, BC 위에서는 매초 4cm, CD 위에서는 매초 6cm, DA 위에서는 매초 8cm의 속도로 진행했더니, 한 바퀴 도는 데 102초가 걸렸다. AB와 BC의 길이는 각각 몇 cm일까?

12.

두 개의 직선으로 시계의 표면을 세 부분으로 잘라 각 부분의 숫자의 합이 같도록 하라.

13.

3×3의 격자무늬 9개의 점을 연결해서 만들 수 있는 이등변삼각형의 수는?

14.

∠ADB는?

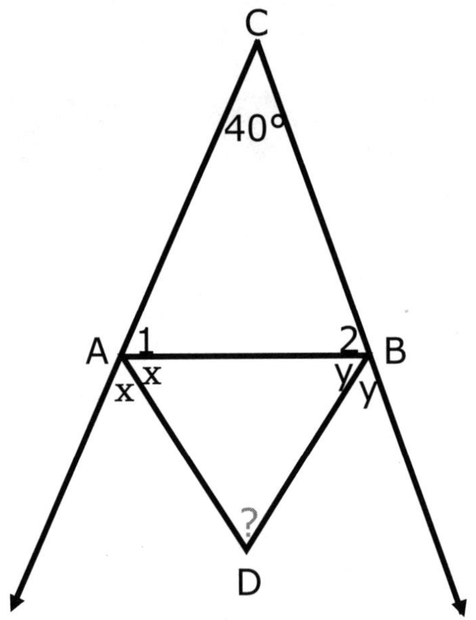

15.

세로 16m, 가로 20m인 직사각형의 땅이 있다. 이 속에 아래 그림과 같은 화단을 만들고 그 주변을 폭 1m의 길로 둘러쌌다. 화단의 모양은 세로와 가로의 비율이 원래의 땅의 세로와 가로의 비율과 같은 직사각형이다. 알아본 결과 도로를 뺀 토지의 넓이는 262m^2이다.

화단 둘레의 길이와 그 넓이는?

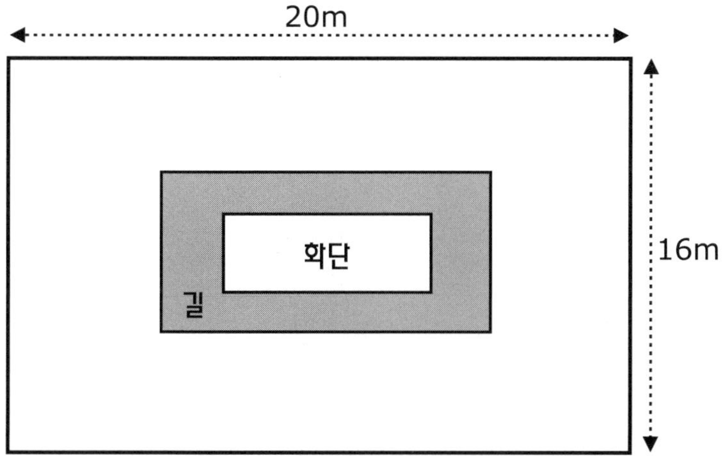

16.

a=$(((2^2)^2)^2)^2$ 이고, b=$2^{2^{2^{2}}}$ 이다.

$\frac{b}{a}$ 를 2^p 으로 나타내라.

17.

아래 빈칸을 채워라.

3	4	5	6	7	8	9	10
		52	63	94	46		

18.

1에서부터 13까지 숫자가 적힌 카드가 각각 한 장씩 있다. 적절히 배열해 차곡차곡 쌓은 후, 첫 장을 펼치고 두 번째 장을 맨 밑으로 돌리는 식으로 계속했을 때, 1, 2, 3,……13과 같이 차례대로 배열되게 하려고 한다. 처음에 카드를 배열하는 순서는?

19.

사다리꼴 ABCD의 넓이는?

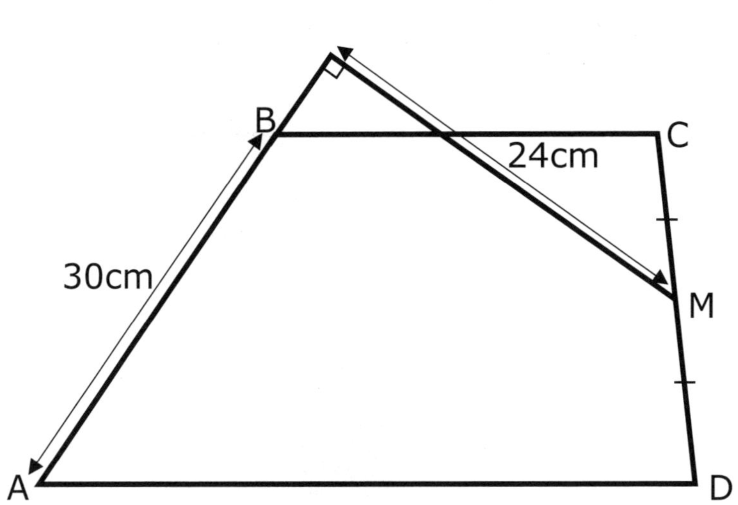

20.

모든 가로선은 각기 평행하고, 모든 세로선은 같은 폭으로 평행하며, 모든 각이 직각이라면 검은 부분의 넓이는 전체 넓이의 얼마나 될까?

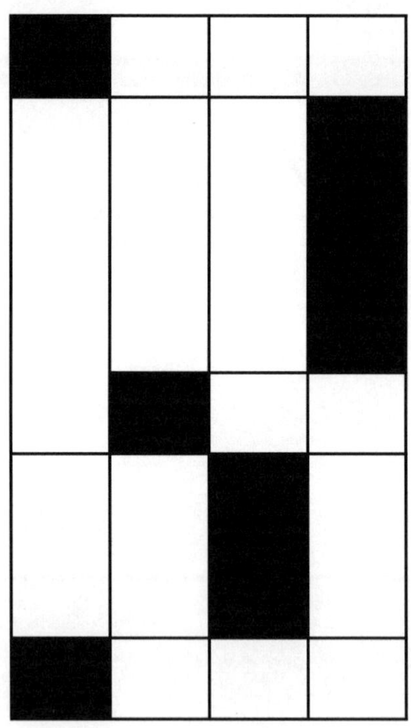

21.

다음 식을 만족하는 $\mathbf{x}$는?

$$x^2 - \cos x + 1 = 0$$

22.

$2^{48}-1$은 60과 70 사이의 두 숫자로 나누어떨어진다. 두 숫자는?

60…?…?…70

23.

아래 수열에서 다음에 올 숫자는?

77, 49, 36, 18, ?

24.

A, B, C, D 네 개의 도시가 그림과 같이 한 변의 길이가 100km 정사각형의 모서리에 위치하고 있다. 이 네 도시를 잇는 고속도로를 가장 경제적으로(가장 짧게) 만들려고 아래와 같은 설계도가 나왔다. 그런데 이것보다 더 짧게 만들 수는 없을까? 그리고 그 길이는? (소수점 이하는 버릴 것)

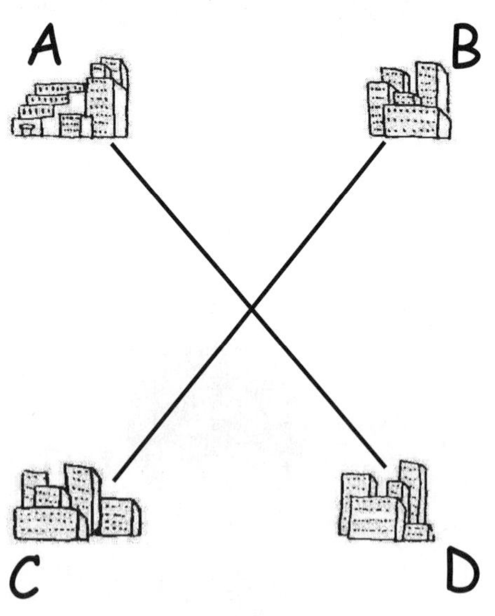

25.

다음 그림에서 무늬는 몇 개일까?
(단, 크기는 상관없다.)

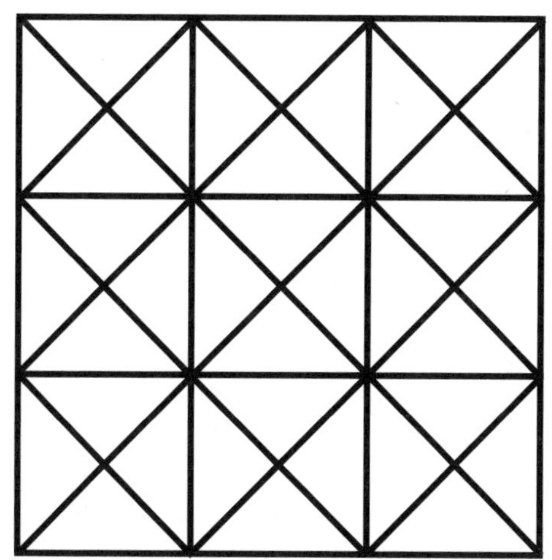

26.

정원에다 열 그루의 나무를 다섯 줄로 나란히, 게다가 한 줄에는 네 그루씩의 나무가 심겨지도록 했으면 한다. 어떻게 하면 좋을까?

27.

용량이 같은 병이 두 개 있다. 첫째 병에는 아메바가 한 마리, 둘째 병에는 아메바가 두 마리 있다. 이 한 마리의 아메바가 두 마리로 분열하는 데는 3분이 걸린다. 둘째 병의 아메바가 분열하여 병에 가득 차는 데는 세 시간이 걸린다.

그렇다면 첫째 병의 아메바가 분열하여 병에 가득 차는 데 걸리는 시간은?

28.

바구니 속에 검은색 양말이 5켤레, 붉은색 양말이 10켤레 있다. 만약 불이 꺼진 캄캄한 방에서 바구니를 열고 같은 색 양말을 신기 위해서는 최소한 몇 켤레의 양말을 꺼내면 좋을까?

29.

달걀 두 개를 동시에 올려놓고 부칠 수 있는 프라이팬이 있다. 한쪽이 익으면 뒤집는다. 한쪽이 익는 데는 30초가 걸린다. 3개의 달걀을 부치는 데 2분까지 걸리지 않고 1분 30초 만에 끝낼 수 있는 방법은 없을까?

30.

두 개의 원이 A에 접해 있다. B가 바깥 큰 원의 중심이고 CD의 길이가 9cm, EF가 5cm이다. 두 원의 지름은 각각 얼마인가?

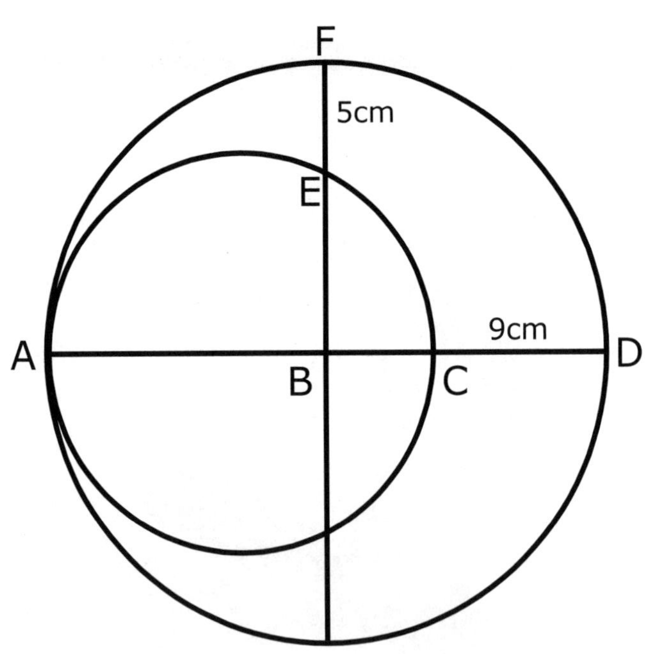

31.

여덟 개의 8을 조합해서 더하면 1,000이 되도록 하라.

8 8 8 8 8 8 8 8

=1,000

Problem Solving

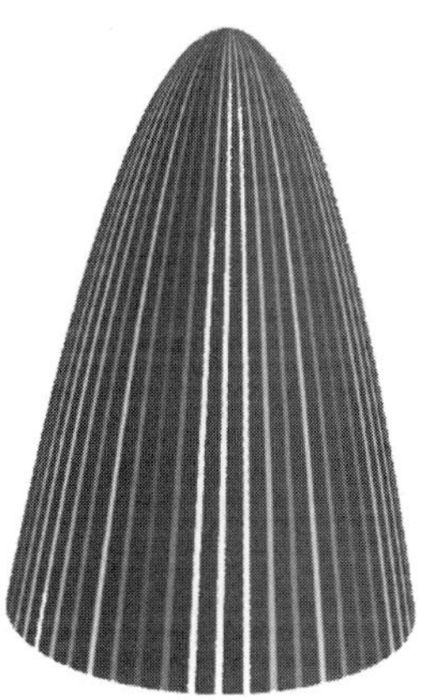

1. 【해답】 48km, 4번째 신호등에서 33초 기다려야 한다.

파랑 신호 2분, 노랑 신호 5초, 빨강 신호 40초 간격이므로, 각 신호는 2분+5초+40초=2분 45초마다 반복된다. 이 때문에 그 사이에 2.2km를 달려갈 수 있으면 처음에 파랑 신호였다면 항상 파랑 신호에 통과할 수 있다. 즉 2.2km를 2분 45초에 달려가면 되는데,

이것을 시간으로 고치면 $\frac{11}{240}$시간이 되므로,

시속으로는 $2.2 \div \frac{11}{240} = 48$(km)가 된다.

또 시속 40km로 달리면, 2.2km를 가는 데는

$\frac{2.2}{40} \times 60 = 3.3$(분) 즉 198초, 한편 신호는

$2\frac{45}{60} \times 60 = 165$(초)마다 반복되므로

한 개의 신호등을 통과할 때마다 푸른 신호등 쪽으로 33초(198－165)씩 다가간다. 파랑 신호는 120초(2분)이므로.

$120 - 33 \times 4 = -12$(초)가 되고,

4번째 신호등에서는 노랑 신호가 켜진 지 12초 뒤에 도착한다. 노랑 신호는 5초, 빨강 신호는 40초이므로 이것은 빨강 신호로 바뀐 7초 뒤이다. 이렇게 해서 4번째 신호등에서 이 차는 33초(40－7)를 기다리게 된다.

2. 【해답】 4.8cm

그림처럼, B와 E를 점선으로 연결하고, 사각형 ABDE를 삼각형 ABE와 삼각형 EBD로 나눈다.

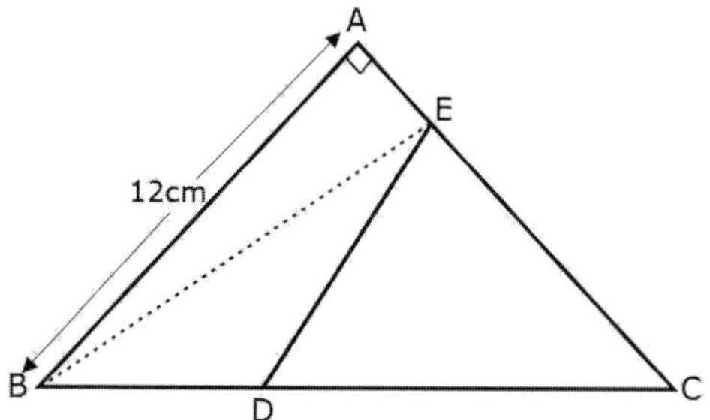

원래의 삼각형 ABC는 직각이등변삼각형이므로 넓이는72cm^2 (12x12÷2)이다.

그리고 사각형 ABDE와 삼각형 EDC의 넓이의 비는 3:2이므로, 각각의 넓이는

사각형 ABDE=72×$\frac{3}{3+2}$=43.2(cm^2)

삼각형 EDC=72×$\frac{2}{3+2}$=28.8(cm^2)가 된다.

여기서 삼각형 EBD와 삼각형 EDC를 비교하면, 밑변의 길이가 1:2이므로 넓이 또한 1:2가 되어,

삼각형 EBD의 넓이=28.8÷2=14.4(cm^2)이다.

삼각형 EBD와 삼각형 ABE를 더한 것이 사각형 ABDE이므로, 삼각형 ABE의 넓이=43.2－14.4=28.8(cm^2)가 된다.

그런데 이 삼각형의 밑변을 AE로 보면, 높이는 AB이다. 이렇게 해서

삼각형 ABE의 넓이=(AE×AB)÷2=(AE×12)÷2=AE×6

∴AE=28.8÷6==4.8(cm)

3. 【해답】 $101-10^2=1$

4. 【해답】 14개

$1^2+2^2=5$임에 주목하라.

1×2의 직사각형의 두 대각선의 길이가 $\sqrt{5}$이다.

1×2의 직사각형은 7개이므로 선분의 개수는 14개이다.

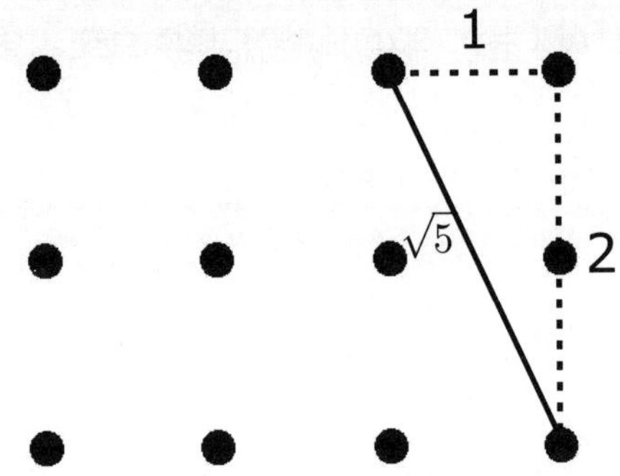

5. 【해답】 $\frac{1}{16}$

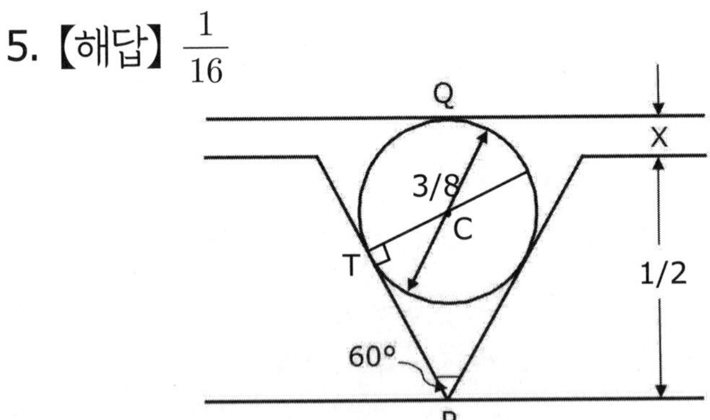

선 PC는 각 60°를 이등분하므로 ∠CPT=30°이다.

접선과 접점에서의 반지름과의 교각은 90°이므로 △PTC는 30°, 60°, 90°의 직각삼각형이고, 사변의 길이 PC는 ∠CPT의 대변 TC의 길이의 2배이다.

반지름 TC=$\frac{3}{16}$임을 알고 있으므로 PC=$\frac{3}{8}$이다.

∴PQ=$\frac{9}{16}$이다. 또 PQ=$\frac{1}{2}$+x $\frac{9}{16}=\frac{1}{2}$+x

∴x=$\frac{1}{16}$

6. 【해답】 42, 43

두 쪽의 쪽수를 각각 x, x+1이라 하면,

$x(x+1)=1806$

$x^2+x-1806=(x+43)(x-42)=0$

$x=-43,\ 42$

-43은 버리고 x=42, ∴ x+1=43

7. 【해답】 할아버지 : 66살, 손녀 : 6살

8. 【해답】

```
  15
  36
+ 47
----
  98
+  2
----
 100
```

9. 【해답】 3−344+5+566−77=153

10.【해답】 그림과 같다.

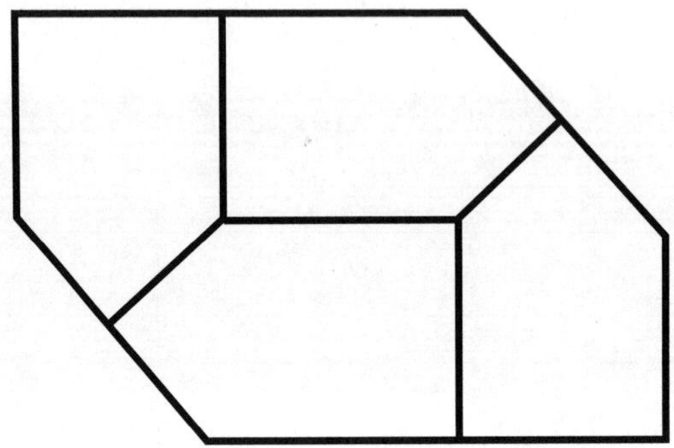

11.【해답】 AB 72cm, BC 144cm

AB, BC, CD, DA 위에서의 속도가 각각 매초 2cm, 4cm, 6cm, 8cm이므로, 이 가운데 어느 것으로도 나누어떨어지는 길이를 생각하면, 최소의 길이는 24cm이다. 그래서 가령 AB를 24cm, BC를 48cm로 하여, 한 바퀴 도는 데 걸리는 시간을 계산하여 본다. 먼저 AB 위에서는 매초 2cm의 속도이므로, 그 사이의 시간은,

$\frac{24}{2}$=12(초)이다.

그리고 BC 위에서는 매초 4cm이므로,

$\frac{48}{4}$=12(초)이다.

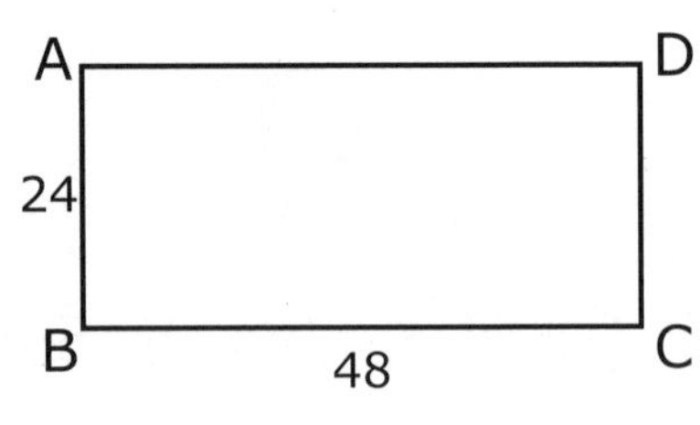

마찬가지로 생각하면, CD 위에서는

$\frac{24}{6}$=4(초)

DA 위에서는

$\frac{48}{8}$=6(초)이다.

이들의 시간을 합하면 12+12+4+6=34(초)가 된다. 그런데 실제로 걸린 시간은 102초이므로, 가정으로 생각한 길이에 대하여 모두 3배(102÷34)로 할 필요가 있다. 이리하여 AB의 길이는 72cm, BC의 길이는 144cm가 된다.

12. 【해답】 그림과 같이 자른다.

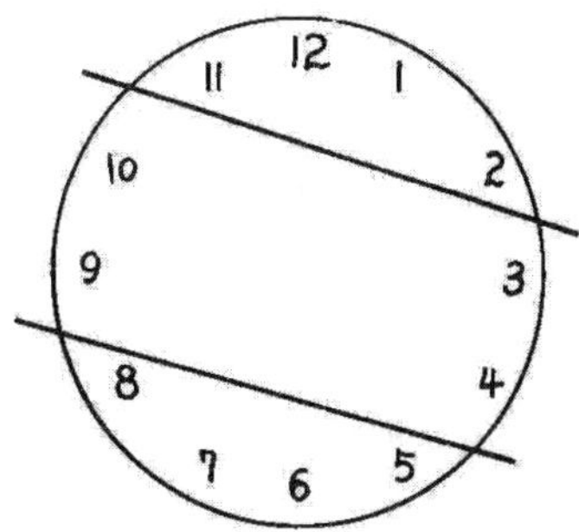

13. 【해답】 36개

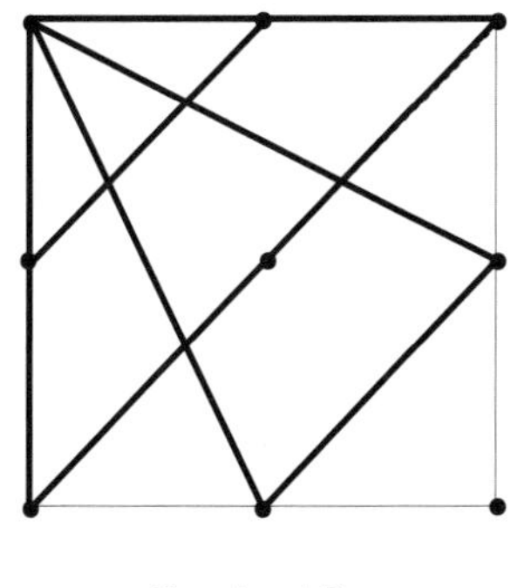

3×4=12

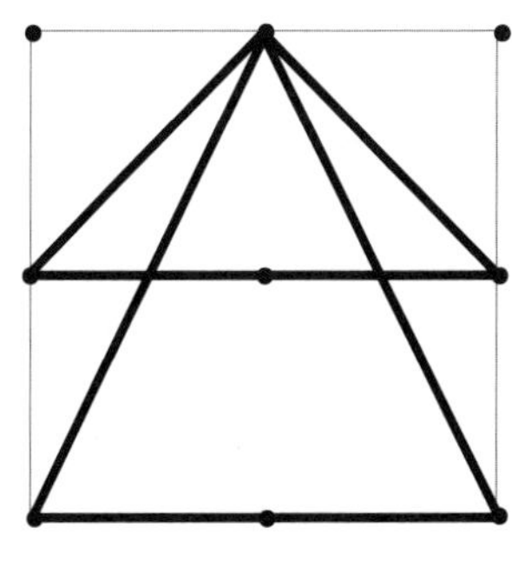

2×4=8

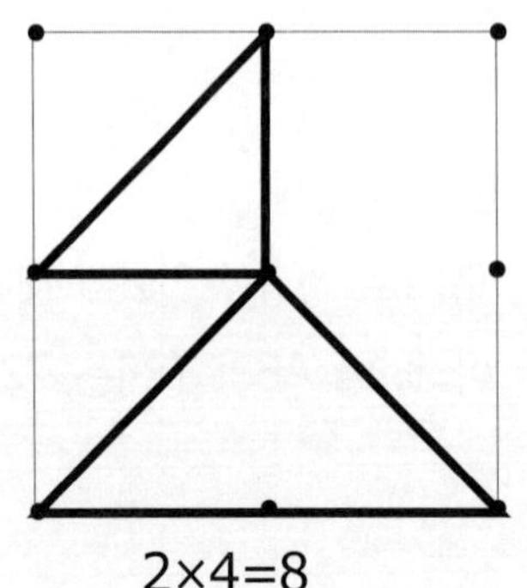

2×4=8

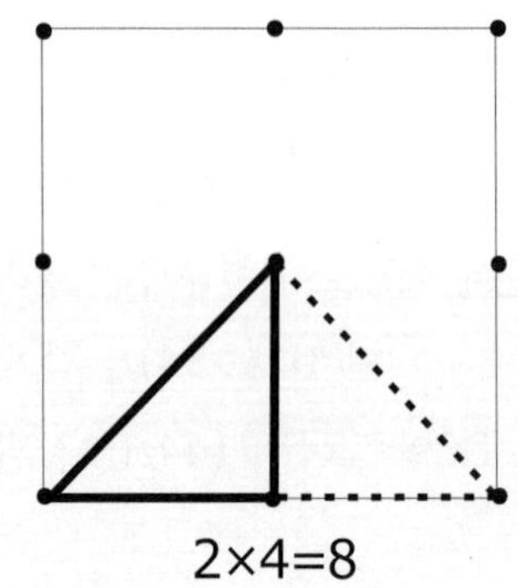

2×4=8

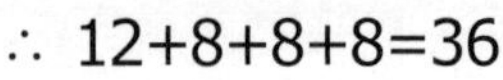

∴ 12+8+8+8=36

14. 【해답】 70°

(1) ∠1+∠2+40°=180°

(2) ∠1+2(x)=180°

(3) ∠2+2(y)=180°

(2)와 (3)을 더하면,

∠l+∠2+2(x)+2(y)=360°

(1)을 대입하면,

140°+2(x)+2(y)=360°

∴x+y=110°

∴∠ADB=70°

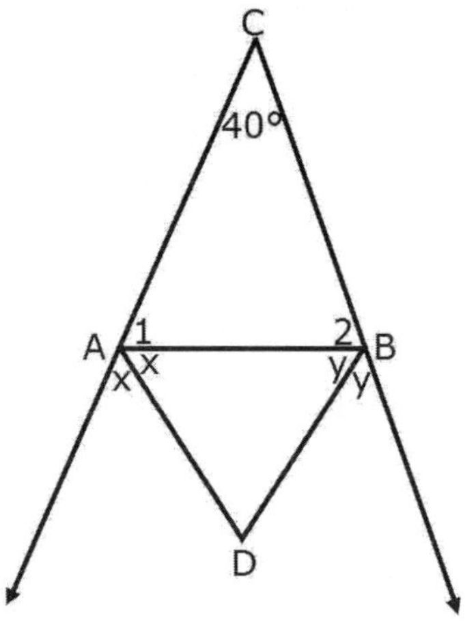

15. 【해답】 화단 둘레 길이 54m, 화단의 넓이 $180cm^2$

토지의 전체 넓이는

16X20=320(m^2)이다.

그러면 길을 제외한 토지의 넓이가 $262m^2$이므로 길의 넓이는 320

−262=58(m^2)이다.

여기서 그림과 같이, 길의 네 모서리로부터 넓이가 1m^2씩 되는 정사각형을 빼면, 도로의 나머지 넓이는

58−1X4=54(m^2)이다.

이 길은 모두 화단에 접하고 있으므로, 이것을 너비 1m로 나누면, 화단 둘레의 길이는 54m이다.

다음에 화단의 넓이를 구하기 위하여, 둘레의 길이를 2로 나누어 27m를 구한다. 이것은 화단의 세로와 가로의 길이의 합이므로 세로와 가로의 비율을 원래의 토지의 세로와 가로의 비율과 같게 하면 된다. 원래의 토지의 세로와 가로의 비율은,

16:20=4:5이므로,

세로의 길이는 $27\times\frac{4}{4+5}$=12(m)

가로의 길이는 $27\times\frac{5}{4+5}$=15(m)가 된다.

이것으로부터 화단의 넓이는

12×l5=180(m^2)이다.

16. 【해답】 2^{65520}

$a=((2^2)^2)^4=(2^2)^8=2^{16}$

$b=2^{2^{2^4}}=2^{2^{16}}=2^{65536}$

$\therefore\ \frac{b}{a}=2^{65520}$

17. 【해답】

가능한 해석 : 각 수의 제곱수를 뒤집어 놓은 것이다.

3	4	5	6	7	8	9	10
9	61	52	63	94	46	18	001

18. 【해답】 1, 12, 2, 8, 3, 11, 4, 9, 5, 13, 6, 10, 7

19. 【해답】 720cm^2

선 EM∥AB가 되도록 BC의 연장선상에 점 E를 잡고, EM의 연장선과 AD가 만나는 점을 F라 하면,

△MCE=△MDF이므로

평행사변형 ABEF의 넓이는 사다리꼴 ABCD의 넓이와 같다.

∴ 사다리꼴 ABCD의 넓이=30×24=720(cm^2)

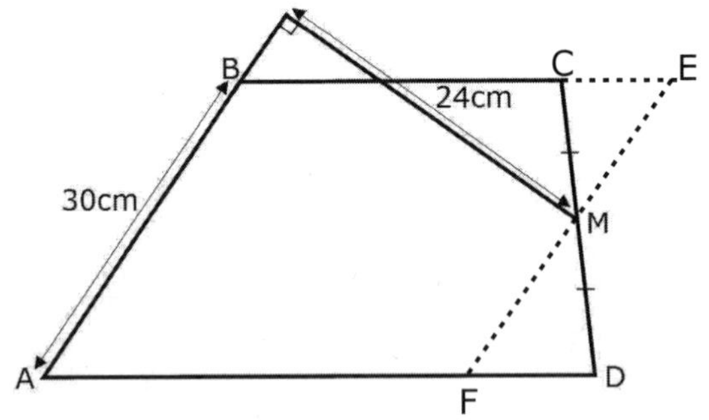

20. 【해답】 $\frac{1}{4}$

간단히 검은 부분을 전부 오른쪽으로 옮겨 보라.

21. 【해답】 $x=0$

$x^2-\cos x+1=0$

① $x^2+1=\cos x$

$-1\leqq\cos x\leqq 1,\quad x^2+1\geqq 1$

따라서 $1\leqq x^2+1=\cos x\leqq 1$

이것을 만족하는 것은 $x=0$ 밖에 없다.

② $y=x^2+1$, $y=\cos x$의 교점의 x좌표

$\therefore x=0$

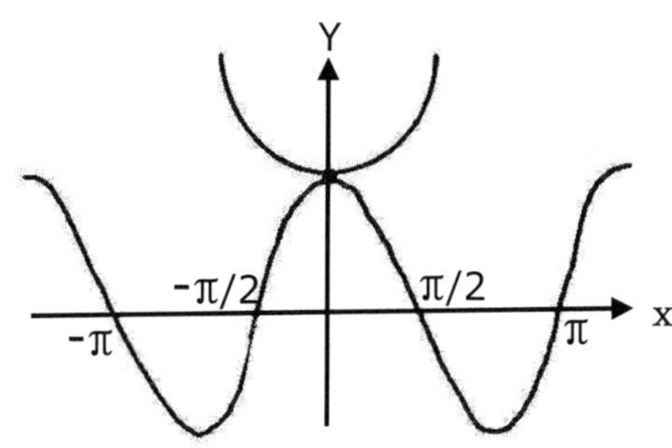

22. 【해답】 63과 65

$2^{48}-1=(2^{24}+1)(2^{12}+1)(2^6+1)(2^6-1)$

$2^6-1=63,\quad 2^6+1=65$

23. 【해답】 8

$7\times7=49$, $4\times9=36$, $3\times6=18$

앞의 숫자와 뒤의 숫자를 곱한 수이다.

따라서 $1\times8=8$.

24. 【해답】 273km

$(\frac{2}{\sqrt{3}}\times 50)\times 4+(100-\frac{100}{\sqrt{3}})\fallingdotseq 273$

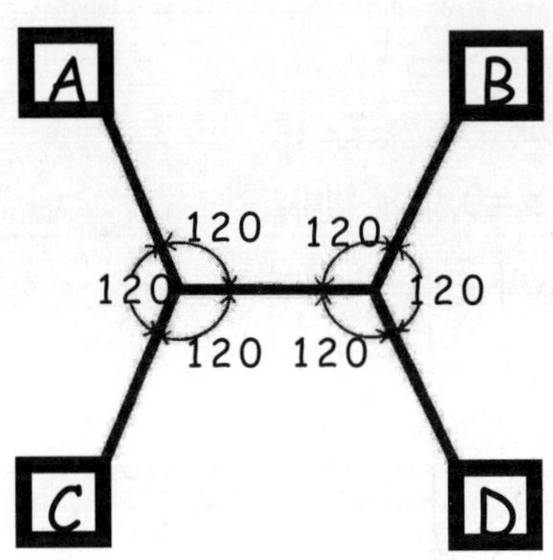

25. 【해답】 112개

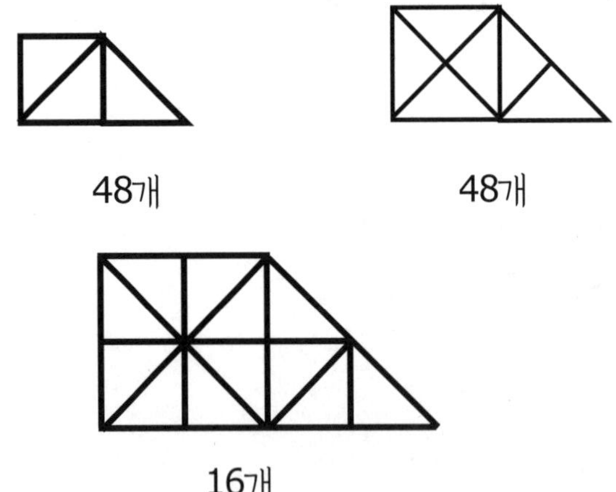

∴ 48+48+16=112(개)

26. 【해답】 그림과 같다.

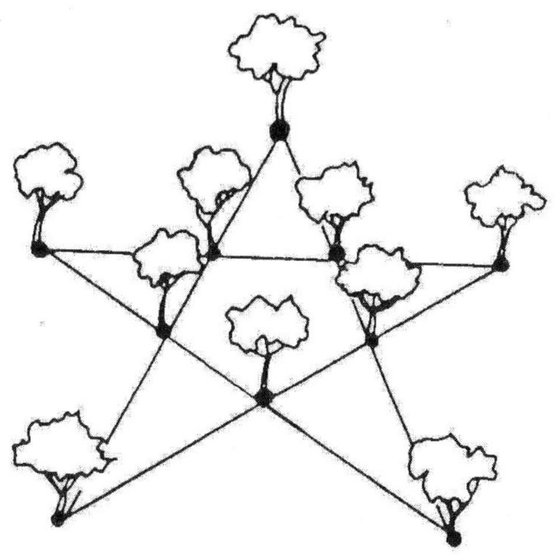

27. 【해답】 3시간 3분

한 번 분열하여 두 마리가 되어버리면(한 마리가 두 마리로 분열하는 데는 3분이 걸린다) 다음은 두 번째의 병과 같은 출발점에 서게 된다. 다만 3분이 늦어진다는 것뿐이다.

28. 【해답】 한 켤레 반, 즉 세 개

설명할 필요도 없겠지만, 발은 오른쪽과 왼쪽 두 개밖에 없다. 양말은 오른쪽 왼쪽 구별이 없으므로 몇 켤레가 들어 있는가 하는 것은 아무 문제가 되지 않는다. 아무튼 3개만 꺼내 보면 같은 색이 세 개이든가, 아니면 검은색이 2개, 붉은색이 1개든가, 아니면 그 반대이든가 할 것이다. 어떤 빛깔의 양말이 많고 적고 간에 3개만 꺼내 보면 한 켤레를 만들 수가 있다.

29. 【해답】

먼저 프라이팬에 2개의 달걀을 얹어 놓는다. 30초가 지나면 두 달걀의 한쪽이 익는데, 한 개는 뒤집어서 뒤쪽을 익히고, 다른 한 개는 프라이팬에서 꺼내놓고 나머지 한 개의 달걀을 얹어 놓는다.

또 30초가 지나면 처음 한 개는 맛있는 달걀부침이 되며 나중에 얹은 달걀은 한쪽이 익는다. 그러면 조금 전 프라이팬에서 꺼낸 달걀을 뒤집어서 얹으면 된다. 이것이 익는 데는 30초가 걸린다.

따라서 달걀 세 개를 부치는 데 1분 30초면 끝낼 수 있다.

30. 【해답】 큰 원의 지름 : 50cm,

작은 원의 지름 : 41cm

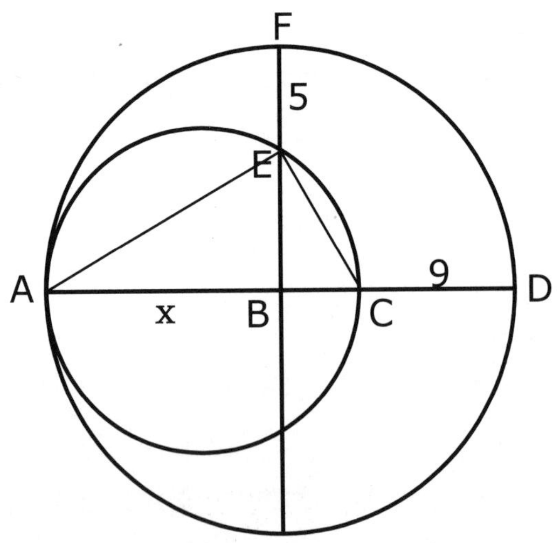

큰 원의 반지름을 x라 하면, 선 BC는 $x-9$, BE는 $x-5$가 된다.

△ABE, △BCE, △ACE에서

$AE^2=x^2+(x-5)^2$ $CE^2=(x-5)^2+(x-9)^2$

△ACE에서 $AE^2+CE^2=AC^2$

$x^2+(x-5)^2+(x-5)^2+(x-9)^2=\{x+(x-9)\}^2$

위 식을 풀면, $x=25$

따라서 큰 원의 지름은 50cm,

작은 원의 지름은 50－9=41cm

31. 【해답】 888+88+8+8+8=1,000

February Problem

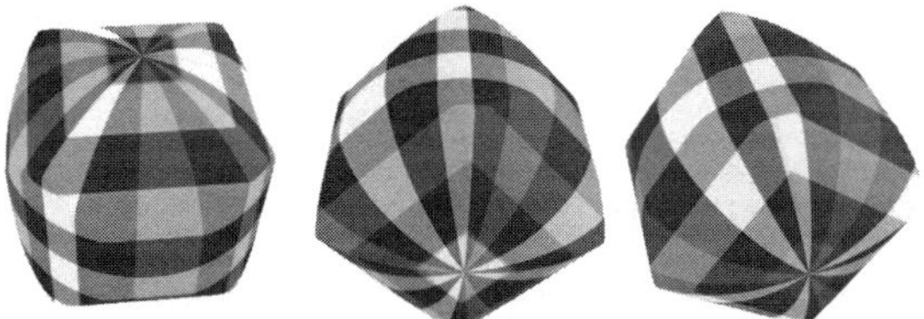

◀수학 에세이▶

<A4 용지의 비밀>

우리가 가장 많이 사용하는 A4 용지는 가로 297mm에 세로가 210mm다. 이 크기가 바로 종이를 낭비하지 않는 크기라는 것이다. 왜 A4 용지의 크기가 종이를 낭비하지 않는 비율인 것일까?

A4용지의 크기인 가로 210mm, 세로 297mm는 그 비율이 1 : 1.414……가 되는데, 흥미로운 것은, 종이를 계속해서 반으로 잘라 갈 때, 언제까지고 그 비율은 1 : 1.414……의 비율이 계속된다는 것이다. 따라서 종이를 낭비하지 않으면서 계속해서 작은 크기로 절단해서 사용할 수 있는 것이다.

다른 크기나 길이로 절단하면 똑같은 비율로 잘라지지 않기 때문에 종이를 낭비하게 된다. 다시 말하면, A0용지를 반으로 자르면 A1용지가, A1용지를 반으로 자르면 A2용지가, A2용지를 반으로 자르면 A3용지가, A3용지를 반으로 자르면 A4용지가……되는 것이다.

독일의 표준화연구소에 의해 종이 낭비를 최소화할 수 있는 종이 모양과 크기로 바로 A4용지가 선택되었는데, 297mm×210mm의 비율을 갖게 된 것은, 가로(짧은 변)를 a, 세로(긴 변)를 b라고 하면,

종이를 절반으로 접었을 때, 기존 비율을 유지하려면,

b/a=a/(b/2) 즉, a^2=(b^2)/2

이런 비율로 종이를 만들면 용지를 제작하기가 손쉽고, 문서작성 작업을 하고 인쇄를 할 때, 모아서 대량으로 인쇄하기가 매우 수월해진다.

이렇게 종이 한 장을 만들더라도 낭비를 줄이기 위한 방법으로 도형의 닮음 등 수학적 개념이 이용되고 있는 것이다.

1.

두 개의 주사위를 던져 나온 두 수를 곱했을 때, 기댓값은?

2.

두 자리 숫자의 왼쪽이나 오른쪽 끝에 7을 붙이면 값이 700 증가한다. 최초의 두 자릿수는?

7??

??7

3.

직사각형 ABCD가 그림과 같이 있다. 점 P는 A에서부터 B의 방향으로 매초 2cm, 점 Q는 C에서부터 D 방향으로 매초 3cm의 속도로 A, C를 동시에 출발하였다. PQ가 변 AD와 평행이 되는 것은, 출발 후 몇 초 뒤인가? 또 사다리꼴 APQD와 BPQC의 넓이의 비가 5:7로 되는 것은 출발 후 몇 초 뒤일까?

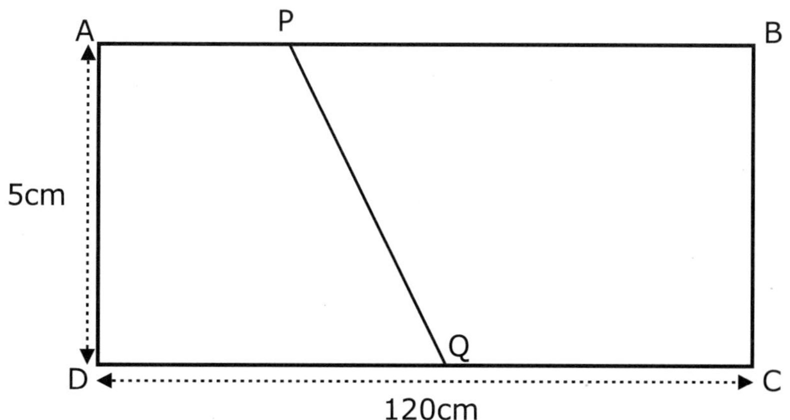

4.

두 변의 길이가 9와 7인 평행사변형의 두 대각선이 정수이다. 두 대각선의 길이는?

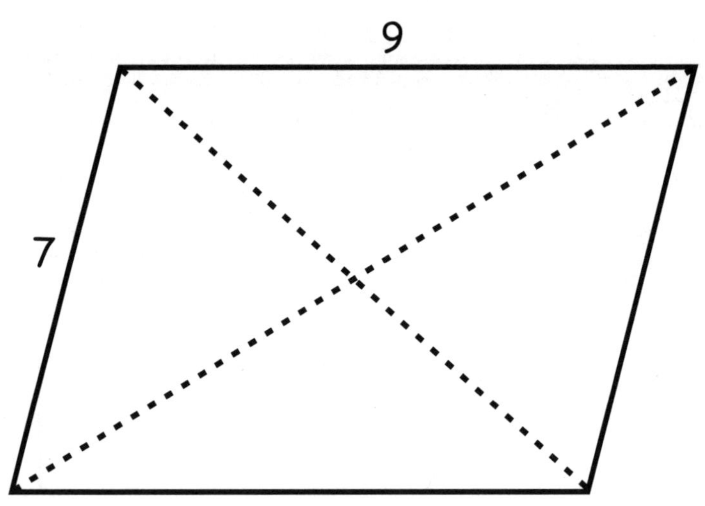

5.

1과 1000 사이의 수 중 $\mathbf{x}^n$으로 표현되는 수는 얼마나 되는가? (단 x, n>1이고 자연수이다)

$$1 \cdots \mathbf{X}^{n} \cdots 1000$$

6.

둘레가 324cm이고 빗변의 길이가 135cm인 직각삼각형에 내접하는 원의 반지름은 얼마인가?

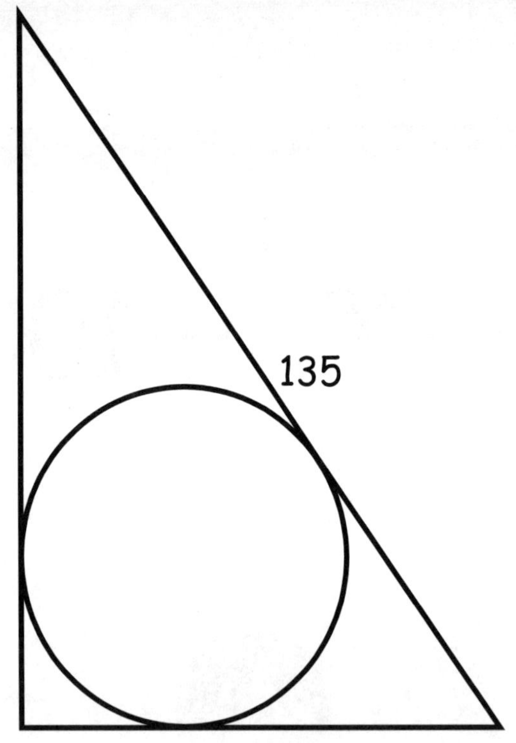

7.

연못 둘레를 일주하는 길이 있다. A, B, C 세 사람이 같은 장소로부터 동시에 출발하였다. A와 B는 오른쪽으로 돌고 C는 왼쪽으로 돌았다. A는 매분 80m, B는 매분 65m의 속도로 걸었다. C는 출발한 지 20분 후에 A와 만났고, 거기서부터 2분 후에 B와 만났다. 연못의 둘레는 몇 m일까?

8.

화씨와 섭씨 두 가지로 온도를 읽을 때 한쪽이 다른 한쪽의 2배가 되면 안락하겠는가?

C=2F

?

F=2C

9.

A는 규격외 봉투에 여행사진을 넣어서 친구 B에게 보내려고 한다. 무게를 달아 우편물의 요금표로 정확한 요금을 조사했으나, 때마침 가지고 있는 것은 40원짜리 우표와 70원짜리 우표뿐이었다.

이 우표를 여러 가지로 조합하여 보았으나, 도무지 정확한 요금으로 맞출 수가 없다. 부득이 10원을 추가하여 보냈다. 그렇다면 정확한 요금은 얼마였는가? 다만, 요금은 140원 이상이라고 한다.

10.

바둑돌이 흰 돌 다섯 개, 검은 돌 다섯 개가 그림과 같이 나란히 놓여 있다. 이 가운데서 각기 네 개를 직선으로 연결해서 교차하는 점을 여섯 개가 되도록 연결해 보라.

아래 그림은 교차점이 네 개밖에 없다.

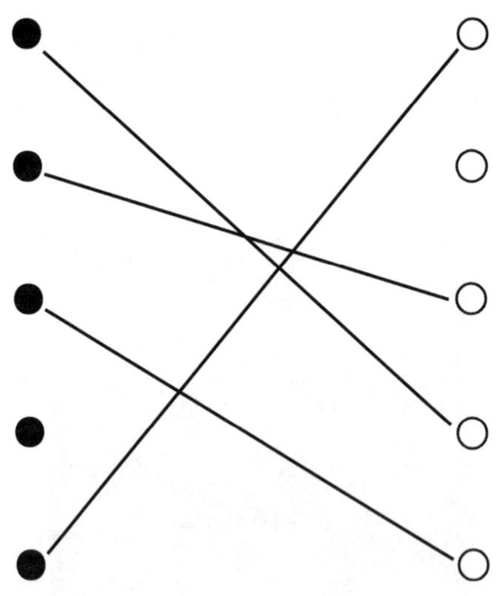

11.

0000부터 9999까지의 임의의 수를 선택해서 네 자릿수를 만들 때 단조증가 하는 수로 이루어질 확률은? (예 ; 1234, 2489, 3457,……)

12.

k번째 열의 합은?

$$
\begin{array}{c}
1 \\
2+3 \\
4+5+6 \\
7+8+9+10 \\
\vdots \\
K
\end{array}
$$

13.

두 개의 동심원이 있다. 큰 원의 현은 36cm로 작은 원의 현의 3배이다. 두 원의 반지름의 합 또한 36cm일 때 큰 원의 반지름은?

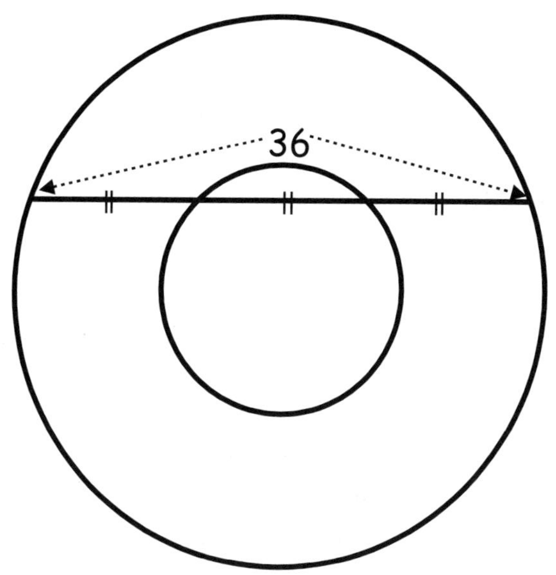

14.

앞뒤 어느 쪽으로 읽어도 같은 4자리수의 개수는?

15.

아래 표는 A, B, C, D 네 아이들의 몸무게를 두 사람씩을 1조로 하여 측정한 결과이다. 네 사람의 몸무게를 kg으로 측정한 것으로 모두 정수이다. 또 A가 제일 가볍고, 다음은 B, C, D의 순서로 무겁다. 네 사람의 몸무게는 각각 얼마인가?

kg	35	39	44	45	50	54

16.

정육면체의 꼭짓점을 끝점으로 하는 선분의 개수는?

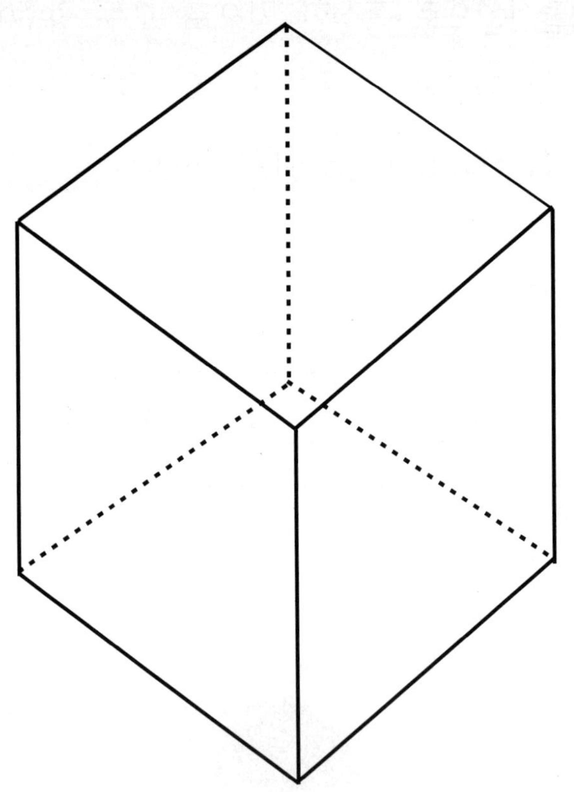

17.

마라톤 경기에서, A군은 매초 5m, B군은 매초 4m의 속도로 출발 후 줄곧 달리고 있다. 도중에 반대방향에서 매초 10m의 속도로 달려온 자동차가 A군과 서로 스쳐 지나간 지 2분 뒤에 B군과도 스쳐 갔다.

자동차가 A군과 스쳐 갔을 때, A군과 B군과의 거리 차이는 몇 m였는가? 또 자동차가 B군과 스쳐 갔을 때, A군과 B군과의 거리 차이는 몇 m이었는가?

18.

96을 2개의 제곱수로 나타내어 보라.

<네 가지>

96

19.

네 개의 연속된 정수가 있다. 세 개의 작은 수의 세제곱의 합이 가장 큰 수의 세제곱과 같은 네 개의 수를 모두 찾아라.

20.

아래 오각형의 넓이는?

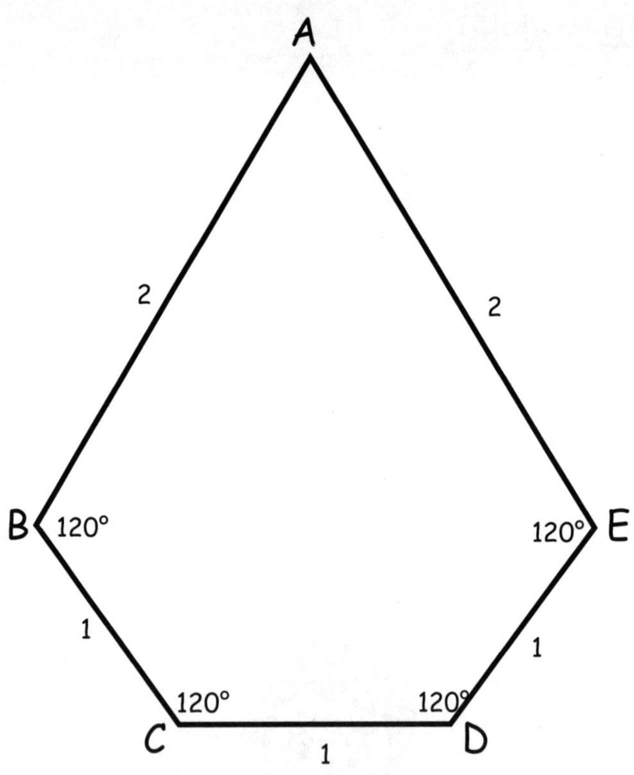

21.

<문제 20>의 그림에서 선 AC의 길이는?

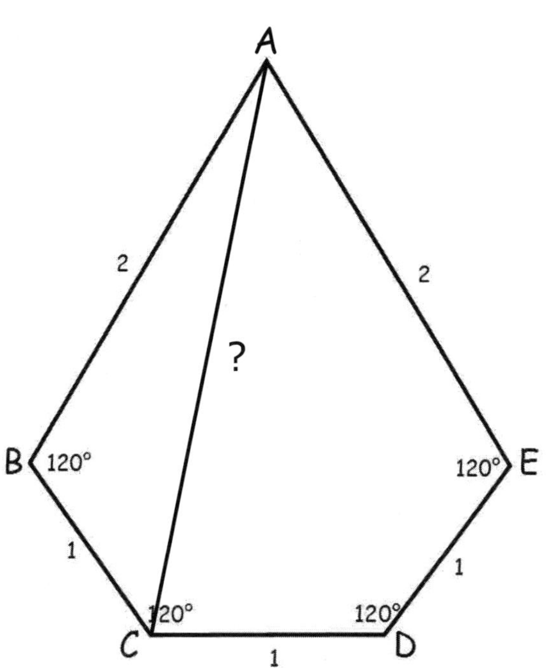

22.

90을 두 개 이상의 연속되는 자연수의 합으로 표시하라. <다섯 가지>

90

23.

상, 중, 하 3단으로 된 책꽂이에 모두 150권의 책이 꽂혀 있다. 상단에서부터 18권의 책을 하단으로 옮기고, 중간 단에서 1/5의 책을 뽑아냈더니, 상단과 중간 단의 권수가 같아지고, 하단의 책 수는 상단의 책의 1.5배가 되었다.

처음에 상, 중, 하단에는 각각 몇 권의 책이 꽂혀 있었는가?

24.

직사각형으로 된 정원의 넓이가 42,000m^2이다. A에서 C까지의 거리는 A에서 B를 거쳐 C까지 가는 거리보다 120m 짧다.

AC의 거리는?

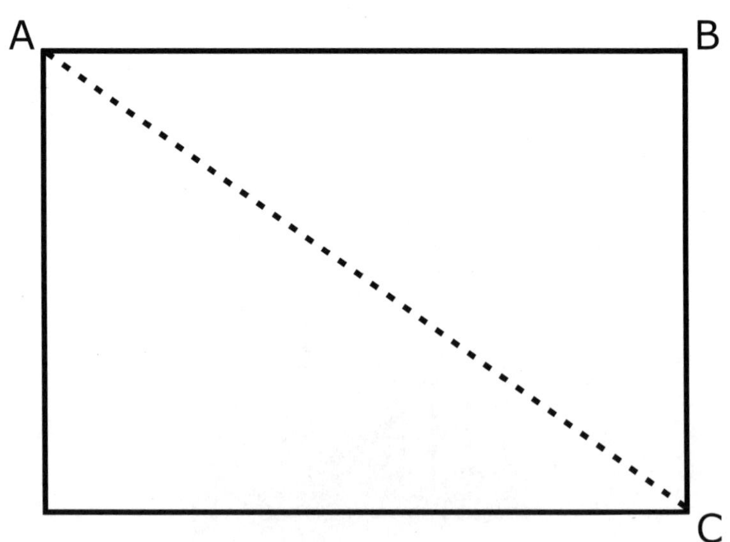

25.

$36=6^2=\frac{8\times9}{2}$로서 36은 제곱수이며 삼각수이다.

제곱수이며 삼각수인 36 다음의 숫자는?

*다음 그림과 같이 정삼각형 모양을 이루는 점의 개수를 삼각수라고 한다. 따라서 1,3, 6, 10은 삼각수이다.

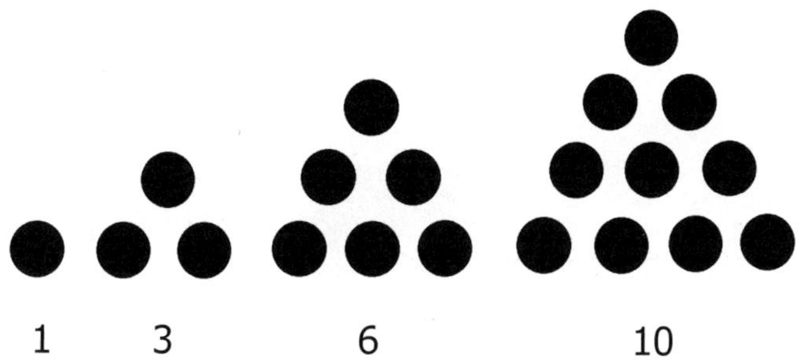

26.

각 수가 소수(prime number, 素數)인 세자리 수 중 가장 큰 소수는?

*소수(素數) ; 1과 자기 자신만으로 나누어떨어지는 1보다 큰 양의 정수. 이를테면, 2, 3, 5, 7, 11, 13, 17, 19, 23, 29, 31,… 등은 모두 소수이다.

27.

어떤 수 a는 두 자리 숫자로 11의 배수이며 홀수가 아니다. 각 자리의 숫자를 곱하면 제곱수가 되며 동시에 세제곱수가 된다. a는?

$$a=11\times?$$

28.

x는?

$$\sqrt{x+\sqrt{x+\sqrt{x+\sqrt{x\ldots}}}}=2$$

Problem Solving

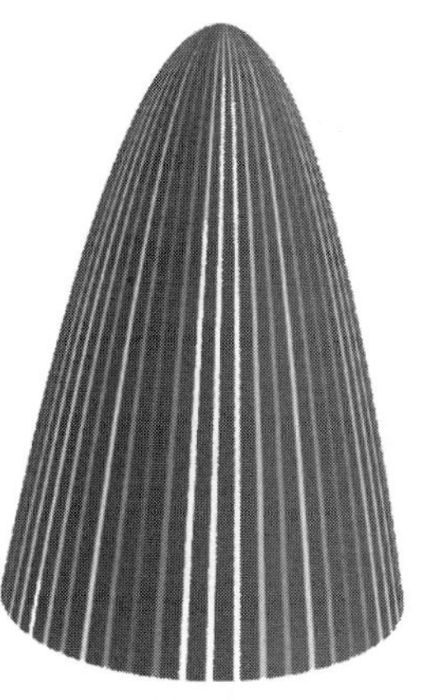

1.【해답】 $12\frac{1}{4}$

$(1+2+3+4+5+6)^2 \times \frac{1}{36} = \frac{49}{4} = 12\frac{1}{4}$

2.【해답】 77

3.【해답】 24초 후, 20초 후

PQ가 변 AD와 평행이 된다는 것은, 점 Q가 B로부터 A 방향으로 점 P와 마주보고 출발했을 때, 이 두 점이 서로 만나는 것과 같다. 두 점은 매초 5cm(2+3)씩 접근하기 때문에, 120cm를 떨어져 있으면, 출발한 지 24초

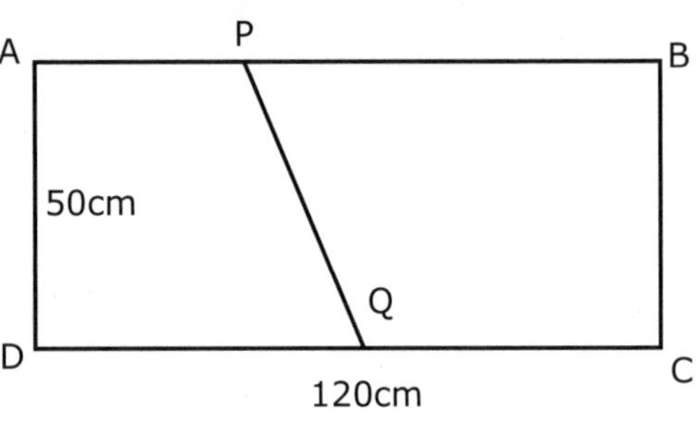

(120－5) 후에 만나게 된다. 그래서 24초 후에 PQ는 변 AD와 평행이 된다.

사다리꼴 APQD와 BPQC의 넓이의 비가 5:7이 된다는 것은, 사다리꼴 APQD의 넓이가 직사각형 ABCD의 $\frac{5}{12}(\frac{5}{5+7})$가 된다는 것이다. 이 높이는 어느 쪽도 50cm이므로, 이때의 사다리꼴의 윗변과 아랫변의 합은

AP+QD=120×2×$\frac{5}{12}$=100(cm)가 될 것이다.

지금 점 P와 점 Q가 출발할 때를 생각하면,

AP=0, QD=120(cm)이고, 윗변과 아랫변의 합은 120cm이다. 이것이 l00cm가 되는 데는 20cm(120－100)만큼 짧아져야 한다.

그런데 점 P는 매초 2cm의 속도, 점 Q는 매초 3cm의 속도이므로, AP+QD는 매초 1cm의 비율로 짧아지고, 20cm를 짧게 하려면 20초(20－1)가 걸린다. 이렇게 해서 출발한 지 20초 후에 사다리꼴 APQD와 BPQC의 넓이의 비는 5:7이 된다.

4.【해답】 14와 8

$9^2+7^2=2((\frac{c}{2})^2+(\frac{d}{2})^2)$(파푸스의 정리)

$2(9^2+7^2)=c^2+d^2 \quad c^2+d^2=260$

만족하는 정수해는 (16, 2)와 (14, 8)이다. 그러나 삼각형의 조건, 즉「두 변의 합은 다른 한 변보다 크다」에 의해 답은 (14, 8)이다.

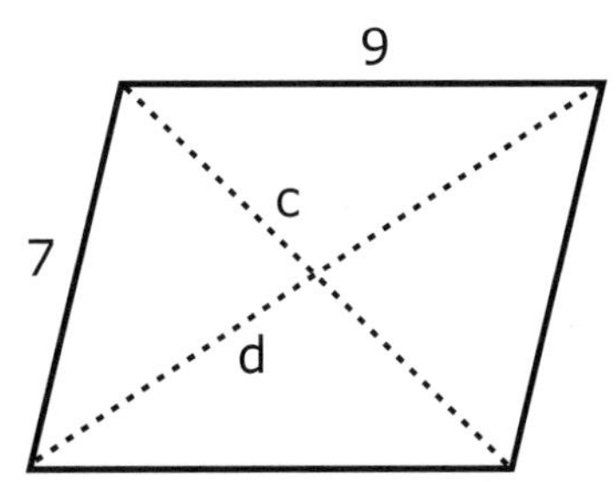

5.【해답】 39개

제곱수 : 30개,

세제곱수 : 6개,

5제곱수 : 2개,

7제곱수 : 1개. 합계 : 39개

6. 【해답】 27cm

$a^2+b^2=135^2$……①

a+b+135=324……②

①, ②에서 a=81 or 108, b=108 or 81

두 변의 길이가 81과 108임을 알 수 있다.

내접하는 원의 반지름을 r이라 하면,

△ABC의 넓이$=\frac{1}{2}ab$

$=\frac{1}{2}(ar+br+cr)$

$\therefore \frac{1}{2}(81\times108)=\frac{1}{2}\times324\cdot r$

$4374=162\cdot r$

$\therefore r=27$

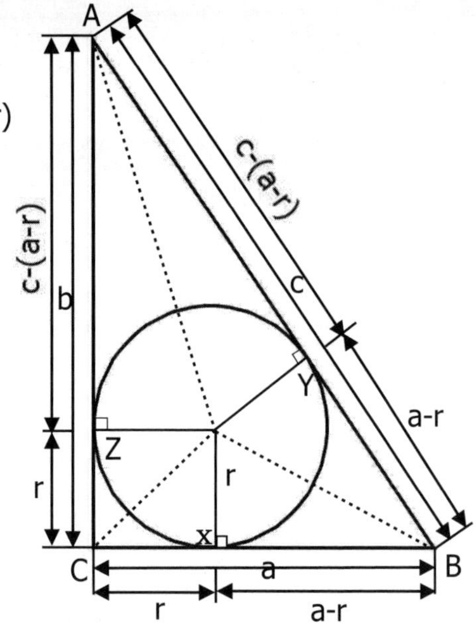

7. 【해답】 3,300m

A는 매분 80m, B는 매분 65m의 속도로 걷기 때문에, A와 B는 매분 15m(80-65)씩 멀어지게 된다.

이 때문에 A와 C가 만났을 때를 생각하면 두 사람은 출발한 지 20분 후에 만나므로 이때 B는 A로부터 300m 뒤를 걷고 있는 것이 된다.

그로부터 2분 후에 C가 B를 만났다고 하는 것은, 두 사람이 300m의 거리를 마주보고 걷는 데 2분이 걸렸다는 것이다. 이것은 매분 150m씩 접근한다는 것으로서, B가 매분 65m의 속도로 걷는다는 것을 생각하면, C는 85m(150−65)의 속도로 걷는 것이 된다. 이것으로 C가 걷는 속도가 결정되었다.

A가 매분 80m, C가 매분 85m의 속도로 걷게 되면 두 사람이 마주보고 걸을 때, 매분 165m(80+85)씩 접근하는 것이 된다. 이 두 사람이 출발해서 20분 후에 만났다고 하는 것은,

$165 \times 20 = 3{,}300$

이 계산으로부터 두 사람이 합해서 3,300m를 걸은 것이 된다. 이 길이가 바로 연못 둘레의 길이가 된다.

8. 【해답】 이런 온도에서는 안락하지 못하다.

화씨온도를 F, 섭씨온도를 C라 하면,

$F=32+\frac{9}{5}C$이므로

① C=2F인 경우

$C=2F=64+\frac{18}{5}C \quad \therefore C=-24.6° \quad F=-12.3°$

② 2C=F인 경우

$2C=F=32+\frac{9}{5}C \quad \therefore C=160° \quad F=320°$

∴ 이런 온도에서는 안락할 수가 없다.

9. 【해답】 170원

우선, 40원짜리 우표와 70원짜리 우표를 여러 가지로 조합하여, 만들 수 있는 요금을 조사해 보면 재미있는 것을 발견하게 된다. 그것은 180원 이상은 언제든지 만들 수 있다는 점이다.

이것을 나타내기 위하여 180원에서부터 210원까지를 생각해 보면,

180=40×1+70×2(원),　190=40×3+70×1(원)

200=40×5(원),　　　　210=70×3(원)

과 같이 만들 수 있다.

그러면 이것에 40원짜리 우표 한 장을 더하면 220원에서부터 250원까지를 만들 수 있고, 40원짜리 우표 두 장을 더하면 260원에서부터 290원까지 만들 수 있다.

이렇게 해서 180원에서부터 210원까지의 어느 것에 40원짜리 우표를 추가하면 180원 이상의 요금을 얼마든지 만들 수 있다.

그래서 170원 이하에 대하여 조사해 보면

140=70×2,　150=40×2+70×1,　160=40×4

가 되어, 140원에서부터 160원까지는 만들 수가 있다. 그러나 40원짜리와 70원짜리를 아무리 조합해 보아도 130원과 170원은 만들지 못한다.

요금은 140원 이상이라고 알고 있으므로, 정확한 요금은 170원이다.

10. 【해답】 그림과 같다.

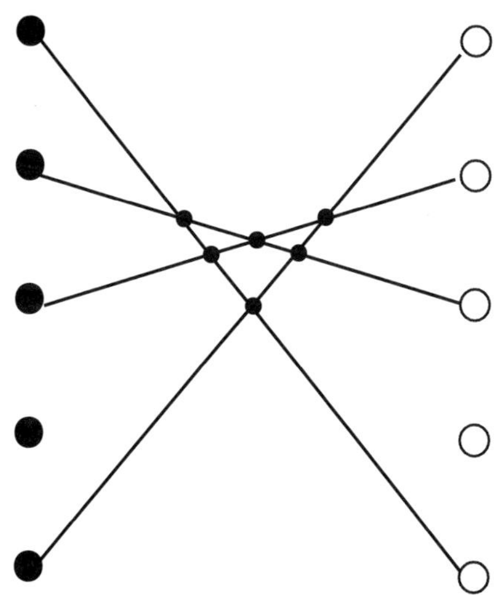

11. 【해답】 0.021

서로 다른 네 수 a, b, c, d를 가지고 만들 수 있는 단조증가 하는 수는 단 하나이다. 그러므로 모든 경우의 수는 $_{10}C_4$와 같다.

∴ 확률은 $_{10}C_4/10^4=0.021$

12. 【해답】 $\frac{k(k^2+1)}{2}$

각 열의 첫수는 계차수열을 이뤄 k번째 열의 첫수는,

$1+\sum_{n=1}^{k-1} h = \frac{k(k+1)}{2}$이다.

k번째 열은 k개의 숫자가 있으므로,

k번째 열은

초항 : $\frac{k(k+1)}{2}$, 공차 : 1 인 k개의 숫자들의 합이다.

따라서 $\frac{k}{2}\{\frac{(k-1)k}{2}+1+\frac{k(k+1)}{2}\}=\frac{k(k^2+1)}{2}$

13. 【해답】 22

그림에서 $R^2-18^2=r^2-6^2$

$R^2-r^2=(R+r)(R-r)=288$

$\therefore R-r=8$ ($\because R+r=36$)

$\therefore R=22$

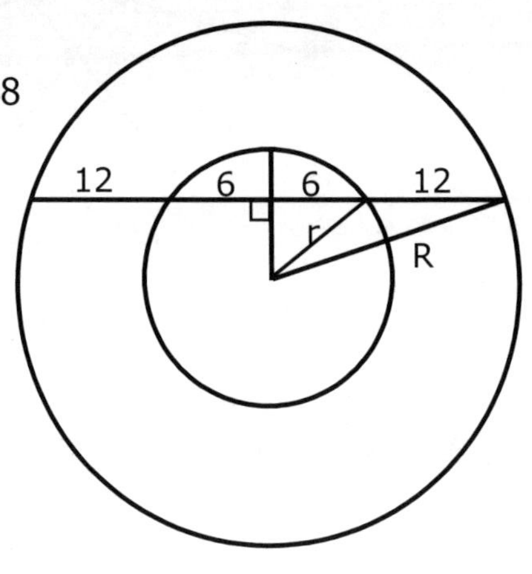

14. 【해답】 90개

abba$(a\neq0)$의 형태가 되므로

(a,b)=(1,0), (1,1), (1,2),……, (9,8), (9,9)이다.

따라서 1001, 1111, 1221,……, 9999

15. 【해답】 A : 15kg, B : 20kg, C : 24kg, D : 30kg

제일 가벼운 35kg은 A와 B의 몸무게의 합계이고, 이것을

A+B=35(kg)이라고 하자.

그러면 다음의 39kg은 A와 C의 몸무게의 합계로서

A+C=39(kg)이 된다.

또 제일 무거운 54kg은 C와 D의 합계로서

C+D=54(kg)이 되고

그 다음으로 무거운 50kg은 B와 D의 합계로서

B+D=50(kg)이 된다.

이것으로부터 네 사람의 몸무게의 합계는

A+B+C+D=35+54=39+50=89(kg)이다.

그러나 중간의 44kg과 45kg에 대하여는 아직 알 수가 없다. 지금 39kg으로부터 35kg을 빼면, 이것은 C의 몸무게로부터 B의 몸무게를 뺀 차로서

C－B=4(kg)이 된다.

이것으로부터 C의 몸무게는 B의 몸무게보다 4kg이 무겁고,

B+C=B+(B+4)=2×B+4가 된다.

이 값은 짝수이므로, 44kg과 45kg 중에서 44kg밖에 없다.

2×B+4=44(kg)으로부터 B의 몸무게는 20kg으로 결정되고, C의 몸무게는 24kg이 된다. 그러면 A의 몸무게가 15kg, D의 몸무게가 30kg이라는 것도 간단하게 결정된다.

이 문제에서는 중간의 44kg과 45kg의 한쪽이 짝수, 다른 한쪽이 홀수이었기 때문에 쉽게 해결할 수 있었다.

16. 【해답】 28개

$_8C_2=28$

17. 【해답】 1,680m, 1,800m

자동차가 A군과 스쳐 간 직후를 생각하면, 자동차와 B군은 서로 마주보고 달려가고 있다. 이 때문에 자동차가 매초 10m의 속도, B군이 매초 4m의 속도라면, 양쪽 사이의 거리는 매초 14m(10+4)씩 단축되어 간다. 이 비율로 2분이 걸렸다는 것은, 그 사이의 거리가

14×2×60=1,680(m)인 것을 가리킨다.

그러므로 자동차가 A군과 스쳐 갔을 때, B군은 A군의 1,680m 후방을 달리고 있었다. 자동차와 A군이 스쳐 간 뒤, B군과 스쳐 가기까지는 2분(120초)이 걸렸다. A군은 매초 5m의 속도, B군은 매초 4m의 속도이므로, 두 사람 사이의 거리는 매초 1m(5−4)씩 벌어진다. 그러면 120초에서는 120m가 벌어지게 된다. 그런데 자동차가 A군과 스쳐 갔을 때, A군과 B군 사이의 거리는 1,680m이었다. 이것에 120m를 더하면, 1,680+120=1,800(m)가 된다.

그러므로 자동차가 B군과 스쳐 갔을 때, A군은 1,800m 전방을 달리고 있었다.

18. 【해답】

$$\begin{cases} 10^2-2^2 \\ 11^2-5^2 \\ 14^2-10^2 \\ 25^2-23^2 \end{cases}$$

$a^2-b^2=(a+b)(a-b)$

$x \cdot y=(\frac{x+y}{2}+\frac{x-y}{2}) \cdot (\frac{x+y}{2}-\frac{x-y}{2})$를 이용해서

$96=12\times8=(10+2)(10-2)=10^2-2^2$

$16\times6=(11+5)(11-5)=11^2-5^2$

$24\times4=(14+10)(14-10)=14^2-10^2$

$48\times2=(25+23)(25-23)=25^2-23^2$

19. 【해답】 3, 4, 5, 6

네 수를 $x-1$, x, $x+1$, $x+2$ 라 하면,

$(x-1)^3+x^3+(x+1)^3=(x+2)^3$

$3x^3+6x=x^3+6x^2+12x+8$

$x^3-3x^2-3x-4=0$

$(x-4)(x^2+x+1)=0$

∴ 정수 $x=4$이다. ∴ (3, 4, 5, 6)

20. 【해답】 $\frac{7\sqrt{3}}{4}$

점선과 같이 나누면 7개의 정삼각형으로 나눠진다.

$1\times\frac{\sqrt{3}}{2}\times\frac{1}{2}\times7=\frac{7\sqrt{3}}{4}$

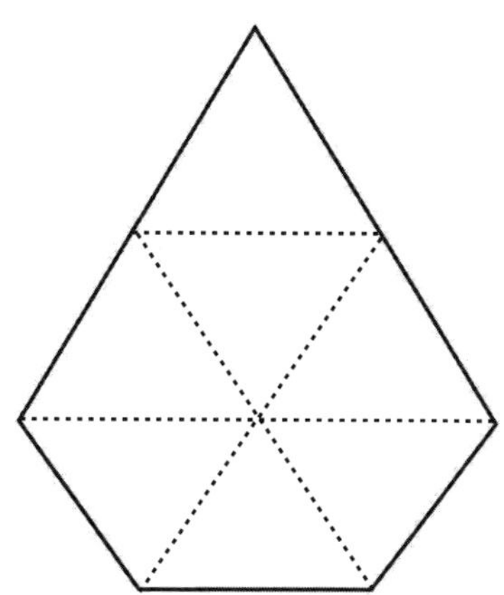

21. 【해답】 $\sqrt{7}$

① AC=$(\frac{1}{2})+(\frac{3\sqrt{3}}{2})^2$

$AC^2=7 \quad \therefore AC=\sqrt{7}$

② AC=x라 하고, A와 E의 중점을 F라 하면, 평행사변형 ABCF에서 AC=x, BF=$\sqrt{3}$이므로

$2^2+1^2=2\{(\frac{x}{2})^2+(\frac{\sqrt{3}}{2})^2\}$ (파푸스의 정리)

$x^2=7 \quad \therefore x=\sqrt{7}$

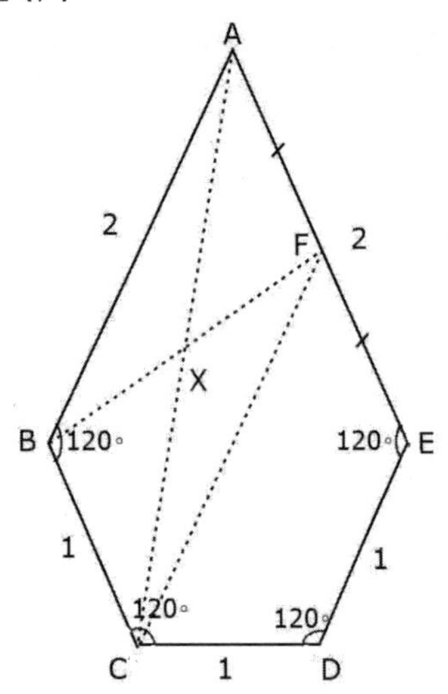

22. 【해답】

29+30+31
21+22+23+24
16+17+18+19+20
6+7+8+9+10+11+12+13+14
2+3+4+5+6+7+8+9+10+11+12+13

90=30×3=29+30+31

=45×2=21+22+23+24

=18×5=16+17+18+19+20

=10×9=6+7+8+9+10+11+12+13+14

=(7+8)×6=2+3+4+5+6+7+8+9+10+11+12+13

23. 【해답】 상단 58권, 중단 50권, 하단 42권

책을 움직인 마지막 상태에서는, 상단과 중간 단의 책 수가 같고, 하단의 책은 상단의 1.5배이다.

이 때문에 이동한 후의 중간 단의 책을 기준으로 하면, 전체로서는 3.5배(1+1+1.5)이다. 그런데 중간 단으로부터는 1/5의 책을 뽑아냈으므로, 중간 단에 있은 최초의 책은 그것의

$1÷(1-\frac{1}{5})=\frac{4}{5}$=1.25(배)였다.

그래서 중간 단의 1을 1.25로 바꾸어 넣으면, 처음에 있었던 전체 책은 이동한 후의 중간 단의 책의

1+1.25+1.5=3.75(배)였다.

이것이 150권이므로, 이동한 후의 중간 단의 책 수는,

150÷3.75=40(권)이고,

중간 단으로부터 뽑아내기 전의 책 수는,

$40÷\frac{4}{5}$=50(권)이 된다.

그러므로 뽑아낸 책 수는 10권이다. 그러면 이동한 후의 상단의 책도 40권이 되고, 18권을 하단으로 옮기기 전은 58권(40+18)이 된다. 또 이동한 후의 하단의 책 수는,

$40 \times 1.5 = 60$(권)이므로

처음에는 42권(60－18)이 하단에 있었다. 그러므로 처음에는 상단에 58권, 중간 단에 50권, 하단에는 42권의 책이 있었던 것이 된다.

24. 【해답】 290m

$ab = 42,000$

$a + b = c + 120$

그리고 $a^2 + b^2 = c^2$이므로

$(a+b)^2 = c^2 + 2ab$이다.

$(c+120)^2 = c^2 + 2 \times 42,000$

$\therefore c = 290$

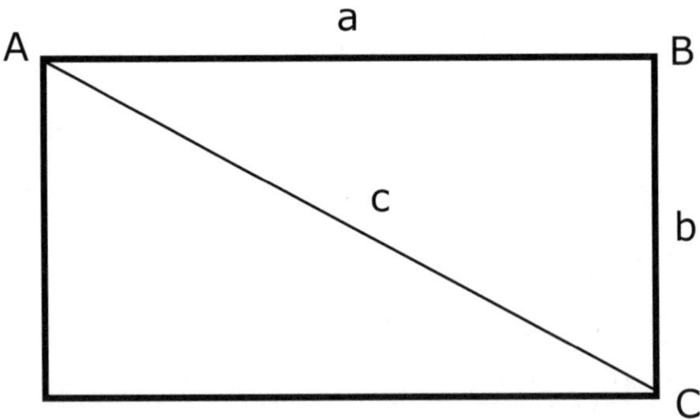

25. 【해답】 1225

이 조건을 만족하려면

$\frac{n(n+1)}{2}$=홀수×$\frac{\text{짝수}}{2}$로서,

홀수는 제곱수이어야 하며,

$\frac{\text{짝수}}{2}$ 또한 제곱수이어야 한다.

$\therefore$ 1225=$35^2=\frac{49\times50}{2}$

26. 【해답】 773

27. 【해답】 88

aa(a≠0, 1≦a≦9인 자연수) 꼴이다.

$a^2=b^3$인 자연수 b가 존재해야 한다.

$\therefore$ 88

28. 【해답】 2

문제의 식 양쪽을 제곱해 보자.

$$x+\sqrt{x+\sqrt{x+\sqrt{x\cdots}}}=4\cdots\cdots①$$

문제에서 $\sqrt{x+\sqrt{x+\sqrt{x\cdots}}}=2$이므로

①에 대입하면

x+2=4 $\therefore$ x=2

March Problem

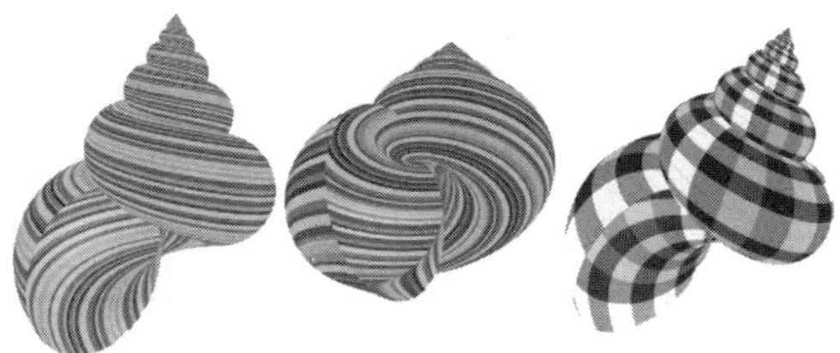

◀수학 에세이▶

<디오판토스의 묘비>

그리스의 대수학자(大數學者) 디오판토스가 죽은 후 그의 제자들이 묘비에 다음과 같이 새겨 놓았다.

"디오판토스는 생애의 1/6을 소년기로, 1/12을 청년기로, 1/7을 독신으로 지냈으며, 결혼한 지 5년 뒤에 아들을 낳았고, 아들은 아버지 나이의 1/2만큼 살았다. 디오판토스는 아들이 죽은 후 4년이 지난 뒤에 죽었다."

이 수수께끼를 풀어 디오판토스의 나이를 맞혀 보라.

【해답】 84

$x=x/6+x/12+x/7+5+x/2+4$

$\therefore x=84$

1.

금화를 넣은 주머니 다섯 자루가 있는데, 그 가운데 두 개의 주머니는 모두 금이 아닌 가짜 금화이다. 금화와 가짜 금화는 눈으로는 식별할 수 없지만, 무게가 조금 다르다. 금화는 한 개의 무게가 50g이고, 가짜 금화는 한 개가 49g이다.

각각의 주머니로부터 금화를 몇 개씩을 저울에 달아서, 한 번의 측정으로 두 개의 가짜 돈주머니를 찾아내어 보라. 금화는 몇 개를 얹어도 좋으나, 될 수 있는 한 가장 적은 개수로 하라.

2.

3차원의 공간은 사면체의 면으로 결정되는 평면에 의해 몇 개의 부분으로 나눠지는가?

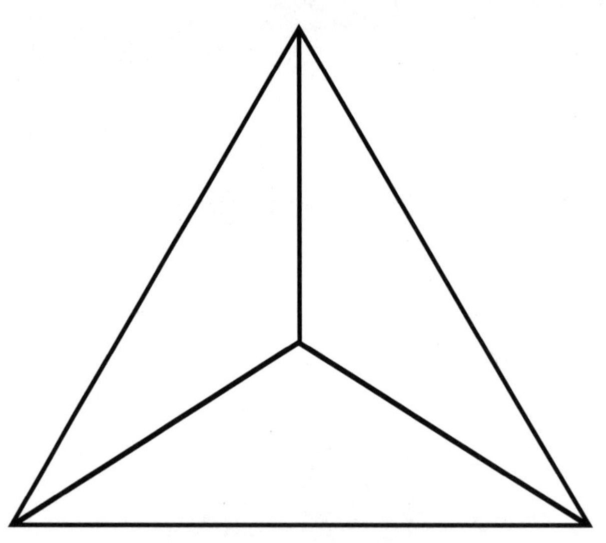

3.

어떤 수에다 뒤에 1을 붙이면 앞에 1을 붙인 것의 3배가 되는 다섯 자리수로서 그 어떤 수는?

$$?1=3\times(1?)$$

4.

n이 2 이상 12 이하의 자연수일 때, 2101이 n 진수이면 이 수는 완전제곱수이다. n은?

$$2 \leq n \leq 12$$

5.

세 명의 명사수가 회전하고 있는 공 모양의 목표물을 향해 동시에 총을 쏴 맞혔다. 세 개의 총알이 같은 반구를 맞힐 확률은?

6.

어느 학교의 탁구부에 지금 몇 다스의 탁구공이 있다. 이것을 4월부터 매달 30개씩 사용할 예정으로, 새로운 공을 매달 같은 수만큼 매달 초에 사들이기로 하였다. 이렇게 하면 이듬해 3월 말에는 공을 전부 사용하게 된다.

그런데 실제는 매달 39개씩을 사용했기 때문에, 금년 11월 말에 사두었던 것을 전부 사용하여 버렸다. 최초에 이 탁구부에는 몇 다스의 공이 있었고, 매달 몇 개씩을 보충하고 있었을까?

(*1다스는 12개)

7.

어느 입장권 판매 창구에는 판매 전부터 입장권을 사려는 사람이 줄을 이었는데, 판매개시 때에는 40명이 되었다. 판매 후에도 일정한 비율로 사려는 사람들이 모여들기 때문에, 한 창구에서는 행렬이 없어질 때까지 10분이 걸렸다.

또 창구를 2개로 하면 이 행렬은 4분 만에 없어진다. 창구를 3개로 하면 이 행렬은 몇 분 만에 없어질까? 단, 창구에서 입장권을 사는 데 소요되는 시간은 어느 사람에 대해서도 같다고 한다.

8.

45km/h의 속력으로 달려오는 열차 A가 맞은편에서 36km/h의 속력으로 달려오는 열차 B와 지나치고 있다. 열차 B가 열차 A의 머리 끝부분에서 꼬리 끝부분까지 통과하는 데 6초가 걸렸다면 열차 B의 길이는?

9.

A군은 운동회에 참석하기 위하여, 오전 8시 30분에 집을 출발하여 매분 당 50m의 속도로 걸어서, 개회 시각 10분 전에 운동회장에 도착할 예정이었다. 그런데 집을 나서서 400m 지점까지 왔을 때, 잊어버리고 온 물건이 생각나서 매분 80m의 속도로 집으로 되돌아왔다. 물건을 찾는 데 5분이 걸렸는데, 이번에는 매분 75m의 속도로 걸었기 때문에, 개회 2분 전에 운동회장에 도착하였다. 집에서부터 운동회장까지의 거리와 개회 시간을 구하라.

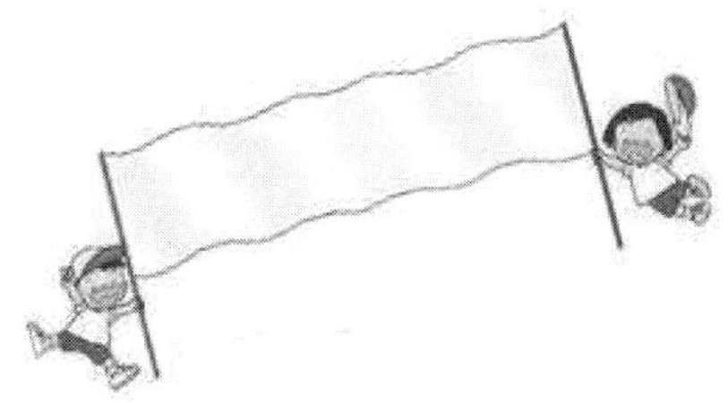

10.

어떤 아이의 나이에 3을 더하면 제곱수가 되며, 3을 빼면 그 제곱수의 제곱근이 된다. 아이의 나이는?

11.

55를 5개의 4를 써서 나타내라. <4가지>

4 4 4 4 4

12.

세 수의 정수는 등차수열을 이루고, 이 세 수의 곱은 소수(素數)가 된다. 이 세 정수는?

13.

A와 B가 카드놀이 게임을 했다. 첫 번째는 구슬 한 개 내기, 두 번째는 구슬 2개 내기, 이런 식으로 거는 구슬을 2배씩 늘려 간다. 여덟 번째 뒤에 A가 B보다 31개의 구슬을 땄을 때 비기는 일이 없었다면 A는 몇 번을, 그리고 몇 번째 게임을 이겼을까?

14.

2, 3, 4, 5, 6, 7, 8, 9, 10으로 각각 나누었을 때 젯수(나누는 수)보다 1 적은 나머지를 가지는 최소의 수는?

15.

다음 수는 몇 자릿수인가?

16.

상자 속에서 1~7까지의 수를 뽑되 다시 넣지 않는다. 모든 어떤 수가 처음에 뽑힐 확률은?

17.

2^{100}과 3^{75} 중 어느 것이 더 큰가?

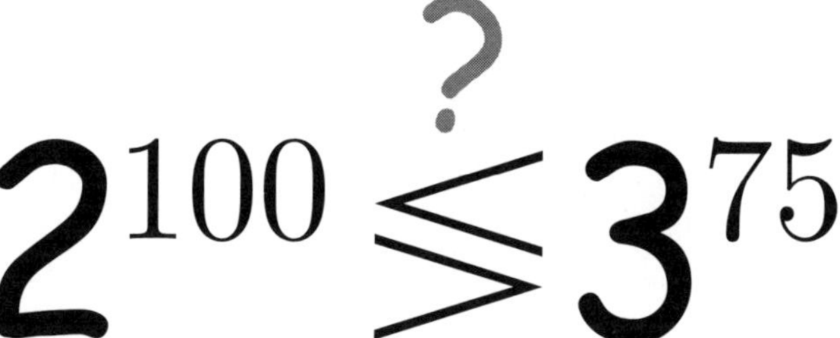

18.

10의 밑변과 13의 두 변을 가진 이등변삼각형이 있다. 넓이가 같고 13의 두 변을 가진 다른 이등변삼각형의 밑변은?

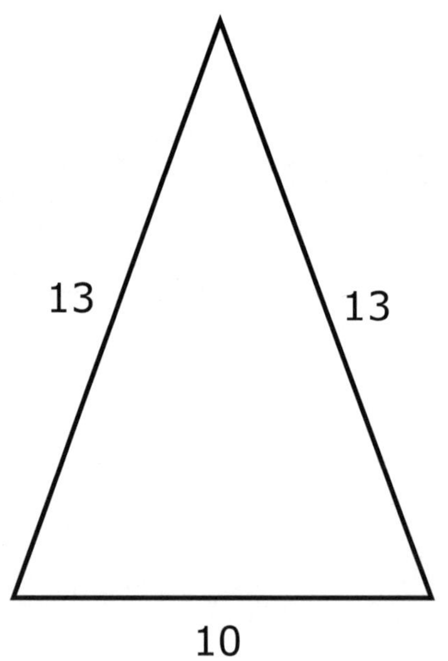

19.

다음 수열에서 ?의 곳을 채워라.

10, 11, 12, 13, 14, 15, 16,

17, 20, 22, 24, ?, 100,

121, 10,000

20.

주사위 두 개가 있다. 하나는 1 대신 공백을, 다른 하나는 4 대신 공백을 가지고 있다. 주사위 두 개를 던져서 나온 합이 7이 될 확률은?

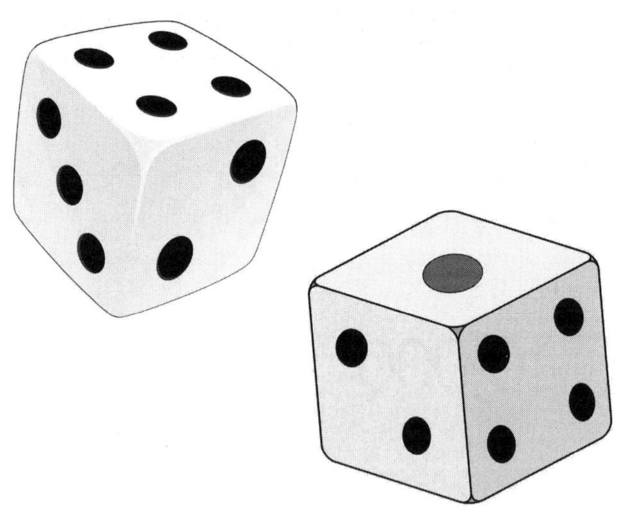

21.

끝자리가 0인 해(예 : 1940, 1970 등)에 태어난 이 사람은 x^2년에 x살이 된다고 한다. 이 사람은 언제 태어났는가?

22.

내 시계는 시간당 1초 빠르고, 친구의 시계는 시간당 1.5초 느리다. 지금 막 시간이 같았다. 언제 다시 시간이 같아지겠는가?

23.

다음 식을 만족하는 **X**는?

$$x\left(\sqrt[x]{x^3}\right) = \frac{x^x}{x}$$

24.

공의 바깥 넓이, 부피 모두가 네자리수와 π의 곱으로 표현된다. 공의 반지름은?

25.

다음 식의 몫을 가장 간단히 표현하라.

$$\frac{x+x^{2}+x^{3}+x^{4}+x^{5}+x^{6}+x^{7}}{x^{-3}+x^{-4}+x^{-5}+x^{-6}+x^{-7}+x^{-8}+x^{-9}}$$

26.

3시와 4시 사이에서 두 시곗바늘이 35° 간격으로 떨어져 있을 때의 시각은?

27.

세 개의 연속된 자연수가 있는데, 가장 작은 수와 두 번째 큰 수의 제곱과 가장 큰 수의 세제곱의 합은 원래 세 수의 합을 제곱근으로 하는 제곱수와 같다. 세 수 중 가장 큰 수는?

28.

7의 합을 얻기 전에 적어도 두 개의 주사위를 네 번 던질 확률은?

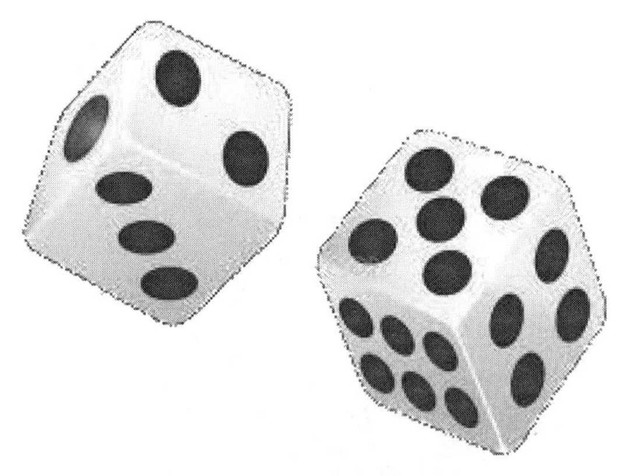

29.

홀수이면서 제곱수가 되는 213은 최소 몇 진수인가?

213?

30.

원에 내접하는 정사각형을 그리고, 원의 내부에서 정사각형의 내부가 아닌 부분을 검게 칠한다. 그러고 나서 그 정사각형에 내접하는 원을 그리고, 다시 이 원에 내접하는 정사각형을 그리고, 처음과 같은 조건의 부분을 검게 칠한다. 두 번째 원의 면적과 처음 검게 칠한 부분의 비율은?

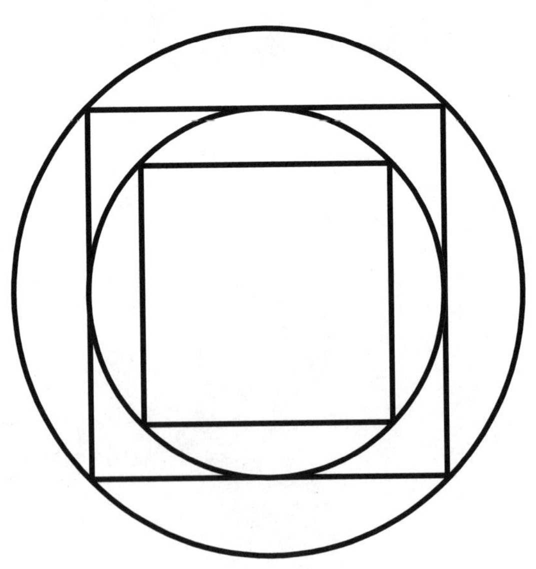

31.

프로야구 센트럴리그 S팀 4번타자인 명수는 전타석 홈런이라는 실로 경이적인 기록을 세웠다. 게다가 양 팀에서 홈베이스를 밟은 선수는 명수 한 사람뿐이었다. 이럴 경우 명수가 올릴 수 있는 최대 득점수는?

Problem Solving

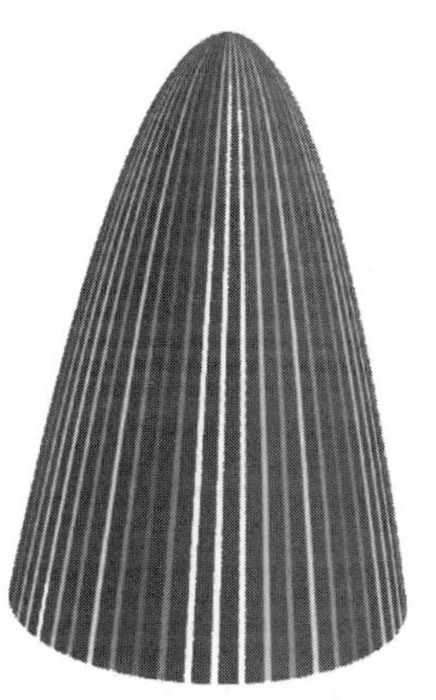

1. 【해답】

될 수 있는 한 금화를 적게 하기 위하여, 1번 주머니로부터는 금화를 저울에 얹어놓지 않는다. 그리고 2번 주머니로부터는 1개, 3번 주머니로부터는 2개의 금화를 저울에 올려놓는다.

그러면 4번 주머니로부터는 3개를 올려놓을 수는 없다. 이것으로는 1번 주머니와 4번 주머니가 가짜일 때와, 2번 주머니와 3번 주머니가 가짜인 때, 어느 쪽도 3개의 가짜 금화가 저울에 놓이게 되어버리기 때문이다.

그래서 4번 주머니로부터는 4개의 금화를 얹어놓기로 한다. 그러면 5번 주머니로부터 5개의 금화를 얹었을 때는 1번 주머니와 5번 주머니가 가짜일 때와, 2번 주머니와 4번 주머니가 가짜인 때, 어느 쪽도 5개의 가짜 금화가 저울에 얹힌다.

또 5번 주머니로부터 6개의 금화를 얹었을 때는, 1번 주머니와 5번 주머니가 가짜인 때와, 3번과 4번 주머니가 가짜인 때, 어느 쪽도 6개의 가짜 금화가 저울에 얹힌다. 이리하여 5번 주머니로부터는 7개의 금화를 얹기로 한다.

가짜 금화 주머니	1과2	1과3	1과4	1과5	2와3	2와4	2와5	3과4	3과5	4와5
무게 합계 (kg)	699	698	696	693	697	695	692	694	691	689

이렇게 하면 어느 2개의 주머니가 가짜인지에 따라서, 그 무게의 합계가 표와 같이 모두 바뀐다. 또 이보다 금화의 개수를 적게 할 수 없다는 것은 위의 설명으로부터 명백하다.

2. 【해답】 열다섯 부분

면 : 4, 모서리 : 6, 꼭짓점 : 4, 사면체 내부 : 1

로 나눠진다.

∴ $4+6+4+1=15$

3. 【해답】 42857

어떤 수를 a라 하면,

$10a+1=3(10^5+a)$

$7a=3\times10^5-1=299999$

∴ $a=42857$

4. 【해답】 3진수 : 8^2, 8진수 : 33^2

3진수 : $2101=2\times3^3+1\times3^2+1\times3^0=64=8^2$

8진수 : $2101=2\times8^3+1\times8^2+1\times8^0=1089=33^2$

5. 【해답】 1

어떤 세 탄착점도 하나의 반구 안에 들어간다.

∴ 확률은 1이다.

6. 【해답】 12개

매달 30개씩 사용해야 할 것을 매달 39개씩 사용하게 되면, 1개월에 9개(39−30)씩이 초과된다. 이것을 금년 4월에서부터 11월까지 8개월간을 계속했기 때문에 초과 사용한 합계는 72개(9×8)가 된다.

이 72개의 공은, 원래대로라면 금년 12월부터 이듬해 3월까지의 4개월 동안에 쓸 공이었다. 이것으로부터 1개월에 18개(72÷4)씩, 처음에 있었던 탁구부의 공을 사용해 나갈 예정이었다. 이 12개월간의 합계한 공의 수는,

18×12=216(개)로서, 18다스가 되는 셈이다.

한편 매달 30개씩의 비율로 공을 사용한다면, 12개월 동안에는 360개(30×12)이다. 그 중의 216개는 처음부터 있었던 것이므로, 12개월 동안에 보충하는 공의 총수는,

360－216=144(개)이다.

이것으로부터 매달 초에 사서 보충해 나갈 공의 개수는,

144÷12=12(개)였다.

이 문제에서는 매달의 초과 개수에 착안하는 것이 중요하며, 그것이 바로 문제해결의 열쇠가 되었다.

7. 【해답】 2분 30초

창구가 한 개일 때는 40명의 행렬이 10분 만에 없어지므로 1분 동안에 4명(40÷10)씩의 비율로 줄어든다. 창구를 두 개로 하면 각각의 창구에서는 40명의 절반인 20명을 담당한다.

이것이 4분 만에 없어지므로, 1분간에 5명(20÷4)씩의 비율로 줄어든다. 줄어드는 인원이 4명에서부터 5명으로 불어난 것은, 창구가 2개로 되면 판매 후 창구로 몰려오는 사람의 절반만을 맡아도 되기 때문이다. 즉 1분 동안에 창구로 모여드는 사람 수의 절반이 1명(5－4)인 셈이므로, 이 창구에는 1분간에 2명씩의 비율로 왔다는

것이 된다. 이리하여 한 개의 창구 경우 1분간에 6장(4+2)씩 입장권을 팔고 있었다.

위의 결과를 실제로 확인해 보자. 창구가 한 개일 때는, 10분간에 20명(2×10)이 창구에 왔으며, 이것에다 판매 전의 40명을 더하면 모두 60명이 된다. 이것을 1분간에 6명씩의 비율로 판매하면, 10분(60÷6)만에 없어진다. 창구가 두 개일 때는 4분간에 8명(2×4)이 창구로 오고, 이것에다 판매 전의 40명을 더하면 모두 48명이 된다.

이것을 1분간에 12명(6×2)씩의 비율로 팔면, 꼭 4분(48÷12)만에 없어진다.

창구를 세 개로 하면, 1분간에 18명(6×3)씩의 비율로 팔게 된다. 이 가운데 2명은 판매 후의 사람으로 치기 때문에, 40명의 행렬은 1분간에 16명(18－2)씩의 비율로 줄어든다. 이 때문에 40명의 행렬은 2.5분(40÷16)만에 없어진다.

8. 【해답】 135m

이것을 상대속도로 바꾸면,

열차 A가 (45+36)km/h=22.5m/s로 움직이고, 열차 B는 멈춰 있는 것으로 볼 수 있다.

∴ 22.5m/s×6초=135m

9. 【해답】 1,500m, 9시 10분

잊어버린 물건으로 말미암아 허비한 시간은 집에서부터 400m 지점까지 걸은 8분(400÷50)과, 거기서부터 집까지 되돌아온 5분

(400÷80), 집에서 잊고 온 물건을 찾는 데 소비한 5분, 이 세 가지의 합계가 18분(8+5+5)이므로, 이만큼 집에서 늦게 나온 셈이 된다.

한편 처음 예정으로는 개회 10분 전까지 운동장에 도착할 예정이었다. 이것이 실제로는 2분 전에 도착했기 때문에 예정보다 8분이 늦었다.

그래서 18분이나 늦게 집에서 출발했는데도 불과 8분밖에 늦지 않은 것은, 걷는 속도를 매분 50m에서 매분 75m로 바꾸었기 때문이다. 즉 걷는 속도를 빨리함으로써 10분을 단축할 수 있었다.

그런데 매분 50m의 속도로 걸으면 1m를 가는 데 1/50분이 걸린다. 이것을 매분 75m의 속도로 바꾸면, 1m를 가는 데 1/75분이면 된다. 따라서 걷는 속도를 매분 50m에서 75m로 빠르게 하면 1m를 가는 데마다 1/150분(1/50－1/75)씩이 절약된다.

이 비율로 10분을 절약하는 데는, 걷는 거리가 1,500m(10÷1/150)가 된다. 그러므로 A군의 집으로부터 운동장까지의 거리는 1,500m이다.

그러면 처음 예정으로는 집에서 8시 30분에 출발하여, 1,500m의 거리를 30분(1,500÷50)에 걷고, 10분 전에 대회장에 도착할 예정이었으므로, 개회 시간은 9시 10분이 된다.

10. 【해답】 한 살, 또는 여섯 살

아이의 나이를 x라 하면,

$x+3=a^2$, $x-3=a$이므로

$x+3=a^2=(x-3)^2$

$x^2-7x+6=0$

$(x-6)(x-1)=0$

$\therefore$ x=1, 6 $\therefore$ 한 살, 또는 여섯 살

11. 【해답】

$$\begin{cases} 44+\frac{44}{4} \\ \sqrt{4}(4!+4)-\frac{4}{4} \\ \sum_{n=\frac{4}{4}}^{4+4+\sqrt{4}} \\ 4\times4\times4-\sum_{n=\sqrt{4}}^{4} n \\ {}_4H_4+4+4\times4 \end{cases}$$

12. 【해답】 −3, −1, 1

세 정수의 곱이 소수이므로 이중에 −1, 1이 포함되어야 한다. 또한 세 수는 등차수열을 이루어야 하므로,

$\therefore$ −3, −1, 1

13. 【해답】 앞 네 게임과 여덟 번째 게임을 이겨야 한다.

1~7번째 게임까지 건 구슬의 총합은 127개밖에 되지 않으므로 건 구슬이 128개인 8번째 게임을 A가 이겨야 한다. 127개에서 15개를 빼면 A가 B보다 31개 더 딴 셈이 된다. 15개가 되기 위해서는 1+2+4+8 외에는 존재하지 않는다.

14. 【해답】 2519

2, 3, 4, 5, 6, 7, 8, 9, 10의 최소공배수인 2520에서 1을 뺀 수,

$2520-1=2519$

15. 【해답】 2185자리

$\log(5^{5^5})=3125\log5 \fallingdotseq 2184.3$

$\therefore$ 2185자리

16. 【해답】 $\frac{1}{35}$

$\frac{4}{7}\times\frac{3}{6}\times\frac{2}{5}\times\frac{1}{4}=\frac{1}{35}$

17. 【해답】 3^{75}

$2^{100}=(2^4)^{25}$, $3^{75}=(3^3)^{25}$

$2^4<3^3$이므로 3^{75}이 더 크다.

18. 【해답】 24

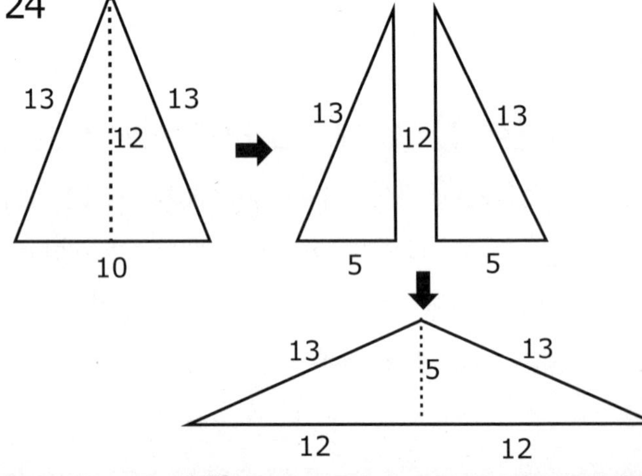

19. 【해답】 31

16진수, 15진수, 14진수……2진수에서의 16을 표현한 것이다.

20. 【해답】 $\frac{1}{9}$

정상적인 주사위 2개에서는 가능한 조합이 6가지이지만, 여기서는 공백이 2개이므로 가능한 조합은,

(2, 5) (4, 3) (5, 2) (6, 1) 네 가지이다.

$\therefore\ \frac{4}{36}=\frac{1}{9}$ 이다.

그림과 같이 표시하면 알기 쉽다.

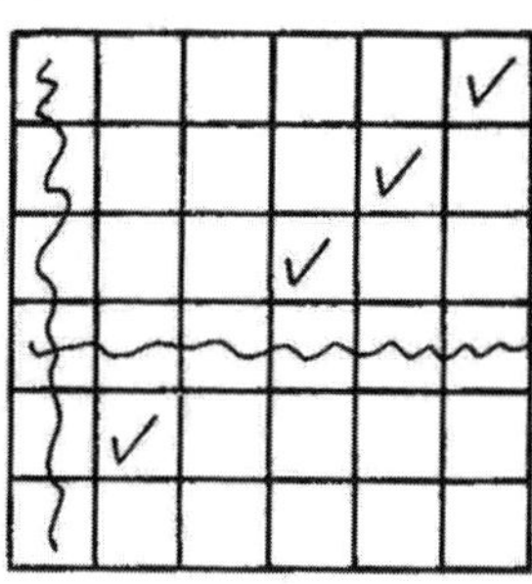

21. 【해답】 1980년

45^2=2025 2025−45=1980

22. 【해답】 720일 후

빨리 간 시간과 늦게 간 시간의 합이 12시간, 즉 43,200초일 때 두 시계는 시간이 같아진다.

x시간 후에 나의 시계는 x초 빠르고,

친구의 시계는 $\frac{3}{2}$x초 느리므로

$x+\frac{3}{2}x=43{,}200$(초)

$\therefore$ x=17,280(시간)=720(일)

23. 【해답】 x=3, ±1

x · $\sqrt[x]{x^3} = \dfrac{x^x}{x}$

$x^{1+\frac{3}{x}} = x^{x-1}$ x=1일 때일 때 성립한다.

또한 x≠1일 때,

$1+\dfrac{3}{x} = x-1$ ∴ x는 −1, 3

∴ x=3, ±1

24. 【해답】 18

$4r^2$과 $\dfrac{4}{3}r^3$ 모두가 1000과 9999 사이에 있어야 한다. 이 두 조건을 만족하는 r의 범위는,

16≦r≦19 이다.

그러나 $\dfrac{4}{3}r^3$이 정수이므로 r은 3의 배수이어야 한다.

∴ r=18

25. 【해답】 x^{10}

분모와 분자에 각각 x^{10}을 곱하면,

$$\frac{x^{10}(+x+x^2+x^3+x^4+x^5+x^6+x^7)}{x^{10}(x^{-3}+x^{-4}+x^{-5}+x^{-6}+x^{-7}+x^{-8}+x^{-9})}$$

$$=\frac{x^{10}(x+x^2+x^3+x^4+x^5+x^6+x^7)}{x^7+x^6+x^5+x^4+x^3+x^2+x}$$

$=x^{10}$

26. 【해답】 $\begin{cases} ① \text{ 3시 10분,} \\ ② \text{ 3시 } 22\frac{8}{11} \end{cases}$

① 3시에 90°부터 움직여서 시침이 x° 움직일 때 분침은 12x° 움직이므로,

$90-11x=35 \quad x=5$

5°, 즉 10분 후이다.

∴ 3시 10분

② 분침이 시침을 지나 분침과 시침이 35°가 될 경우,

$x-\frac{35}{6}=15+(\frac{x}{12})$

∴ $x=22\frac{8}{11}$(분) ∴ 3시 $22\frac{8}{11}$(분)

27. 【해답】 5

세 수를 각각 n, n+1, n+2라 하면,

$n+(n+1)^2+(n+2)^3=(3n+3)^2$

$n^2-2n^2-3n=n(n^2-2n-3)=n(n+1)(n-3)=0$

∴ n=3

∴ 세 수는 3, 4, 5

세 수 중 가장 큰 수는 5이다.

28. 【해답】 약 0.58

36가지의 경우 중 합이 7일 경우는 6가지

$\frac{6}{36}=\frac{1}{6}$이다.

∴ 7이 아닐 확률은 $\frac{5}{6}$

∴ 3번째에도 합이 7이 아닐 확률은 $(\frac{5}{6})^3 \fallingdotseq 0.58$

29. 【해답】 6진수

$213_6=81_{10}$

30. 【해답】 π : (2π－4)

처음 원의 반지름을 r이라 하면,

$\pi(\frac{r}{\sqrt{2}})^2 : (\pi r^2-2r^2)$

∴ π : (2π－4)

31. 【해답】 6점

될 수 있는 한 명수에게 많은 타순이 돌아가도록 해야 하는데, 명수 이외에는 홈베이스를 밟은 선수가 없다고 했으므로 명수의 앞에 주자가 있어서는 곤란하다. 그래서 한 예를 들어 보면 다음과 같다.

1회 : 3자 범퇴

2회 : 명수가 쳐서 홈런(1점), 5, 6번이 아웃된 뒤 7, 8, 9번이 진루해서 풀 베이스가 되지만, 1번이 삼진아웃.

3회 : 2, 3번이 아웃된 다음 명수가 홈런을 날린다(1점). 그리고 5, 6, 7번이 출루했으나 8번이 아웃.

4회 : 9번, 1번이 삼진아웃, 2번이 출루했으나 3번 아웃.

5회 : 2회와 같고(1점)

6회 : 3회와 같고(1점)

7회 : 4회와 같고,

8회 : 2회와 같고(1점)

9회 : 3회와 같다(1점)

결국 명수는 2, 3, 5, 6, 8, 9회 각 한 번씩 솔로 홈런으로 점수를 올릴 수가 있다.

April Problem

◀수학 에세이▶

<모 순>

옛날 그리스에 유명한 소피스트학파 학자 한 사람이 있었는데, 하루는 청년 한 명이 찾아와서 변론법에 대해서 배우기를 청했다. 그러자 소피스트는 변론법을 가르쳐주는 대가로 금 100량을 요구했다.

청년은 너무 비싸다고 했다. 그래서 절충 끝에 우선 50량만 먼저 주고, 나머지 50량은 사회에 나가 훌륭한 변론가가 된 뒤에 주기로 했다.

그 후 청년은 열심히 공부하여 그 지방 유지가 되었다. 이를 전해들은 소피스트는 옛날 제자였던 그를 찾아가서 나머지 50량을 요구했다. 그러나 그는, 자기는 아직 훌륭한 변론가가 되지 못했기 때문에 훌륭한 변론가가 된 후에 주겠다고 배짱을 내밀었다.

그래서 마침내 소피스트는 제자를 걸어 소송을 제기하게 되었다. 그래서 두 사람은 재판관 앞에 서게 되었다.

먼저 소피스트가 변론했다.

"현명하신 재판관님! 나는 이 재판에 이겨도 50량을 받고 져도 받아야 합니다. 이유는 50량을 받기 위한 소송이니, 이기면 당연히 받아야 하고, 또한 져도 받아야 하는 이유는, 제자가 스승과 재판하여 이길 정도면 이미 훌륭한 변론가가 되었으니 약속대로 나머지 50량을 받아야 합니다."

선생의 변론을 들은 제자가 변론을 했다.

"존경하는 재판관님! 저 또한 재판에 이기든 지든 관계없이 돈을 지불할 수 없습니다. 이유는 50량을 주지 않기 위한 소송이므로 이기면 당연히 지불할 수 없습니다. 또한 내가 재판을 하여 남에게 진다는 것은 아직 훌륭한 변론가가 되지 못했기 때문으로 약속대로 지불할 수가 없습니다."

자, 여러분이 재판관이라면 과연 어떤 판결을 내릴까요?

1.

신문지를 반으로 접고, 그것을 다시 반듯하게 반으로 접는다. 그리고 다시 반으로…… 이렇게 50번을 접는다. (만약에 가능하다면)

신문지 한 장의 두께를 0.1mm라고 가정한다면 그 두께는 어느 정도나 될까?

2.

n의 양의 제곱근에다 n−1의 양의 제곱근을 뺀 것이 0.01보다 작은 최소의 양의 정수 n은?

$$\sqrt{n} - \sqrt{n-1} < 0.01$$

3.

다음 수식에서 양의 정수 n의 값을 구하라.

$$\frac{n!}{4! \times (n-5)!} = \frac{3(n-1)!}{(n-4)! \times 3!}$$

4.

책의 쪽수를 쓰는 데 총 642개의 숫자가 들었다. 이 책 쪽수는 최대가 몇 쪽인가?

5.

영희는 6개의 화살을 쏘아 모두 표적에 맞혔다. 과녁의 점수가 1, 3, 5, 7, 9일 때 다음 숫자 중 명수의 점수가 될 수 있는 것은?

4, 17, 56, 28, 29, 31.

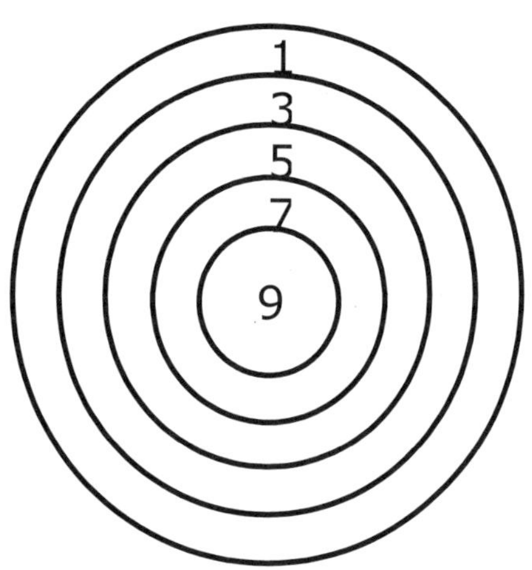

6.

아래 수열의 다음에 올 것은?

F28, M31, A30, M31, ?

7.

□ 속에 숫자를 넣어서 식을 완성시켜 보라.

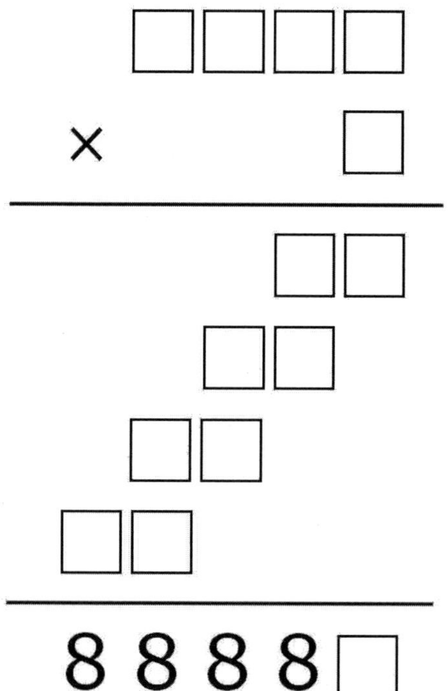

8.

a, b, c, d 네 개의 수가 있는데 그 합은 90이다. 지금 a에 2를 더한 것과, b에서 2를 뺀 것과, c에 2를 곱한 것과, d를 2로 나눈 것이 모두 같은 수가 되었다고 한다. a, b, c, d 네 개의 수를 구하라.

$$a+b+c+d=90$$

9.

어느 모임에 24명의 회원이 회의장에 모였다. 모든 사람이 다른 사람과 악수를 한다. 회의가 9시에 시작되고 각각의 악수는 30초가 걸리며, 각 30초 동안 12쌍이 악수를 한다면 언제 모든 악수가 끝날까?

10.

두자리 숫자로서, 8의 배수보다 1 작고, 7의 배수보다 3 작은 수는?

11.

시계탑의 시계가 6시를 가리킬 때 5초 동안 종이 울렸다면 12시를 가리킬 때는 몇 초 동안 종이 울릴까?

12.

9×12의 카펫에 좀이 슬었다. 좀이 슨 곳을 자르고 나니 정 중앙에 1×8의 직사각형 구멍이 생겼다. 구멍이 생긴 이 카펫을 두 부분으로 잘라 맞추어 정사각형이 되게 하라.

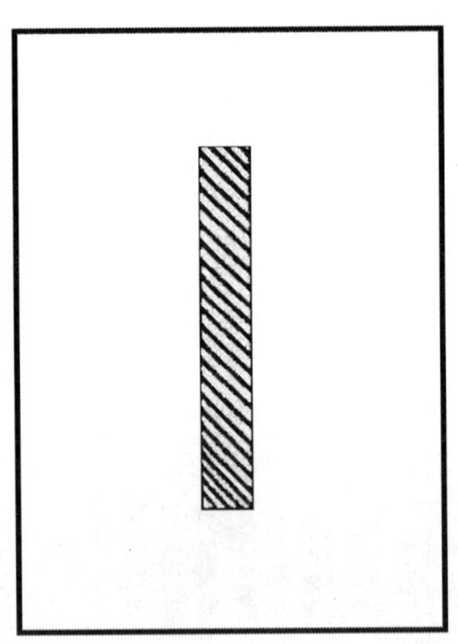

13.

시곗바늘은 정오에 시침과 분침이 겹친다. 오후에 정오 다음에 바늘이 겹치는 시간은?

14.

자동차를 타고 산을 올라갈 때는 10km/h의 속력으로, 내려올 때는 20km/h의 속력으로 차를 몰았다. 평균속력은?

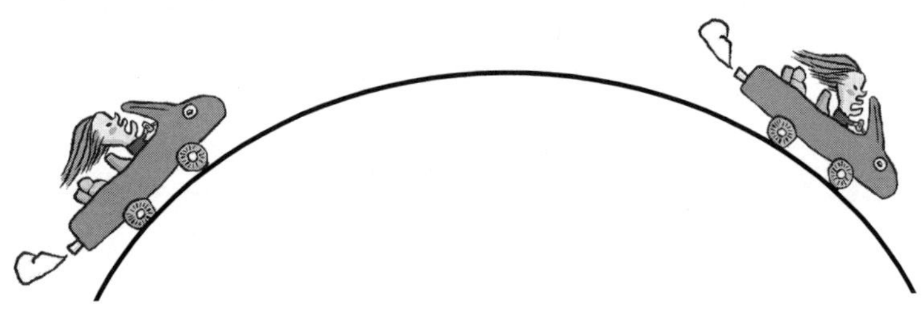

15.

아래 그림에서 PM=10cm, MN=15cm, PN=17cm이면 △PQR의 둘레는?

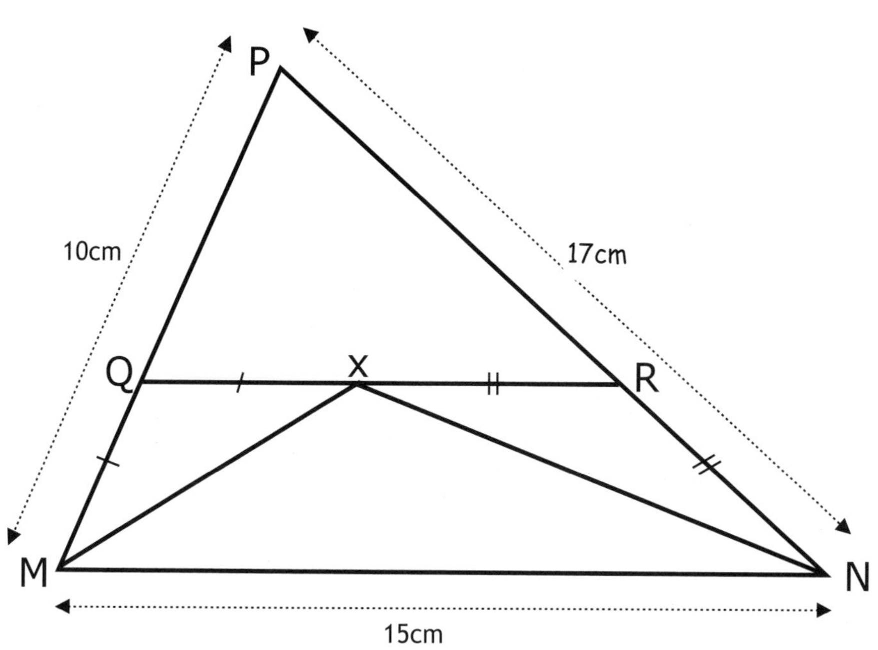

16.

15°의 경사를 가진 언덕에 깃대가 수직으로 서 있다. 깃대의 발로부터 100m 떨어진 지점에서 막대 끝과의 각도가 31°이었다. 깃대의 높이를 근사치의 미터로 구하라.

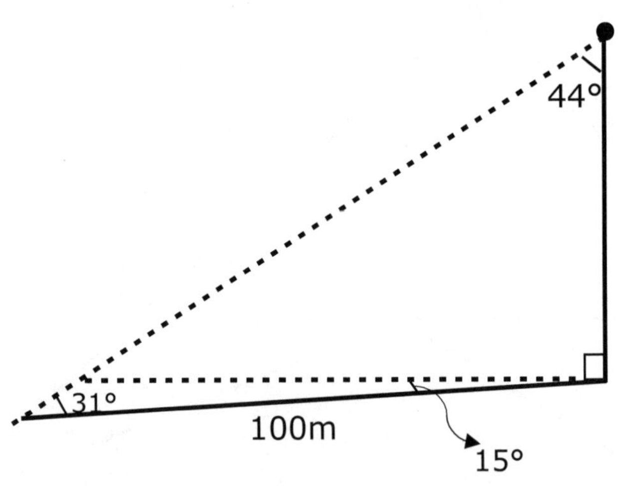

17.

아래 열에서 다음에 올 세 문자는?

ABCEDFGHJIKLMONP???

18.

다음 식의 값을 구하라.

$$\cfrac{1}{2-\cfrac{1}{2-\cfrac{1}{2-\cfrac{1}{2}}}}=?$$

19.

1km 길이의 화물열차가 1km 길이의 터널을 통과한다. 기차가 시속 15km로 움직인다면 터널을 통과하는 데 걸리는 시간은?

20.

0부터 9까지의 수를 사용해서 다음 수열을 완성하라.

8, 5, 4, 9, • • • • •

21.

예각삼각형 ABC의 각 수선의 교점인 수심을 P라 한다. 선 AB=x, CP=y, d는 삼각형 ABC의 외접원의 지름이라고 하면 d를 x와 y의 식으로 나타내라.

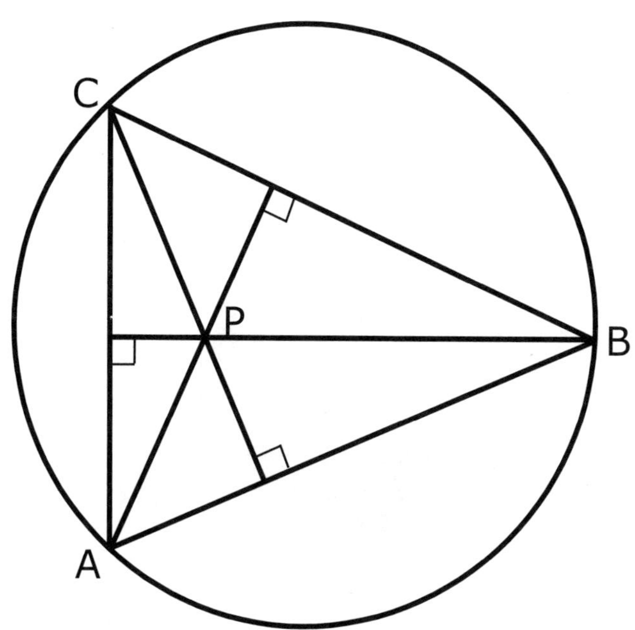

22

두 아버지와 두 아들이 21달러를 똑같이 나누어 가지려면 얼마씩 돌아가겠는가? (단, 1달러를 센트로 바꾸어서는 안 된다.)

23.

높이 28m의 송신탑이 있다. 이 탑을 받치고 있는 버팀줄이 같은 방향으로 150m의 거리를 두고 팽팽히 매여 있다. 두 버팀줄의 길이의 합계는 250m이고, 지면은 수평이다. 두 버팀줄의 길이를 각각 구하라.

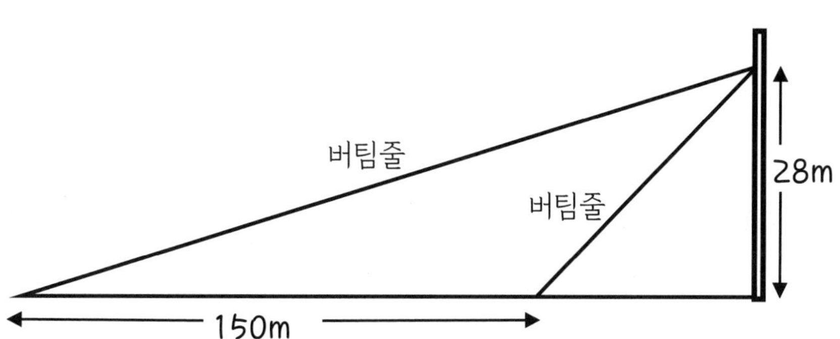

24.

매 시간마다 서울을 떠나 대구로 열차는 떠난다. 그리고 동시에 대구에서도 다른 열차가 서울을 향해 떠난다. 서울에서 대구까지는 2시간 걸린다. 열차가 대구를 떠나 서울에 도착할 때까지 서울에서 오는 몇 대의 열차와 만나는가? (단, 모든 차의 시속은 같다.)

25.

그림과 같은 정원이 있다. 오른쪽 문은 그 중심이 뒷벽으로부터 **13m** 떨어진 곳에 있고, 왼쪽 문의 중심은 앞벽으로부터 **11m** 되는 곳에 있다. 이제 오른쪽 문에서 앞 뒤 양쪽 벽을 한 번씩 터치하고 왼쪽 문으로 갔을 때 최단거리는?

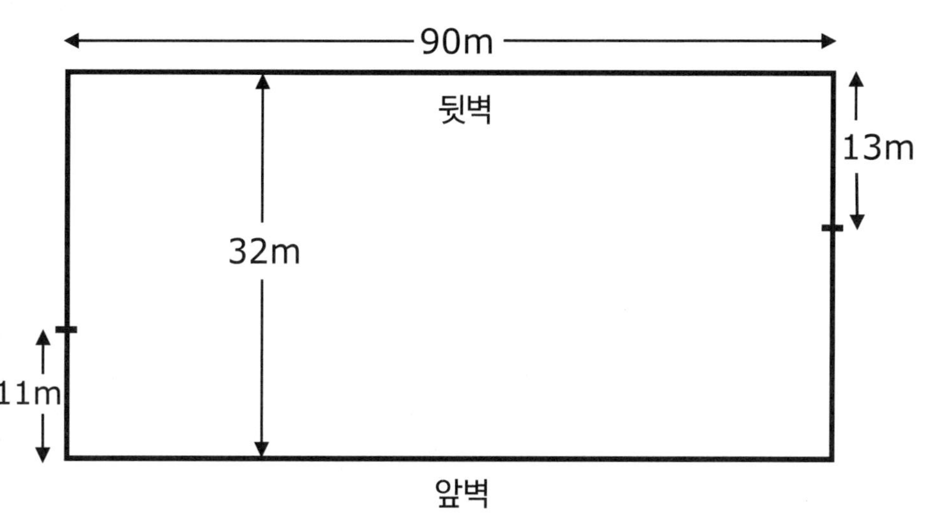

26.

다음 수열의 ?을 채워라.

15, 20, 10, ?, 5, 30, 0

27.

아홉 마리의 돼지가 정사각형 우리 속에 들어 있다. 두 개의 정사각형을 그려 넣어 아홉 마리를 각각 다른 우리에 가두어라.

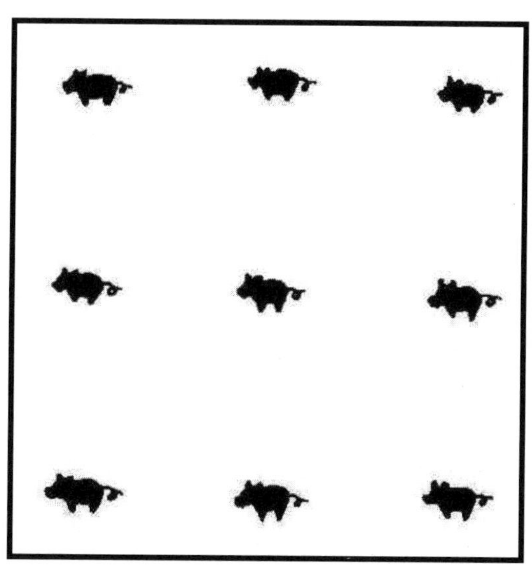

28.

조류(鳥類) 가게에서 사고로 새장 문이 열리는 바람에 모두 300마리의 새 가운데서 100마리 이상이 날아가 버렸다. 남은 새 가운데 1/3은 참새 과의 작은 새들, 1/4이 할미새 과, 1/5이 카나리아, 그리고 1/7이 구관조이고, 1/9이 앵무새라고 한다. 그런데 분수 가운데 하나가 틀린 곳이 있다. 새는 모두 몇 마리 달아났을까?

29.

걸어서 횡단하는 데 6일이 걸리는 불모의 사막에 도전하는 탐험가가 있다. 그런데 한 사람이 등에 지고 나를 수 있는 식량과 물은 한 사람이 4일 동안밖에 먹을 수가 없다.

이 탐험가는 (1) 최소한 몇 명의 짐꾼을 고용하여, (2) 어떤 방법으로 사막을 횡단해야 할까? 물론 짐꾼을 사막에서 죽게 해서는 안 된다.

30

아래 빈 칸을 채워라.

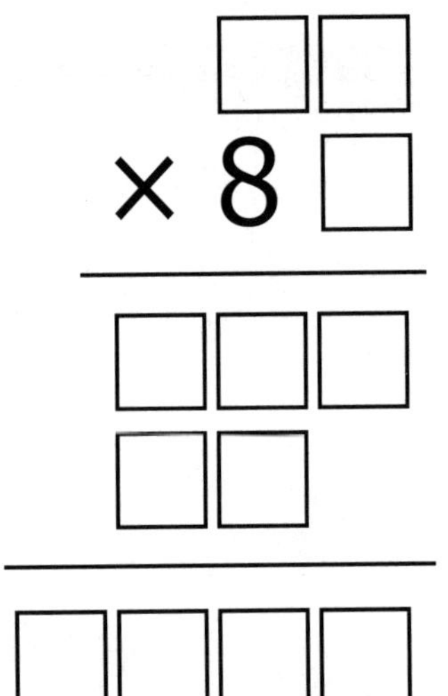

Problem Solving

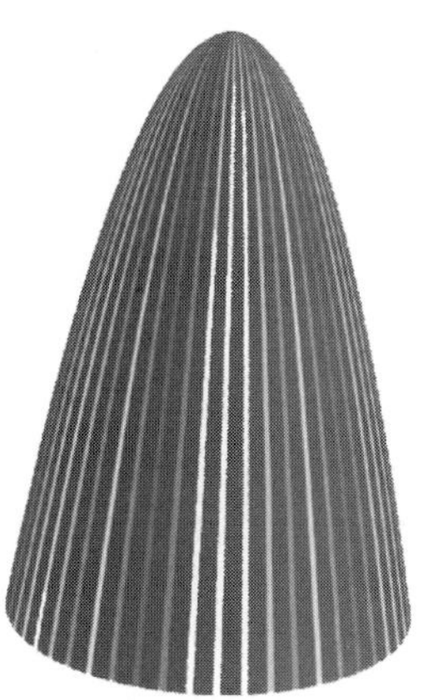

1. 【해답】 약 112,590,000km

0.1mm×2^{50}

=112,590,000,000,000mm

=112,590,000km

대개의 사람은 종이가 50번 접혀진 두께라 생각하고 "5mm!"라고 답한다. 어떤 사람은 기하급수의 문제라고 생각해서 "수 km!"라고 답하기도 한다. 실제는 2의 50제곱이다. 우리들은 2배, 3배,……50배라면 이미지가 선뜻 떠오르지만, 2배, 4배, 8배……이런 식으로 50번을 거듭한 결과와 같은 비현실적인 상황에는 아무래도 생각이 미치지 못한다. 결국 경험이 없는 일에 대한 우리들의 이미지는 실로 빈곤할 따름이다. 반대로 현실적인 이미지가 지나치게 강렬하여 새로운 이미지에 방해 요인이 되는 경우도 있다.

답 112,590,000km는 지구에서 태양까지 거리의 3분의 2 이상에 해당한다. 답을 말해 줘도 워낙 엄청난 숫자에 놀라 실감할 수가 없을 것이다.

2. 【해답】 2501

$\sqrt{n}-\sqrt{n-1}<0.01$ ➡ $\sqrt{n}-0.01<\sqrt{n-1}$

양쪽을 제곱하면

$n-0.02\sqrt{n}+0.0001<n-1$, ➡ $0.02\sqrt{n}>1.0001$

양쪽을 제곱하면

$0.0004n>1.0002$, ➡ $n>2500.5$

∴ 2501

3.【해답】 6

$$\frac{n(n-1)(n-2)(n-3)(n-4)}{4!}=\frac{(n-1)(n-2)(n-3)}{2}$$

$n(n-4)=3\times4$

$n^2-4n-12=0$

$(n-6)(n+2)=0$

$\therefore\ n=6$

4.【해답】 250쪽

1~9 : 9개

10~99 : 90×2=180개

100~(n−1) : 3×(n−100)

9+180+3(n−100)=642 ∴ n=251

∴ 최대 250쪽

5.【해답】 28

점수는 홀수 6개를 더한 것이므로 짝수이고,

최소 1×6=6, 최대 9×6=54이다.

이상의 조건을 만족하는 것은 28밖에 없다.

6.【해답】 J30

F28 → Feb. 28

M31 → Mar. 31

A30 → Apr. 30

M31 → May. 31

다음에 올 것은 Jun. 30

∴ J30이 된다.

7. 【해답】

		9	□	□	□
	×				9
				□	□
			□	□	
		□	□		
	8	1			
8	8	8	8	□	

우선 맨 아래 만 단위의 8에 주목합니다. 그러면 그 바로 위의 □ 속은 7이나 8밖에 없다. 그래서 7을 넣어보면 잘 되지 않는다는 것을 금방 알 수 있다. 1자리와 1자리의 수의 곱셈에서 10의 자리가 7이 되는 것은

8×9=72 뿐이다.

이것을 넣으면 2의 바로 위의 □에 어떤 수를 넣더라도 72의 바로 밑의 88이 나오지 않기 때문이다. 이로써 8을 넣으면 10의 자리가 8이 되는 1자리끼리의 곱셈은

9×9=81 뿐이다.

이 결과 곱셈의 일부는 오른쪽과 같이 되었다. 그러면 1의 자리만 알 수 없기 때문에 가령 최대의 수인 9를 넣어 88889를 9로 나누어 본다. 그러면,

88889÷9=9876……나머지 5

가 되기 때문에,

88889－5=88884

가 되는 셈이다.

		9	8	7	6
	×				9
				5	4
			6	3	
		7	2		
	8	1			
8	8	8	8	4	

따라서 □에 딱 들어맞는 수를 차츰 찾아보면

결과는 오른쪽과 같이 된다.

8.【해답】 a=18, b=22, c=10, d=40

문제 조건을 식으로 나타내 보면

$a+b+c+d=90$

$a+2=b-2=2c=d\div2$가 된다.

여기서 b, c, d 를 a로 나타내면

$a+2=b-2 \rightarrow b=a+4$

$a+2=2c \rightarrow c=a/2+1$

$a+2=d/2 \rightarrow d=2a+4$가 된다.

그래서 a, b, c, d를 더해 보면

$a+b+c+d=a+(a+4)+a/2+1+(2a+4)=90$

$2a+2a+8+a+2+4a+8=180$

$9a=162 \quad \therefore a=18$

같은 방법으로 a, c, d를 b로 나타내 보면

$a=b-4,\ c=(b-4)/2,\ d=2b-4$

a, b, c, d를 더하면

$(b-4)+b+b/2-1+(2b-4)=90$

$9b=198 \quad \therefore b=22$

같은 방법으로 a, b, d를 c로 나타내면

$a=2c-2,\ b=2c+2,\ d=4c$

a, b, c, d 를 더하면

$(2c-2)+(2c+2)+c+4c=90 \quad \therefore c=10$

$18+22+10+d=900 \qquad \therefore d=40$이 된다.

9. 【해답】 오전 9시 11분 30초

$({}_{24}C_2 \div 12) \times 30$초$=23 \times 30$초$=11$분 30초

∴ 9시 11분 30초

10. 【해답】 39와 95

8의 배수보다 1 작은 모든 두자리수는,

15, 23, 31, 39, 47, 55, 63, 71, 79, 87, 95이다.

이 중에서 7의 배수보다 3 작은 수는 39와 95뿐이다.

11. 【해답】 11초

12. 【해답】 그림과 같다.

좀이 슨 부분을 잘라내고 붙였을 경우 정사각형이 되도록 하라고 했으므로,

$9 \times 12 - 1 \times 8 = 100$

∴ 한 변이 10인 정사각형이 되도록 해야 한다.

이 카펫에 한 변이 1인 정사각형의 바둑판무늬를 그려 넣어 보자. 그런 다음 굵은 선을 따라 가위로 오려서 붙이면 그림과 같이 한 변이 10인 정사각형의 카펫이 된다.

다음 페이지의 그림과 같다.

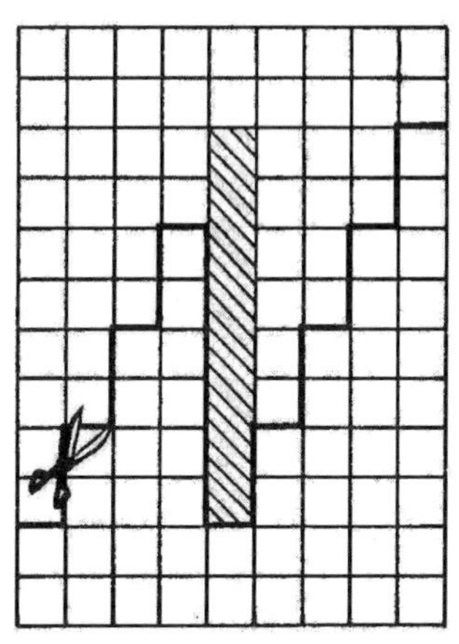

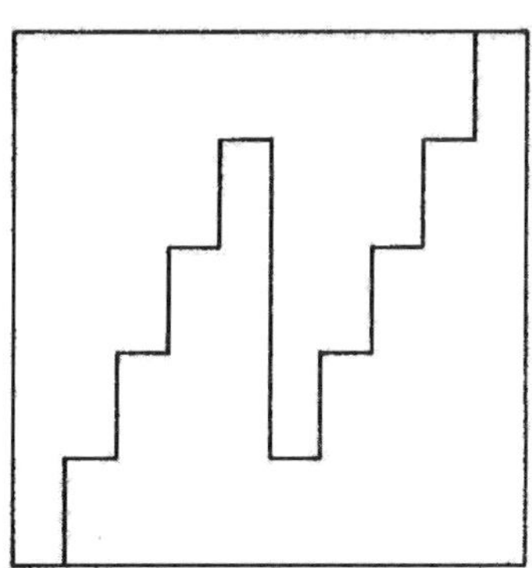

13. 【해답】 1시 $5\frac{5}{11}$분

분침은 시간당 60칸을, 시침은 시간당 5칸을 가므로 분침은 시간당 55칸 앞선다. 또 겹치려면 60칸을 앞서 시침을 따라잡아야 한다. 그러므로 걸리는 시간은,

$\frac{60}{55}$시간, 즉 1시간 $5\frac{5}{11}$분

14. 【해답】 $13\frac{1}{3}$km/h

평균속력 : x, 거리 : d라 하면,

$$\frac{d}{10}+\frac{d}{20}=\frac{2d}{x}$$

$\therefore$ x=$13\frac{1}{3}$(km/h)

15. 【해답】 27cm

△PQR의 둘레=PQ+QX+XR+RP

=PQ+QM+RN+RP

=PM+PN

=10+17=27

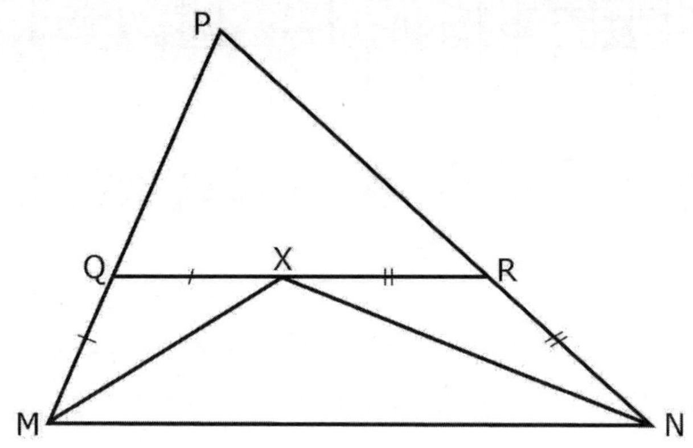

16. 【해답】 74m

깃대의 높이를 h라 하면,

$$\frac{h}{\sin 31^\circ}=\frac{100}{\sin 44^\circ}$$

∴ h=74(m)

17. 【해답】 QRT

연속된 다섯 개의 문자 중에서 네 번째와 다섯 번째 문자를 서로 바꾸어 배열해 놓았다.

18. 【해답】 $\frac{4}{5}$

$$\frac{1}{2-\frac{1}{2-\frac{1}{\frac{3}{2}}}}=\frac{1}{2-\frac{1}{\frac{4}{3}}}=\frac{4}{5}$$

19. 【해답】 8분

1km 길이의 화물차가 1km의 터널을 통과하므로 2km를 지나야 하는 셈이다.

$\therefore \frac{2km}{15km/60분}$ = 8분

20. 【해답】 7, 6, 3, 2, 0

8, 5, 4, 9, 1, · · · · · 는

eight, five, four, nine, one, · · · · · 과 같이

알파벳 순서로 배열되어 있다.

seven, six, three, two, zero ➡ 7, 6, 3, 2, 0

21. 【해답】 d=$\sqrt{x^2+y^2}$

AB와 직각이 되게 선을 그어 원과 만나는 점을 D라 하면, DB는 원의 지름이 된다(∵△DAB가 원에 내접하는 직각삼각형이므로).

∴∠DCB=90° DC∥AP

또한 AD∥CP

∴ AD=CP 이므로 AD=y AB=x

$\therefore$ DB=d= $\sqrt{x^2+y^2}$

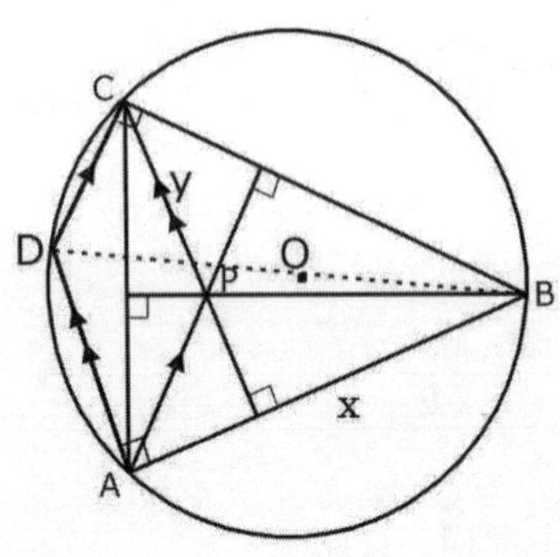

22. 【해답】 7달러씩

할아버지, 아버지, 아들이 각기 7달러씩 나누어 가지면,

7×3=21(달러)

23. 【해답】 짧은 것 : 53m, 긴 것 : 197m

긴 받침줄을 x미터라고 하면, 짧은 것은 (250－x)미터가 된다. 송신탑의 밑에서 짧은 받침줄을 고정하고 있는 지면의 지점까지 y미터라고 하면,

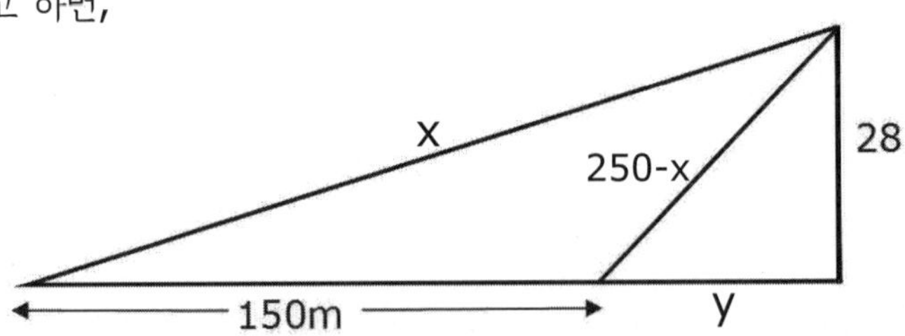

$x^2=(y+150)^2+28^2$…… ①

$(250-x)^2=y^2+28^2$…… ②

①－②에 의해

500x－62,500=300y+22,500

$3y=5x-850$

이것을 ②에 대입하면,

$(750-3x)^2=(5x-850)^2+84^2$

$x^2-250x+10,441=0$

$\therefore\ x=125\pm\sqrt{125^2-10,441}=125\pm72$

그런데 $x>250-x$이므로

$x=125+72=197$

짧은 줄 : $250-197=53$(m)

따라서 긴 줄은 197미터, 짧은 줄은 53미터가 된다.

24. 【해답】 다섯 대의 열차와 만난다.

25. 【해답】 106m

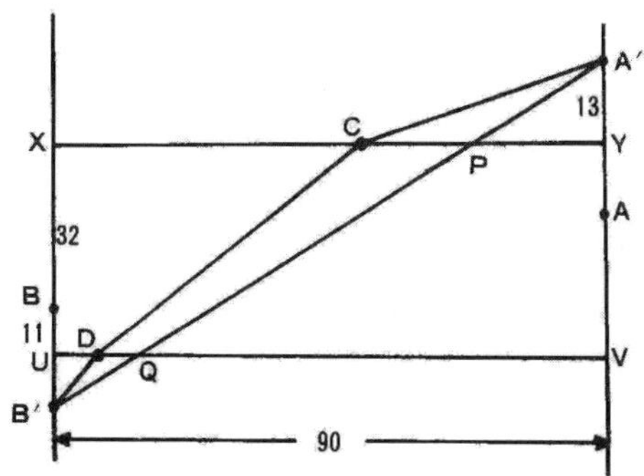

이쪽 문을 A, 저쪽 문을 B라고 하면, 최초로 뒤쪽 벽의 점 C를 터치하고 앞쪽 벽의 점 D를 터치한 다음, 저쪽 문 B로 나가는 것이다. 결국, AC+CD+DB의 길이를 최소치로 하는 문제가 된다.

점 A의 벽 xY에 대한 대칭점을 A', 점 B의 벽 UV에 대한 대칭점을 B'라 한 다음, 점 A'에서 점 B'에 직선을 그어 XY, UV와 만나는 점을 각각 P, Q라 하면,

AC+CD+DB=A'C+CD+DB'≧AP+PQ+QB

=A'P+PQ+QB'

즉, 뒤쪽 벽면 P에 터치하고 앞쪽 벽면 Q에 터치한 다음 B로 나가는 것이 최단거리가 된다.

∴ A'B'= $\sqrt{90^2+(13+32+11)^2}$ =106(m)

26. 【해답】 25

15 20 10 25 5 30 0

5 −10 15 −20 25 −30

27. 【해답】 그림과 같다.

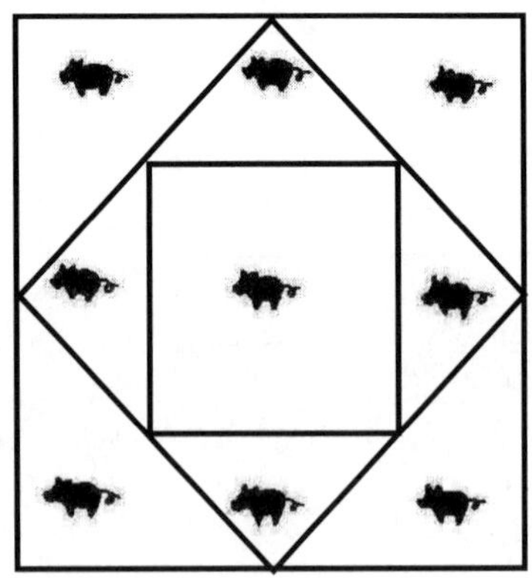

28. 【해답】 120마리

나머지 새 가운데 1/3이 참새과라는 말은, 남은 새는 3의 배수라는 말이 된다. 또한 마찬가지로 남은 새는 4의 배수, 5의 배수, 7의 배수, 9의 배수라는 말도 된다.

그런데 이들(분수) 가운데 한 군데만이 틀려 있다고 하므로 남은 새의 수는,

(1) 3, 4, 5, 7의 최소공배수인 420의 배수.
(2) 3, 4, 5, 9의 최소공배수인 180의 배수.
(3) 3, 4, 7, 9의 최소공배수인 252의 배수.
(4) 3, 5, 7, 9의 최소공배수인 315의 배수.
(5) 4, 5, 7, 9의 최소공배수인 1260의 배수.

위 5가지 중 어느 것인가가 된다.

그런데 문제에서 최초 300마리가 있었는데, 100마리 이상이 달아났다고 했으므로, 남아 있는 것은 200마리 이하인 것만은 분명하다.

따라서 조건에 적합한 것은 (2)의 경우뿐이므로 남아 있는 것은 180마리이고, 달아난 것은 120마리라는 것을 알 수 있다.

29. 【해답】

(1) 2명

(2) 우선 세 사람이 제각기 나흘 분의 식량과 물을 짊어지고 출발한다. 첫째 날의 행군이 끝나면 짐꾼 A는 탐험가와 짐꾼 B에게 각각 하루 분의 짐을 건네주고 하루 분만의 식량과 물을 가지고 출발점으로 되돌아간다. 둘째 날의 행군이 끝나면 짐꾼 B는 하루 분의 짐을 탐험가에게 건네주고 이틀 분

의 짐을 가지고 되돌아간다. 그때 탐험가는 나머지 나흘간의 행군에 필요한 식량과 물을 가지고 혼자서 사막을 횡단하면 된다.

30. 【해답】

```
   1 2          a b
 × 8 9        × 8 c
 -----        -----
 1 0 8        d e f
 9 6          g h
 -----        -------
1 0 6 8       i j k f
```

각각의 □에 문자 a, b, c…… 를 맞춰 넣으면, a에 8을 곱한 수가 두자리수인데도 c를 곱하면 세자리수가 되니까 c=9일 수밖에 없다. ab에 8을 곱한 수가 두자리수이니까 a=1이고 b≦2일 것이다.

그런데 ab에 9를 곱해서 세자리가 되므로 2≦b이어야만 한다. 결국 b=2라는 것을 알 수 있다.

∴12×89=1068이 된다.

다른 방법으로는,

ab를 x로 놓는다면,

8x가 두자리수이고, 89x는 네자리수이므로

$\frac{1000}{89} \leqq x \leqq \frac{100}{8}$

∴ x=12가 구해진다.

May Problem

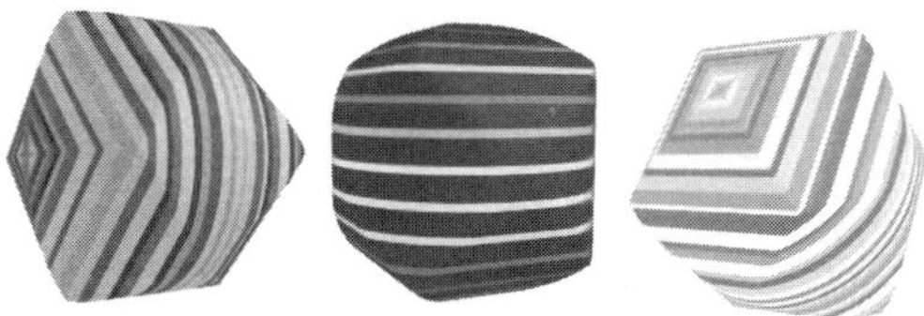

◀수학 에세이▶

<어느 부자의 유언>

중동의 한 부자가 열일곱 마리의 낙타를 남기고 죽었다. 유언에는 세 아들에게 낙타를 다음과 같이 분배하도록 되어 있었다.

큰아들에게 전체 낙타의 2분의 1을,

둘째아들에게 3분의 1을,

셋째아들에게 9분의 1을,

세 아들은 어떻게 낙타를 나누면 좋을까 하고 궁리를 했으나, 좀처럼 좋은 생각이 떠오르지 않았다. 그런데 마침 그때 낙타를 탄 노인이 그곳을 지나가다가 그들의 이야기를 듣고는 당장 열일곱 마리의 낙타를 세 아들이 전부 만족하게 잘 분배했다. 그러고 나서 노인은 유유히 사라져 갔다. 노인은 과연 어떻게 분배했을까?

【해답】

큰아들　: 9마리

둘째아들 : 6마리

셋째아들 : 2마리

현인은 자신의 낙타를 보태서

18마리로 만들었다. 그래서

18×1/2=9

18×1/3=6

18×1/9=2

그러나 합계는 9+6+2=17

그리고는 현인은 자신이 타고 왔던 낙타를 타고 유유히 떠나갔다.

1.

아래 다섯 개의 그림에서 연상되는 공통의 것, 그것은 무엇일까?

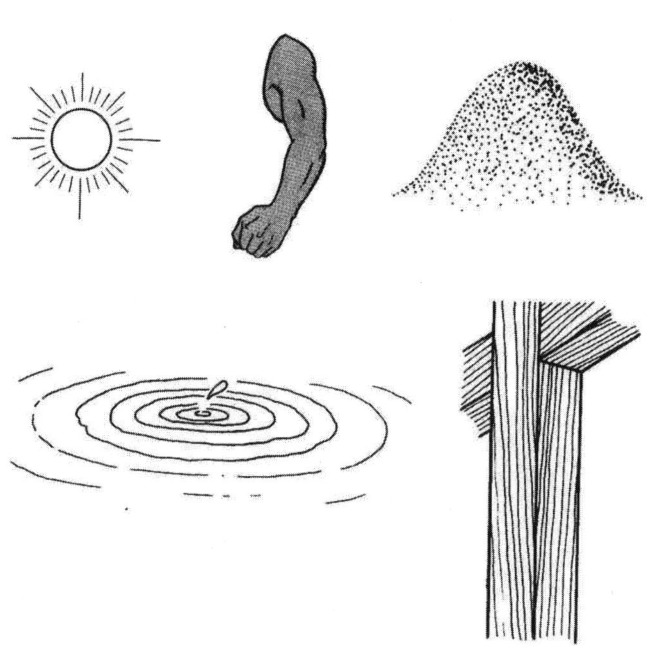

2.

10대들만이 모인 그룹이 있다. 그들의 나이의 곱이 10,584,000이면 그룹 전체의 인원수와 그들의 나이의 합은 얼마인가?

3.

어떤 부부에게 열 명이 넘는 아이들이 있다. 여자 아이의 수와 남자아이의 수의 각각의 제곱의 합이 100이다. 아이들은 모두 몇 명인가?

4.

아래 4개의 막대와 돌멩이 그림은 삽 위에 돌을 나타낸다. 2개의 막대를 움직여서 돌을 삽 밖으로 옮겨라.

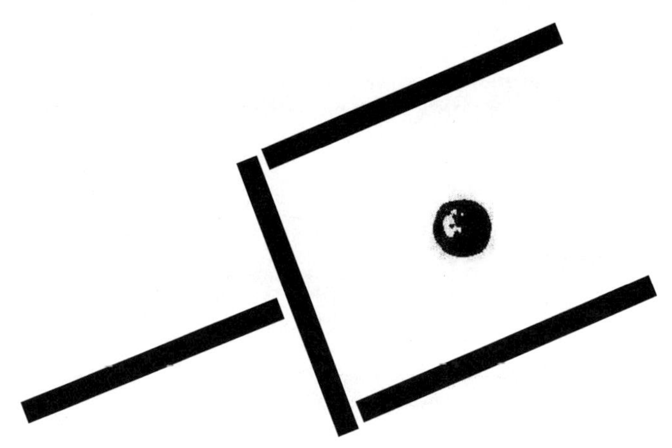

5.

아래 계산의 답은?

$$6+3.6+2.16+1.296+\cdots\cdots=?$$

6.

19그루의 나무를 심으려고 한다. 9열로 1열에 5그루씩 심겨지도록 하려면?

7.

$a=2^{x+2}$ 라고 할 때,

8^{x} 의 값을 a로 나타내라.

8.

알파벳 26문자의 대문자 가운데서 25문자는 한붓쓰기(연필을 띄지 않고 그리기)가 가능하다. 그런데 한 개의 문자만은 한붓쓰기가 불가능하다.

쓰기를 마칠 때까지 펜을 띄지 않고 같은 곳은 두 번 통과하지 않는다는 조건에 맞지 않은 그 한 문자는 무엇일까?

(*아래 영문 글자체가 힌트이다.)

ABCDEFGHIJKLM

NOPQRSTUVWXYZ

9.

A가 가지고 있는 돈과 B가 가지고 있는 돈의 비율은 3 : 2이다. 지금 같은 날부터 A는 매일 600원, B는 매일 500원씩을 쓴 결과, B가 가지고 있는 돈을 다 썼을 때 A는 아직도 900원이 남아 있었다. A와 B가 가지고 있던 돈은 각각 얼마였을까?

10.

세 개의 다른 정수의 기하평균이 5이다. 이 정수의 합은?

11.

어떤 친구가 0이 하나도 없고 홀수인 7자리 전화번호를 가졌다. 이것은 864-3616이라는 전화번호의 구조와 흡사하게 배열된 번호다. 이 전화번호를 분석하여 친구의 전화번호를 맞혀 보라.
(힌트 : 예로 든 전화번호에서 제곱을 찾아보라.)

12.

다음의 전개식에서 계수의 총합은?

$$(a+b)^5$$

13.

경희는 현수의 7년 후의 나이의 1/2이다. 14년 후 경희는 현수의 현재 나이의 6/7이 될 것이다. 경희가 현수 나이의 1/2이었을 때 현수는 몇 살이었나?

14.

같은 문자는 같은 숫자를 나타낸다. 숫자로 나타내어 식을 완성시켜라.

$$
\begin{array}{r}
BASE \\
+\ BALL \\
\hline
GAMES
\end{array}
$$

15.

오늘은 즐거운 소풍날이다. 소풍 참가비는 1인당 17,000원인데, 부모님이 따라갈 경우, 아버지는 35,000원, 어머니는 30,000원을 참가비로 내야 한다. 이렇게 하여 소풍에 참가한 전체 인원수는 50명이고, 참가비용의 합계는 꼭 100만 원이 되었다. 50명 중에 아버지와 어머니는 각각 몇 명이었을까?

16.

빈 소다병과 가득 찬 소다 병이 같음을 수식으로 나타내 보여라.

17.

아래 그림과 같이 도시 A에서 같은 거리에 도시 B, C, D, E가 있고 B와 C, C와 D는 각각 30km, D와 E는 14km 떨어져 있다. 그럼 각각의 도시는 도시 A에서 몇 km 떨어져 있을까?

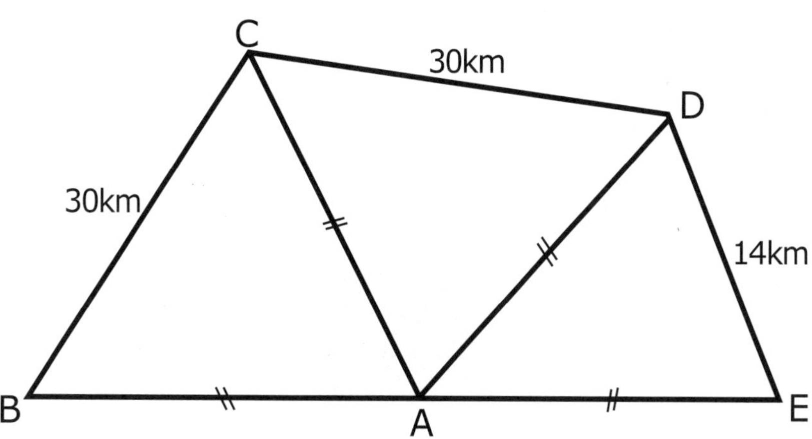

18.

순환소수 $0.\dot{2}\dot{1}$을 기약분수 a/b로 나타냈을 때,

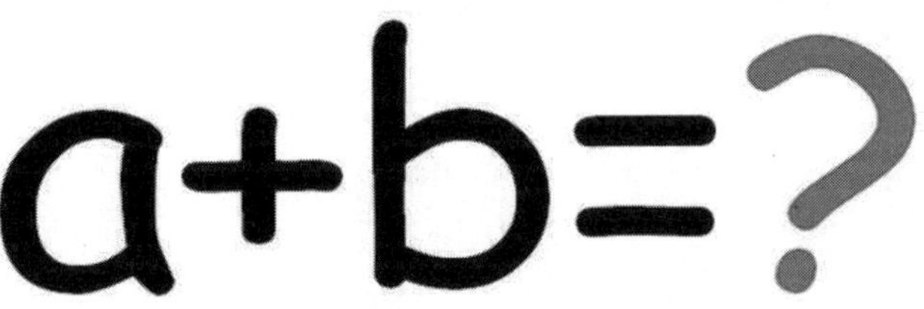

19.

다음에서 잘못을 설명해 보라.

$$x=y$$
$$x^2=xy$$
$$x^2-y^2=xy-y^2$$
$$(x-y)(x+y)=y(x-y)$$
$$x+y=y$$
$$y+y=y$$
$$2y=y$$
$$2=1$$

20.

검은 바둑돌 15개가 그림과 같이 나란히 놓여 있다. 이 가운데 세 개만 이동시켜 바둑돌들의 모양이 삼각형이 되도록 하라.

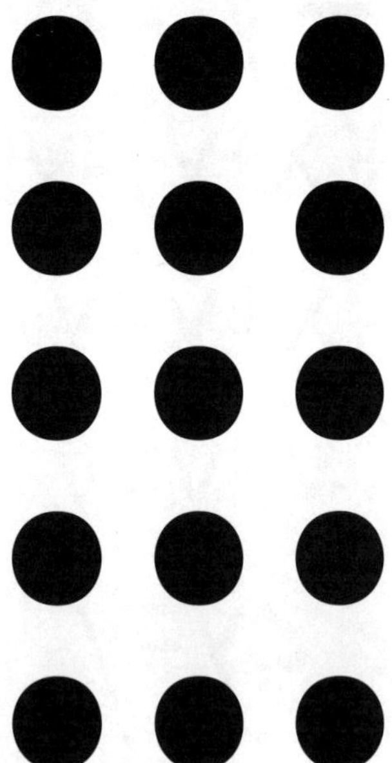

21.

1 * 3=5, 6 * 9=21,

8 * 2=18일 때,

11 * 20=?

22.

x의 값을 구하라.

$$(\log x)^2 = \log(x^2)$$

23.

PA=13cm, PB=8cm, PC=5cm인 정사각형 ABCD의 넓이를 구하라.

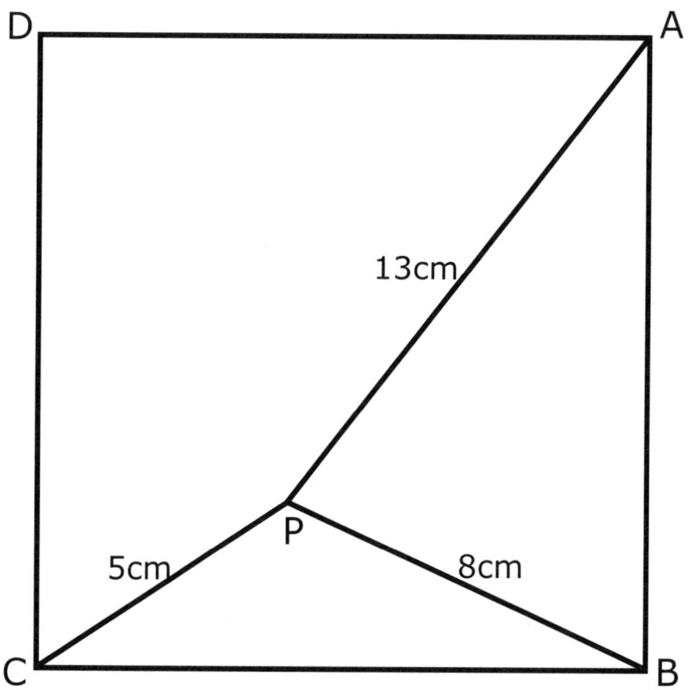

24.

어떤 클럽에서 고아원을 방문하여 오렌지를 나누어주려 한다. 10개를 단위로 포장하면 한 봉지는 9개, 9개로 포장하면 한 봉지는 8개……, 2개로 포장하면 한 봉지는 1개가 된다. 이 클럽에서 가지고 간 최소의 오렌지 수는?

25.

아래 수열에서 다음에 올 수는?

$$\frac{1}{2}, \frac{2}{3}, 1, \frac{8}{5}, \frac{8}{3}, ?$$

26.

한 운동경기에서 5명의 경쟁자가 있다. 3개의 메달이 수여될 방법은 몇 가지인가?
(3개의 메달은 금·은·동메달이다.)

27.

두 개의 정팔면체의 주사위를 던졌을 때, 가장 가능성 있는 합을 찾아라.

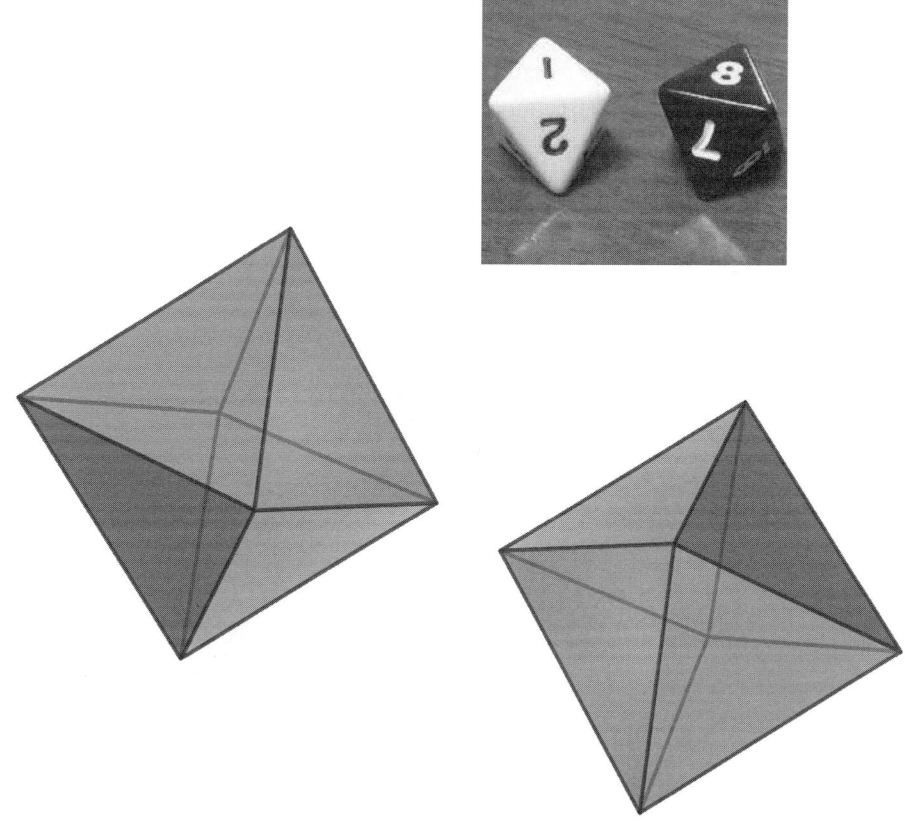

28.

한 원에 내접하는 삼각형 ABC는 AB=15, BC=25이다. 점 B를 지나는 원의 접선은 A와 BC 사이의 점 D를 이은 직선과 평행하다. DC의 길이는?

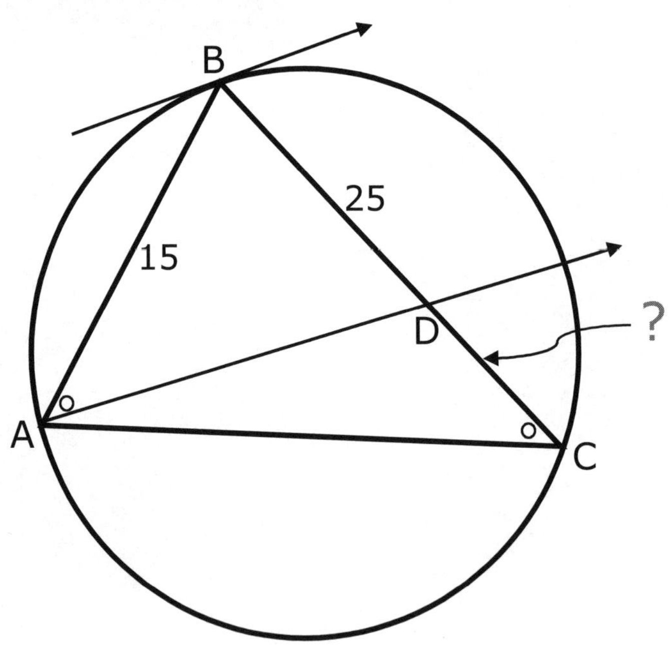

29.

깊이가 3m 되는 우물 바닥에 한 마리의 달팽이가 있다. 이 달팽이는 낮 동안에 30cm 기어 올라간다. 그런데 밤새 그만 20cm를 미끄러져 버린다. 이 달팽이가 우물 밖으로 기어 나오는 데는 과연 며칠이나 걸릴까?

30.

정사각형의 종이가 있다. 눈금이 있는 자나 작도법을 사용하지 않고 지금 정사각형의 1/8 넓이의 정사각형을 그려 보라.

31.

투명한 고무호스 속에 그림과 같이 여섯 개의 폭탄구슬과 보물구슬 한 개가 들어 있다. 폭탄구슬은 호스 안에서는 괜찮지만, 호스 밖으로 나가는 순간 폭발해서 보물구슬도 함께 날아가 버린다.

어떻게 하면 보물구슬을 꺼낼 수 있을까? (단, 호스 속에서는 2개의 구슬이 위치를 바꿀 수 없는 좁은 공간이다.)

Problem Solving

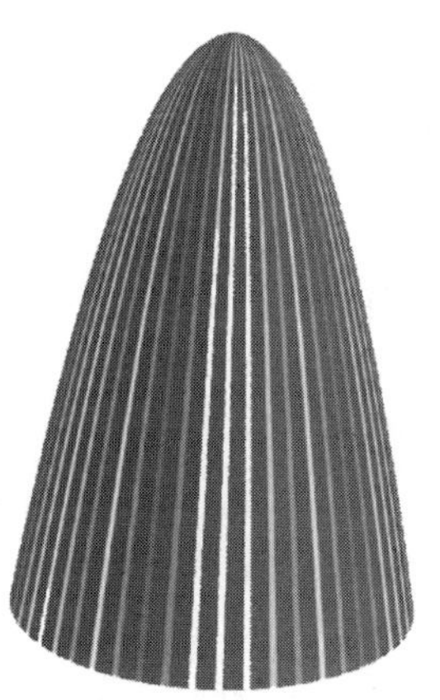

1. 【해답】 시계

차례대로, 해시계, 손목시계, 모래시계, 물시계, 기둥시계.

2. 【해답】 6명, 89살

$10{,}584{,}000=2^6\times3^3\times5^3\times7^2$

$=2\times2\times2\times2\times2\times2\times3\times3\times3\times5\times5\times5\times7\times7$

$(7\times2), (7\times2), (5\times3), (5\times3), (5\times3), (2\times2\times2\times2)$

$\therefore\ 14+14+15+15+15+16=89$

∴ 6명, 89살

3. 【해답】 14

$8^2+6^2=100$

$\therefore\ 8+6=14$

4. 【해답】 그림과 같다.

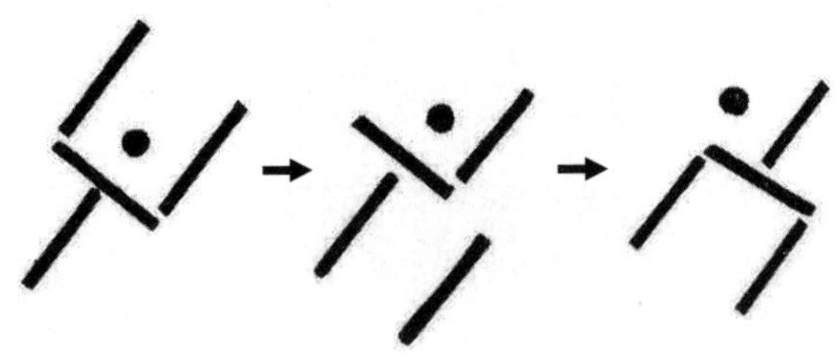

5. 【해답】 15

$6+3.6+2.16+1.296+\cdots\cdots$

$=6+6(0.6)+6(0.6)^2+6(0.6)^3\cdots\cdots$

$=\frac{6}{1-0.6}=15$

6. 【해답】 그림과 같이 심는다.

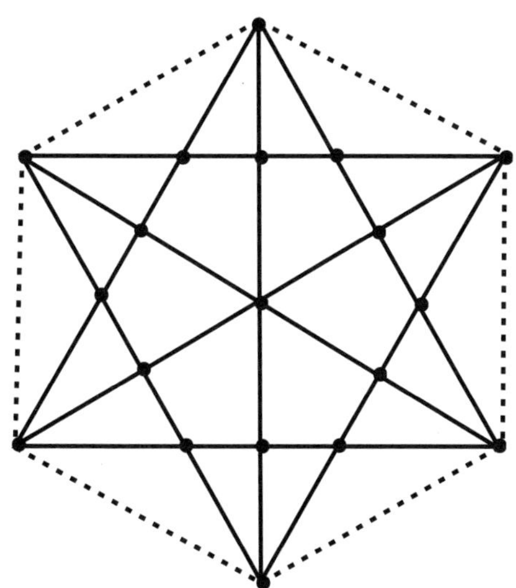

7. 【해답】 $\frac{a^3}{64}$

$a=4\times2^x$

$\frac{a}{4}=2^x$

$8^x=(2^x)^3$

$=(\frac{a}{4})^3=\frac{a^3}{64}$

8. 【해답】 'A' 이다.

"E, F, G, H, K……등도 한붓쓰기가 불가능하지 않은가?" 하고 대답하는 사람이 많다고 여겨진다. 다음과 같이 생각해 볼 수 있다.

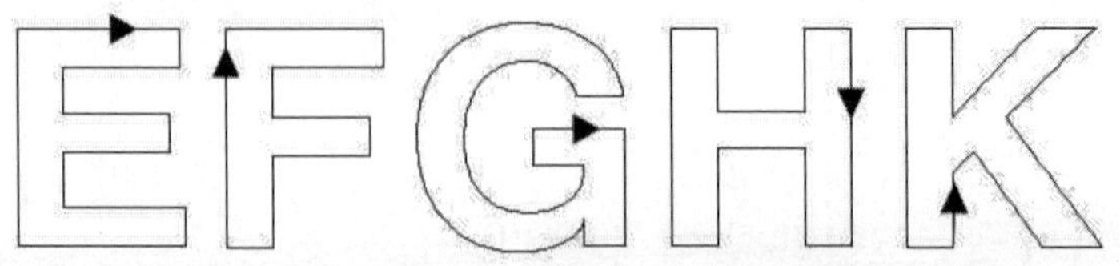

"관점의 전환이 새로운 측면을 도려낸다." (심리학자 에드워드 데프너)

이 문제는 보는 시점의 전환에 있는데, 유니크한 발상이나, 관점을 전환해 생각하는 것이 힌트가 되는 경우가 많다.

9. 【해답】 A : 4,500원, B : 3,000원

사용한 금액을 바꾸어서, A는 매일 750원, B는 매일 500원씩을 썼다고 하자. 이 비율은,

750 : 500=3 : 2이므로,

A와 B가 가지고 있는 돈의 비율과 같다. 그러면 B가 돈을 다 썼을 때 A도 가졌던 돈을 다 썼을 것이다.

그런데 A가 실제로 쓴 돈은 매일 600원씩이었다. 이것은 매일 750원씩을 썼을 때와 비교하면 150원씩의 절약이다. 이 절약한 돈이 차츰 모여서 B가 가진 돈을 다 썼을 때는 900원이 되었다고 생각할 수 있다. 그러므로 B가 돈을 다 쓰기까지의 날수는,

900÷150=6(일)이 된다.

이것으로부터 B가 처음에 가졌던 돈은,

500×6=3,000(원)이 된다.

A가 처음에 가졌던 돈은 B가 갖고 있던 돈의 3/2배이므로

3000×3/2=4500(원)이 된다.

이 문제에서는 A가 매일 750원씩을 썼다고 가정한 데에 해결과

이어지는 간명한 열쇠가 있다.

10. 【해답】 31

$\sqrt[3]{abc}$=5 abc=125=1×5×25

∴ 1+5+25=31

11. 【해답】 749–1681

864-3616에서

8^2=64, 6^2=36, 4^2=16과 같은 식이다.

이렇게 해서 0이 나오지 않는 것은 749-1681이다.

12. 【해답】 32

계수는 1, 5, 10, 10, 5, 1이다.

1+5+10+10+5+1=32

$(1+1)^5$=32

13. 【해답】 42

경희의 현재 나이를 x, 현수의 현재 나이를 y라 하면,

$x=\frac{1}{2}(y+7)$,

$x+14=\frac{6}{7}y$

∴ x=28, y=49

따라서 둘의 나이 차이는 $49-28=21$이다.

$\therefore$ $21\times2=42$(현수)일 때 $42\div2=21$(경희)이다.

14. 【해답】 $7483+7455=14938$

$G=1$은 곧 알 수 있다.

<1>자리, <10>자리, <100>자리 덧셈의 자리올리기를 각각 x, y, z라고 하자. 자리올리기가 없을 때는 0이라고 생각하면 좋으므로, x, y, z는 0이든가 1이 된다.

```
  B A S E
+ B A L L
---------
G A M E S
```

$E+L=10x+S$……①

$S+L+x=10y+E$……②

$2A+y=10z+M$……③

$2B+z=10+A$……④

①+②로부터 $2L=9x+10y$

$x=1$이라면 우변은 홀수이므로 $x=0$이어야만 된다.

$y=0$이라면 $L=0$이 되어 ①로부터 $E=S$가 되므로 불합리하다. 따라서 $y=1$, $\therefore$ $L=5$가 된다.

③+④×2로부터

$4B=19+8z+M$……⑤

따라서 M을 4로 나누면 1이 남는 수지만, $M\neq G=1$, $M\neq L=5$이므로 $M=9$가 된다.

⑤로부터 $B=2z+7$이지만, $B\neq M=9$이므로 $z=0$, $B=7$이다.

또 ④로부터 $A=4$이다.

①로부터 $E+5=S$가 되는데, 나머지 수 0, 2, 3, 8 가운데 조건에 맞는 것은 $E=3$, $S=8$밖에 없다.

∴ 7483+7455=14938

15. 【해답】 아버지 : 4명, 어머니 : 6명

50명 전원이 학생이라고 하면, 학생의 비용은 1인당 17,000원이므로, 비용의 합은,

17,000×50=850,000(원)이다.

이것은 100만원에 부족하므로, 차액인 150,000원은 부모가 낸 것이 된다.

아버지가 참가하면, 여분의 비용은

35,000－17,000=18,000(원)이고,

어머니가 참가하면, 여분의 비용은

30,000－17,000=13.000(원)이다.

이 때문에 18,000원의 몇 배와 13,000원의 몇 배 한 것을 더한 것이 꼭 150,000원이 되면, 바로 그것이 답이다.

가령 아버지가 두 사람이라고 하면,

150,000－18,000×2=114,000(원)은

어머니가 낸 것이 된다.

그러나 114,000원은 13,000원으로는 딱 맞게 나누어지지 않으므로, 아버지가 두 사람일 수는 없다.

이와 같은 방법으로 아버지를 0사람, 1사람, 2사람, 3사람으로 차츰 늘여 가면, 아버지 수를 네 명으로 했을 때 딱 들어맞는다. 이때의 어머니의 수는 여섯 명이다.

16. 【해답】

$\frac{1}{2}$빈소다병= $\frac{1}{2}$찬소다병

양쪽에 2를 곱하면,

∴ 빈소다병=찬소다병

17. 【해답】 25km

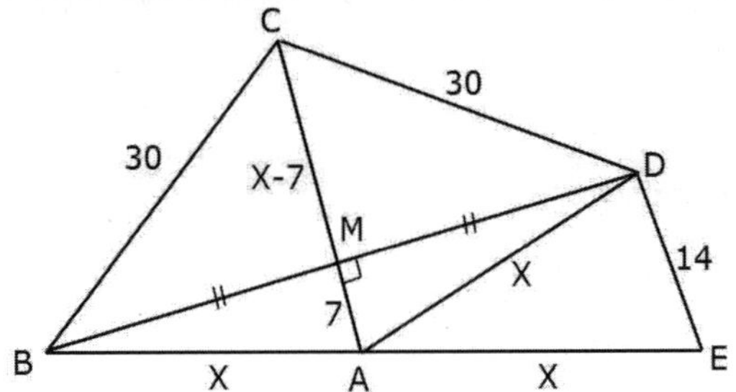

BD와 AC의 교차점을 M이라 하고, △BCA≡△ACD가 되므로 AM은 BD를 수직으로 2등분한다.

또 ∠BDE=90°이므로

AM= $\frac{ED}{2}$ =7

∴ CM=x−7

$x^2-7^2=BM^2=30^2-(x-7)^2$

$x^2-7x-450=0$

∴ $x=\frac{7\pm\sqrt{7^2+4\times450}}{2}=\frac{7\pm43}{2}$

$(x-25)(x+18)=0$

∴ x=25, −18

x>0이므로 x=25(km)

18. 【해답】 40

$$\begin{array}{r} 100x=21.2121\cdots\cdots \\ -\quad x=\ 0.2121\cdots\cdots \\ \hline 99x=21 \end{array}$$

$\therefore\ x=\dfrac{21}{99}=\dfrac{7}{33}$

$\therefore\ 7+33=40$

19. 【해답】

(x−y)(x+y)=y(x−y)가 x+y=y로 된 것이 잘못이다.

양쪽에다 (x−y)를 곱하면 양쪽 모두 0이 되기 때문이다. (∵x=y 이므로)

20. 【해답】 그림과 같다.

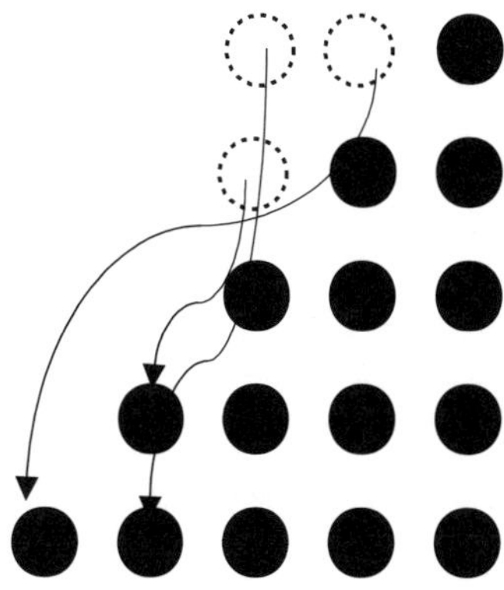

21. 【해답】 42

$1 * 3=5$, $6 * 9=21$, $8 * 2=18$는 모두

$a * b=2a+b$ 형태를 이루고 있다.

$\therefore\ 11 * 20=2\times11+20=22+20=42$

22. 【해답】 x=1, 100

$(\log x)^2=2\log x$

$\log x(\log x-2)=0$

$\therefore\ \log x=0,\ \log x=2$

$\therefore\ x=1,\ 100$

23. 【해답】 153cm²

정사각형의 한 변의 길이를 x라 하고, 또 P에서 AB, BC에 드리운 수직선의 길이를 각각 y, z라고 하자.

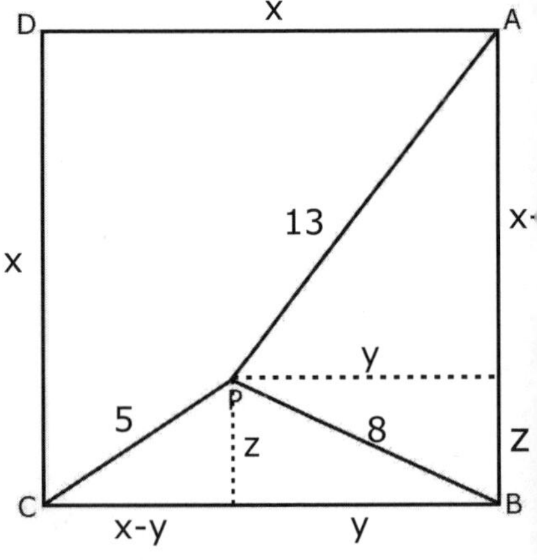

$13^2=(x-z)^2+y^2$……①

$8^2=y^2+z^2$……………②

$5^2=(x-y)^2+z^2$……③

①−②에 의하여

$2xz=x^2-105$………④

②−③에 의하여 $2xy=x^2+39$………⑤

②의 양변에 $4x^2$을 곱해서 ④, ⑤를 대입하면,

$256x^2=(x^2-105)^2+(x^2+39)^2$

$x^4-194x^2+6273=0$

$x^2=97\pm\sqrt{97^2-6273}=97\pm56$

$\therefore\ x^2=41,\ 153$

④에서 $x^2>105$이므로 $x^2=153$

$\therefore$ 넓이는 153cm^2

24. 【해답】 2519

2, 3, 4,……8, 9의 최소공배수에서 1을 뺀 수, 즉 2519

25. 【해답】 $\frac{32}{7}$

$\frac{1}{2}, \frac{2}{3}, 1, \frac{8}{5}, \frac{8}{3}, -$

위 수열은 $\frac{1}{2}, \frac{2}{3}, \frac{4}{4}, \frac{8}{5}, \frac{16}{6}, \cdots\cdots$

$\therefore$ 다음에 올 수는 $\frac{32}{7}$가 된다.

26. 【해답】 60가지

${}_5P_3=5\times4\times3=60$(가지)

27. 【해답】 9

2가 나올 확률 : $\frac{1}{64}$

3이 나올 확률 : $\frac{2}{64}$

4가 나올 확률 : $\frac{3}{64}$

⋮

9가 나올 확률 : $\frac{8}{64}$

⋮

15가 나올 확률 : $\frac{2}{64}$

16이 나올 확률 : $\frac{1}{64}$이므로

∴ 9가 나올 확률이 가장 크다.

28. 【해답】 16

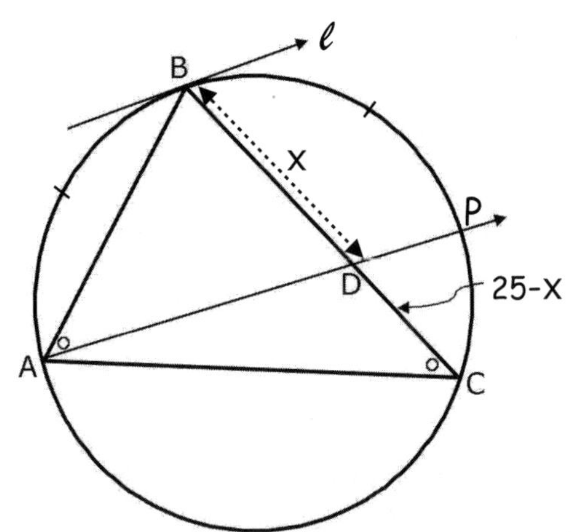

l∥AP이므로

$\widehat{BA}=\widehat{BP}$이고

원주각 ∠BAP=∠BCA

∴ △ABD∽△CBA

∴ CB/AB=AB/BD

∴ x=BD=9

∴ CD=25−x=16

29. 【해답】 28일

이 달팽이는 결국 하루에 10cm를 올라가는 셈이다. 그렇다고 해서 30일이라고 단순하게 생각해서는 안 된다. 28일째인 아침에는 2m 70cm 올라와 있으므로 28일에 하루분 30cm

를 오르면 우물 끝에 다다를 것이다. 위에 올라와 버리면 다시 미끄러질 일은 없을 것이다.

30. 【해답】

1
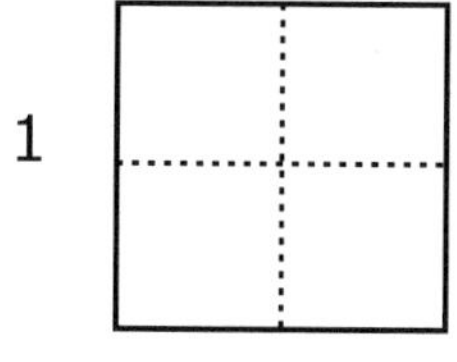
종이 끝과 끝을 맞추어 접어 펼친다.

2
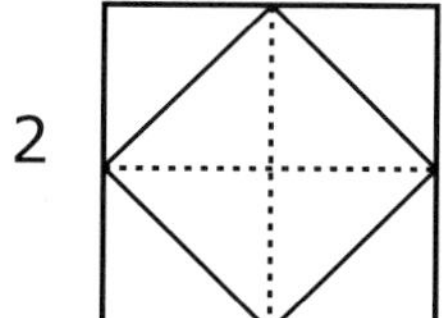
접은 눈을 연결하여 1/2 크기의 정사각형이 되도록 한 다음,

3

처음 정사각형에 대각선을 그어

4
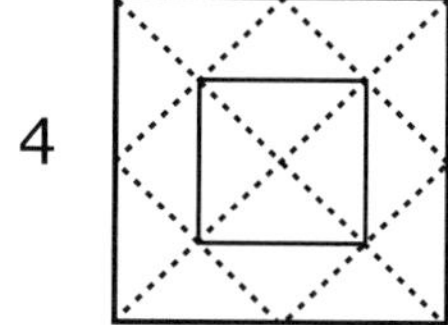
1/2 정사각형과 대각선의 교점을 연결하여 1/4 크기 정사각형을 만들고,

5
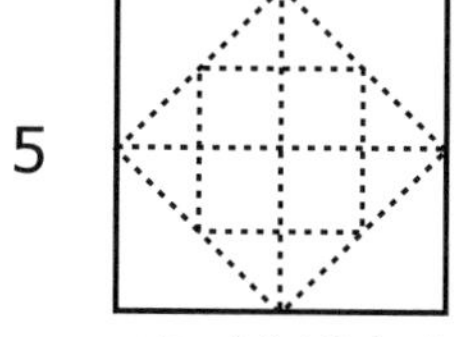
1/2 정사각형에 대각선을 그어

6
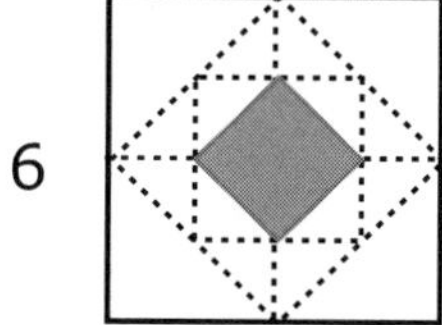
1/4 정사각형과 5에서 만든 대각선의 교점을 연결해서 1/8 크기의 정사각형이 된다.

31. 【해답】

그림과 같이 보물구슬을 끝으로 옮겨서 빼내면 된다.

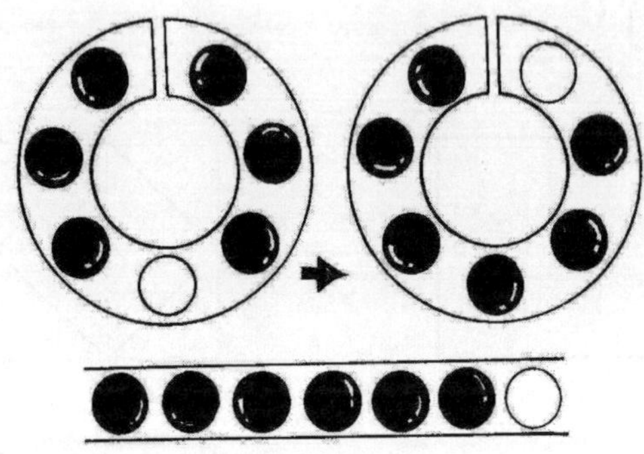

June Problem

◀수학 에세이▶

<총알보다 빠른 비행기>

두 사람이 비행기를 타고 가면서 대화를 했다.

"이봐, 내가 한 가지 기발한 생각이 떠올랐는데, 권총을 쏴도 탄알이 튀어 나가지 않는 거야."

"그게 무슨 말이야?"

"만약 지금 비행기의 속력이 마하(소리의 속도)를 초월해서 탄환의 속도와 같아졌다고 가정하면 말이야, 점보 여객기의 객석 뒤쪽의 괴한이 앞쪽의 승객에게 권총을 발사했는데, 스피드가 초속 400미터라 하고, 비행기도 초속 400미터라면 탄환은 승객에게 맞을까?"

"물론이지. 더 빨리 맞겠지. 탄환의 속도와 비행기의 속도가 모두 400미터이니까. 탄환은, 400+400=800의 속도로 날아가 승객에게 맞겠지."

"그런가? 그게 관성의 법칙인가……? 그렇다면 앞쪽의 승객이 괴한에게 권총을 발사한다면?"

"반대로 400—400=0. 속도가 제로가 되면?"

"속도가 제로인 탄환은 권총을 발사해도 날아가지 않겠지? 또 비행기가 410미터, 탄환의 속도가 400미터였다면, 400−410=−10 그렇다면 탄환이 뒤로 날아간다는 얘긴데……?"

두 사람의 대화 중 논리가 맞지 않는 것은?

【해답】

탄환의 속도가 제로라고 함은 지상에 대해서이지, 날고 있는 비행기에 대해서는 역시 400미터의 속도로 날아간다. 재미있는 것은, 이것은 지상에서 보고 있으면 권총의 총구에서 나온 탄환은 조금도 나아가지를 않고 순간적으로 정지해 있다. 그곳으로 괴한이 뒤쪽에서 돌진해 와서 맞게 된다는 기이한 현상이 된다.

1.

A도시의 인구의 1/2, 1/3, 1/4, 1/5의 합은 B 도시의 인구이다. A도시의 인구의 1/6, 1/7, 1/8, 1/9의 합은 C도시의 인구이다. A, B, C 어떤 도시도 인구가 4,000명이 넘지 않는다면 이들 세 도시의 인구는?

2.

그림과 같은 정사각형 연못 네 귀퉁이에 나무가 심겨져 있다. 이 연못을 두 배의 정사각형으로 확장하려고 한다. 나무를 움직이거나 연못 속에 넣지 않고 나무의 위치는 그대로 둔 채 연못을 두 배로 확장할 수 없을까?

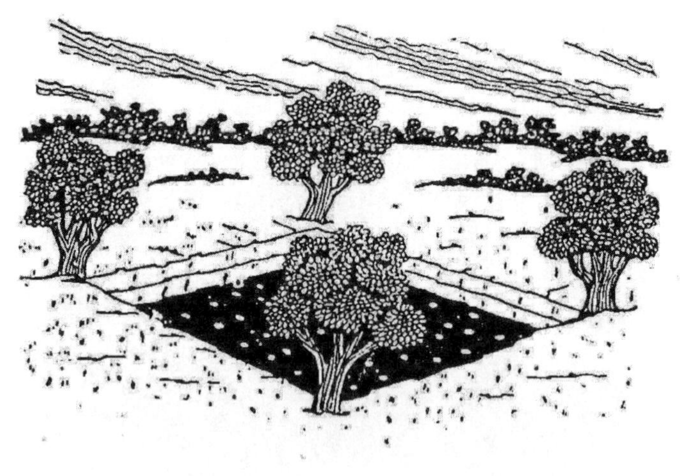

3.

다음 숫자들과 기호를 이용해서 등식을 만들어 보라. (두 가지가 있다.)

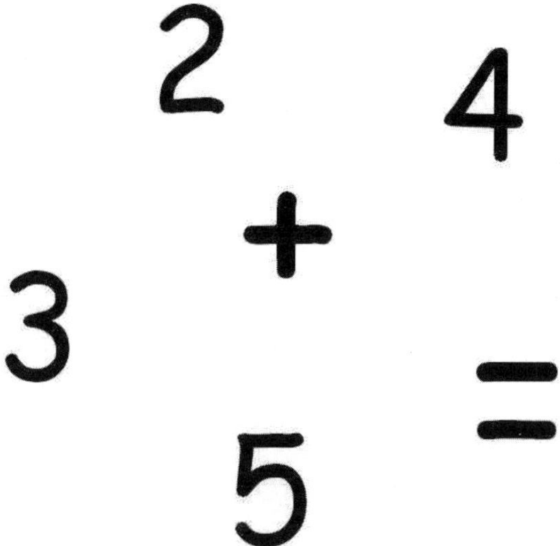

4.

아래 숫자들 사이에 몇 개의 덧셈 기호를 넣으면 99가 될까? (두 가지 경우)

9 8 7 6 5 4 3 2 1=99

5.

(a) 각각의 자릿수가 1, 2, 3 가운데 하나인 n 자리 양수는 몇 개인가?

(b) 또, 적어도 1, 2, 3 하나씩을 포함하는 개수는?

6.

A는 1분 동안에 3개의 접시를 닦을 수 있고, B는 1분 동안에 2개의 접시를 닦을 수 있다. 또 접시 대신 컵을 닦는다면 A는 1분 동안 9개의 컵을 닦고 B는 1분 동안 7개의 컵을 닦을 수 있다.

지금 더러워진 접시와 컵이 합해서 134개가 있다. 두 사람이 협력해서 20분 동안에 모두 닦았다. 그러면 접시와 컵은 각각 몇 개였을까?

7.

정사각형에 두 개의 직선을 그어 정사각형도 직사각형도, 평행사변형도 아닌 합동인 4개의 사각형으로 나누어라.

8.

TOPIC이라는 상호를 가진 회사가 상호를 컬러로 표시하고자 한다. 각 글자는 다른 색깔로 칠하되 그 해의 하루하루를 모두 다르게 표현하고 싶어 한다. 필요한 최소의 색깔 수는?

(*1년은 365일로 한다.)

TOPIC

9.

상자 안에 사과 여섯 개가 있다. 사과를 자르지 않고 한 개의 사과는 상자 안에 남겨둔 채 여섯 사람에게 똑같이 나누어 줄 수 있는 방법은?

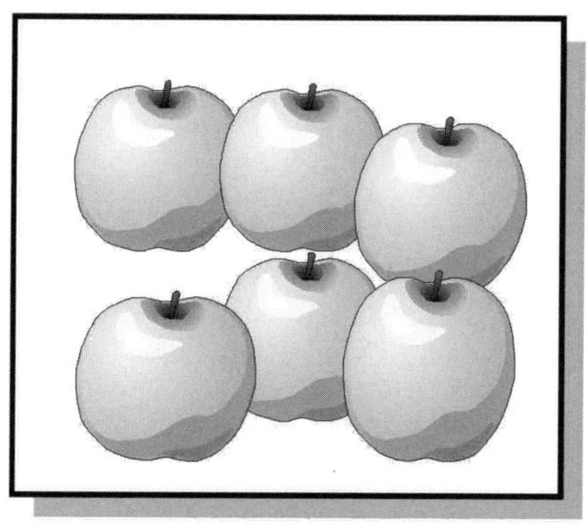

10.

아래에서 규칙을 찾아 다음에 올 세 줄을 완성하라.

1 1 1

1 2 3 2 1

1 3 6 7 6 3 1

1 4 10 16 19 16 10 4 1

?

?

?

11.

빌딩에 화재가 났다. 사다리의 꼭대기가 불이 난 층에 설치되었다. 소방관은 사다리 정 중앙의 발디딤대에 서 있다가, 3칸 올라갔다가 5칸을 다시 내려간 후, 불을 끄기 위해 7칸을 올라갔다. 그러고 나서 소방관은 건물로 들어가기 위해 나머지 7칸을 더 올라갔다. 이 사다리의 발디딤대는 몇 개인가?

12.

명수가 두 조카에게 나이를 묻자, "저희들은 아직 투표권(18세)이 없어요. 제 동생의 나이의 제곱과 제 나이를 더하면 183이에요." 그렇다면 두 조카의 나이는 각각 몇 살인가?

13.

5×5 격자무늬 25개의 점 가운데서 12개를 선으로 이어 내부에 점 5개, 외부에 8개의 점을 가진 십자가를 그려라.

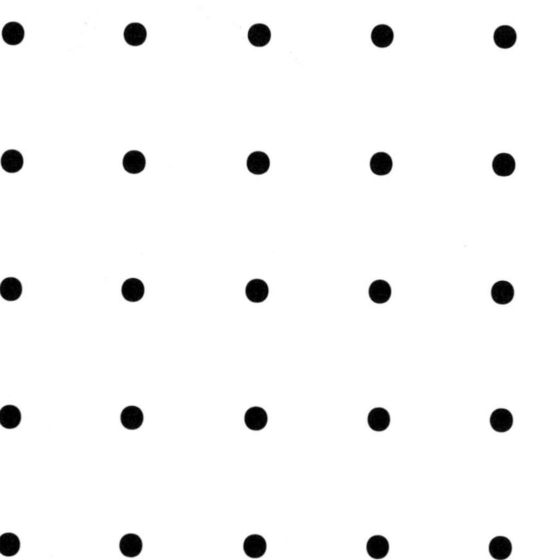

14.

현수는 고물시장에서 파란색과 빨간색 시계를 한 개씩 샀다. 파란색은 매시 1분 빠르고, 빨간색은 매시 2분 느리다. 다음날 아침 파란색 시계가 7시, 빨간색 시계가 6시면 현수는 몇 시에 두 시계를 맞추어 놓았는가?

15.

1, 2, 3, 4, 5를 한 번씩만 사용하고, 어떤 수학 기호를 사용하든 999를 만들 수 있을까?

2

1 999 3

4 5

16.

5g, 10g, 20g 세 종류의 추가 합해서 19개 있고, 그 무게의 합은 250g이다. 지금 5g과 20g의 추의 개수를 서로 바꾸어 보면 전체 무게는 190g으로 줄어든다고 한다.

세 종류의 추의 각각의 개수는?

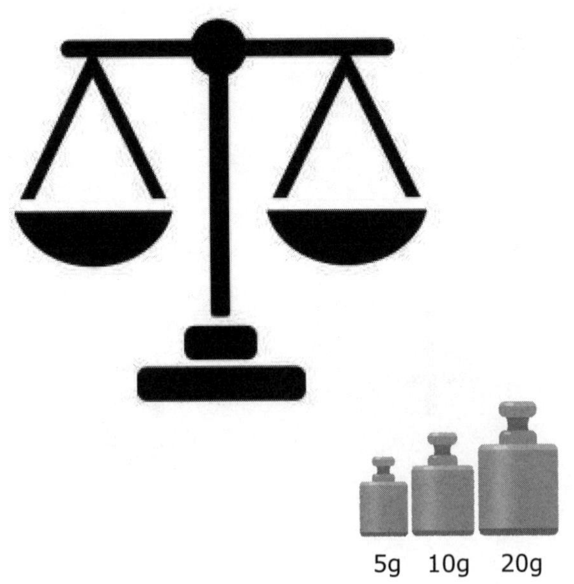

17.

네 학생 중 한 명이 물리실험 모임에 빠졌다. 다음 진술 가운데 하나만이 옳을 때 누가 빠졌는가?

철수 : "현우가 빠졌어."
현우 : "명희가 빠졌어."
윤경 : "나는 안 빠졌어."
명희 : "현우가 한 말은 거짓이야."

18.

할아버지의 나이는 50세보다는 많고 80세보다는 적다. 할아버지가 친구에게 말하기를,

"내 아들들은 저희 형제(자신을 제외한) 수만큼 아들을 가졌고, 내 아들과 손자의 수의 합은 내 나이와 같다." 라고 했다.

아들과 손자는 각각 몇 명인가?

19.

네 장의 카드가 있다. 카드의 한쪽은 빨간색이나 초록색이고, 다른 한쪽은 동그라미와 네모가 그려져 있다. 이 카드가 테이블 위에 그림과 같이 놓여 있다. "빨간 카드 뒤쪽은 전부 네모꼴이 그려져 있을까?"

이 문제를 푸는 데는 어느 카드를 최소한 몇 장 뒤집어야 할까?

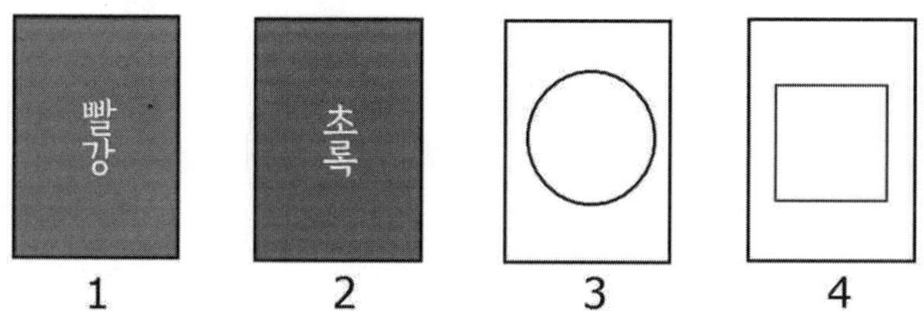

20.

1,000을 2개 또는 그 이상의 연속되는 정수의 합으로 표현하라. (세 가지)

1000

21.

각각의 문자에 숫자를 맞추어 계산이 맞도록 하라. 같은 문자는 같은 수를 나타낸다.

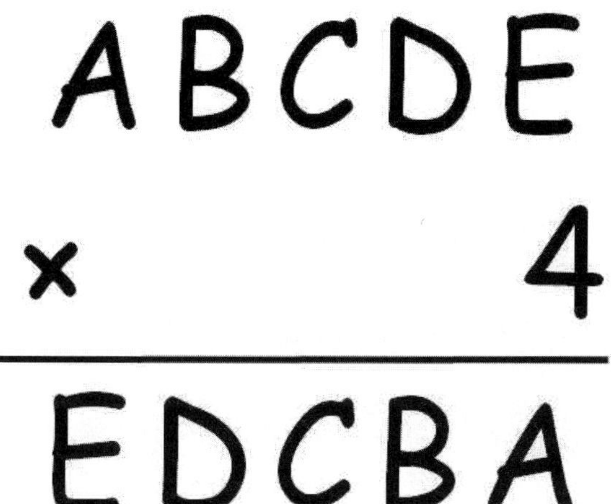

22.

천칭(天秤, balance)을 사용해서 1그램에서 40그램까지 몇 그램이건 달 수 있게 하려면 추는 최소한 몇 개가 필요한가? 또 그 추의 무게는 각각 몇 그램인가?

23.

100을 넘지 않는 자연수 가운데, $n \geqq 50$일 때 n을 고를 확률은 P, 그리고 $n \leqq 50$일 때 n을 고를 확률은 3P이다. 그러면 제곱수를 고를 확률은?

24.

어떤 사람이 두께가 같은 금화 2개를 가지고 있다. 큰 것은 무게가 6온스이고, 탁자 위의 원형 구멍에 꼭 맞는다. 이제 작은 금화를 탁자 위에 올려놓고 구멍 가까이로 밀었을 때 작은 금화의 끄트머리가 구멍의 중심에 오자 금화는 기울어져 구멍 속으로 떨어졌다. 작은 금화의 무게는?

25.

다음 계산에서 나온 답의 10자리 숫자는?

$$1!+2!+3!+\cdots\cdots n!+\cdots\cdots+1979!$$

26.

O와 O'는 정육면체 대각선의 양 끝점이다. O와 O'를 포함하지 않는 정육면체의 모서리를 양분하라. 또 이 각 모서리의 중점이 한 평면에 있고, 정육각형의 여섯 개 점임을 증명하라.

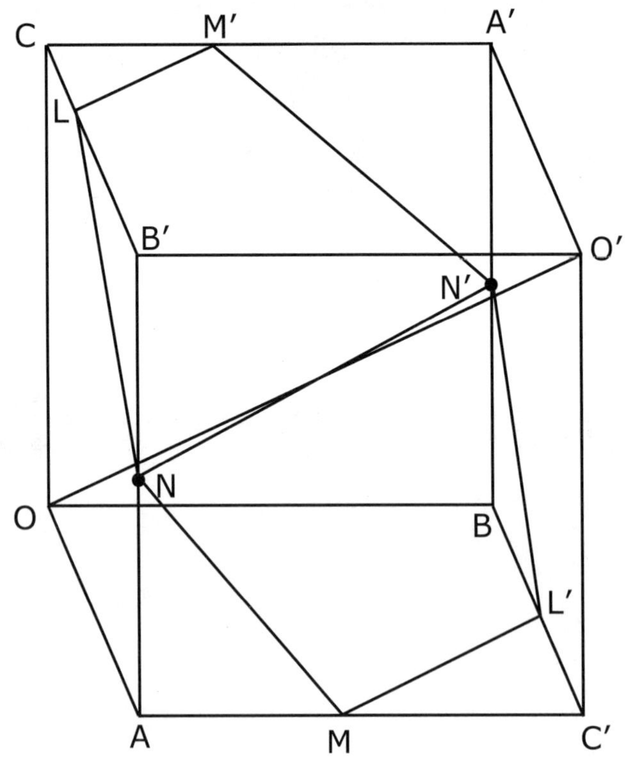

27.

홀수 a, b가 주어졌을 때 만약 a−b가 2^n으로 나누어떨어진다면 a^3-b^3도 2^n으로 나누어떨어짐을 증명하라.

28.

평행사변형 ABCD의 두 대각선 가운데 긴 쪽을 AC라 하자. C에서 AB와 AD의 연장선에 수선을 내려 E와 F라 할 때,

AB · AE+AD · AF=$(AC)^2$임을 증명하라.

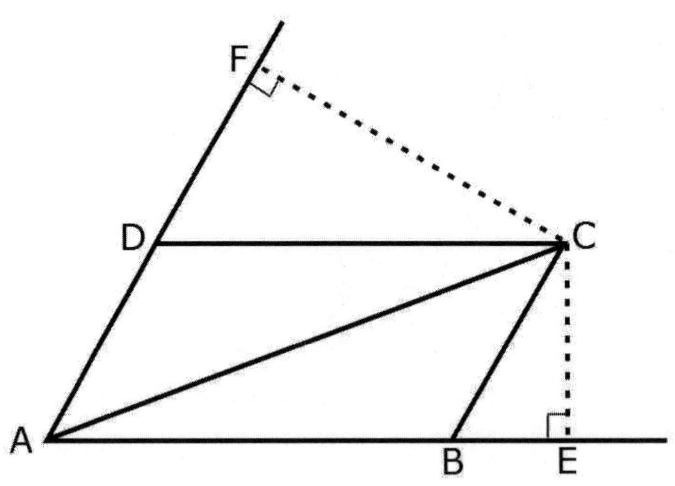

29.

네자리의 제곱수로서, 처음 두자리의 숫자가 나머지 두 숫자에 1을 더한 것과 같은 수를 찾아라.

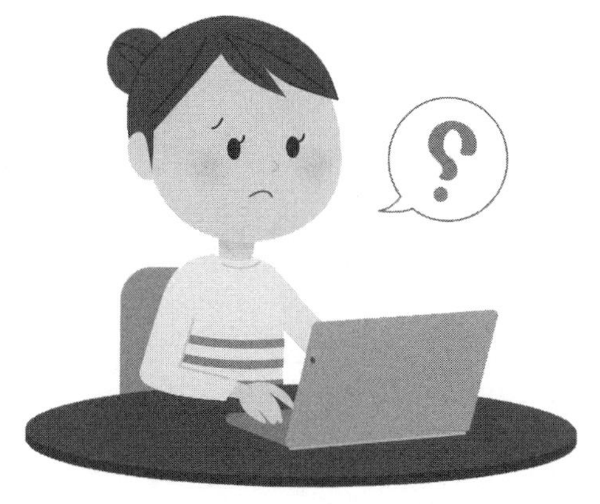

30.

K씨 집에서는 큰 새장에 카나리아와 십자매를 합해서 15마리를 기르고 있다. 어느 날, 먹이통에 먹이를 가득 넣어두었더니 6일 만에 없어졌다. 그 후에 십자매 한 마리가 더 불었기 때문에 먹이통에 먹이를 가득 채워준 뒤 매일 먹이통의 1/16만큼의 양을 보충하여 주었다. 그러자 9일 만에 먹이통이 비었다.

카나리아는 하루에 십자매의 2배의 먹이를 먹고, 양쪽 모두 하루에 일정한 양의 먹이를 먹는다고 하면, 이들 중에 카나리아는 몇 마리일까?

Problem Solving

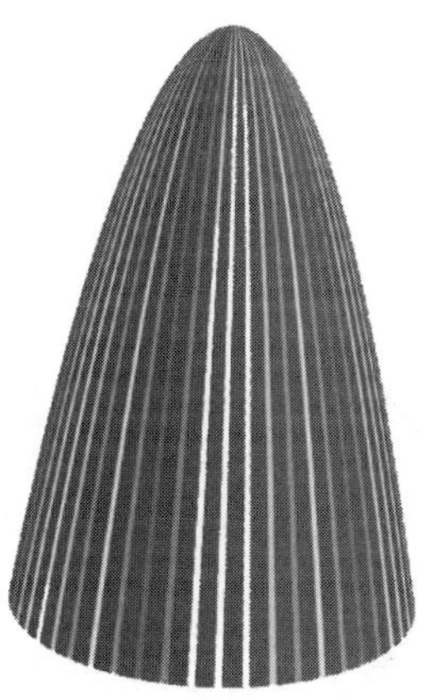

1.【해답】 $\begin{cases} A : 2,520명 \\ B : 3,234명 \\ C : 1,375명 \end{cases}$

사람을 셀 때는 자연수의 형태가 된다.

∴ A도시의 인구는 2, 3, 4, 5의 최소공배수인 60과 6, 7, 8, 9의 최소공배수인 504의 공배수의 정수배가 된다.

∴ A=2520×n 꼴인데, 4,000 이하이므로

A도시의 인구=2,520명

B도시의 인구=2,520($\frac{1}{2}+\frac{1}{3}+\frac{1}{4}+\frac{1}{5}$)=3,234(명)

C도시의 인구=2,520($\frac{1}{6}+\frac{1}{7}+\frac{1}{8}+\frac{1}{9}$)=1,375(명)

2.【해답】 그림과 같다.

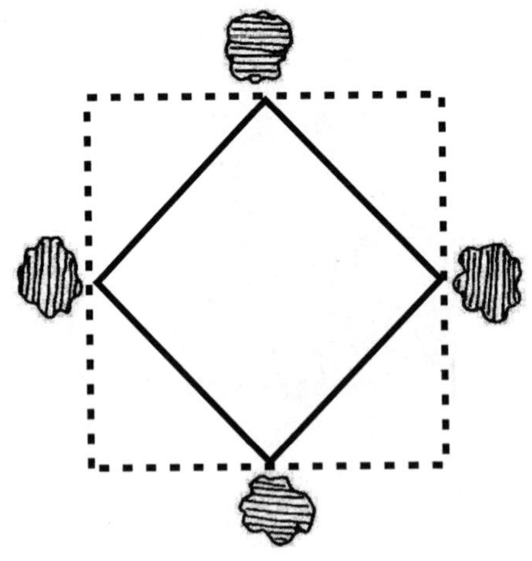

3.【해답】 $3^2=4+5$

4. 【해답】 7개 : 9+8+7+65+4+3+2+1=99
6개 : 9+8+7+6+5+43+21=99

5. 【해답】 (a) $3(2^n-2)$,
(b) $3^n-3\times2^n+3$

1, 2, 3으로 구성되는 n자리숫자의 개수는 3^n이다.

2개만으로 만들어지는 n자리수의 개수=$3(2^n-2)$

적어도 1, 2, 3 하나씩을 포함하는 수의 개수는,

$3^n-3(2^n-2)-3=3^n-3\times2^n+3$

6. 【해답】 접시 : 84개, 컵 : 50개

A와 B가 모두 접시만 닦는다면, A는 1분 동안 3개, B는 1분 동안 2개씩이므로 20분 동안에는,

(3+2)×20=100(개)가 된다.

그러므로 34장(134－100)이 적기 때문에, 그 몫을 컵으로 보충했을 것이다. 접시 대신 컵을 닦으면, A의 경우는 1분 동안 6개(9－3), B의 경우는 1분 동안 5개가 많아진다. 그래서 A가 컵을 닦은 시간을 a분, B가 컵을 닦은 시간을 b분으로 하면,

a×6+b×5=34가 될 것이다.

이 a에 0, 1, 2, ……등 차례로 정수를 넣어보면,

a	0	1	2	3	4	5
b	6	5	4	3	2	1
나머지	4	3	2	1	0	4

로 되어, a를 4로 했을 때만 나머지가 없다.

그러므로 A는 4분 동안만 컵을 닦고, B는 2분 동안만 컵을 닦는 것이 된다. 그러면 컵의 개수는

$9\times4+7\times2=50$(개)이고,

접시의 개수는

$3\times16+2\times18=84$(개)로 결정된다.

이 문제는 답이 하나밖에 없다는 데 재미가 있다.

7. 【해답】 그림과 같다.

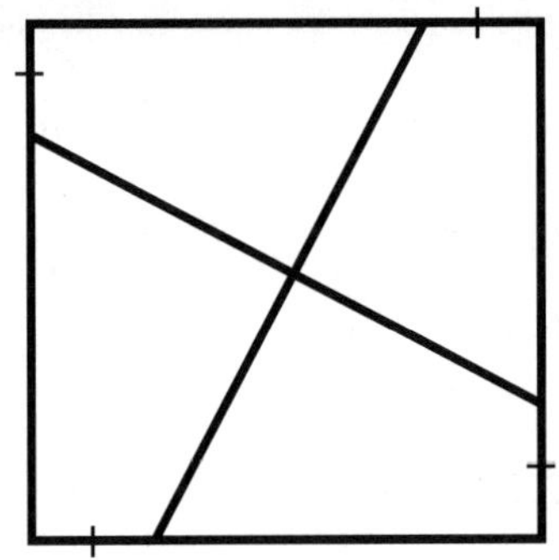

8. 【해답】 6가지

색깔 수 : (n+2) 가지라 하면,

$(n+2)(n+1)(n)(n-l)(n-2)\geqq365$이어야 한다.

∴ 만족하는 최소의 n은 4이므로 4+2=6(가지) 색깔이 필요하다.

9. 【해답】 다섯 개의 사과를 다섯 명에게 나누어준 다음, 상자 안에 남은 한 개의 사과는 상자째로 나머지 한 사람에게 준다.

10. 【해답】

$$\begin{cases} (1)\ 1\ 5\ 15\ 30\ 45\ \ 51\ \ 45\ \ 30\ \ 15\ \ 5\ \ 1 \\ (2)\ 1\ 6\ 21\ 50\ 90\ \ 126\ 141\ 126\ 90\ \ 50\ \ 21\ \ 6\ \ 1 \\ (3)\ 1\ 7\ 28\ 77\ 161\ 266\ 357\ 393\ 357\ 266\ 161\ 77\ 28\ 7\ 1 \end{cases}$$

a b c ⎫ x는 바로 위의 수와 그 수 왼쪽의 두 수의 합,
x ⎭ 즉 a+b+c

11. 【해답】 25개

사다리의 맨 가운데를 0으로 표시하면,

3−5+7+7=12(개)

12개가 정중앙 발 디딤대 위에 있다.

∴ 전체 발 디딤대는 25개이다.

12. 【해답】 13살, 14살

두 조카의 나이를 x, y라 하면,

$x^2+y=183$

$x^2=183-y$

$0 \leqq y \leqq 18$이므로 $165 \leqq x^2 \leqq 183$이다.

x는 정수이므로 x=13

∴ y=14

13. 【해답】 그림과 같다.

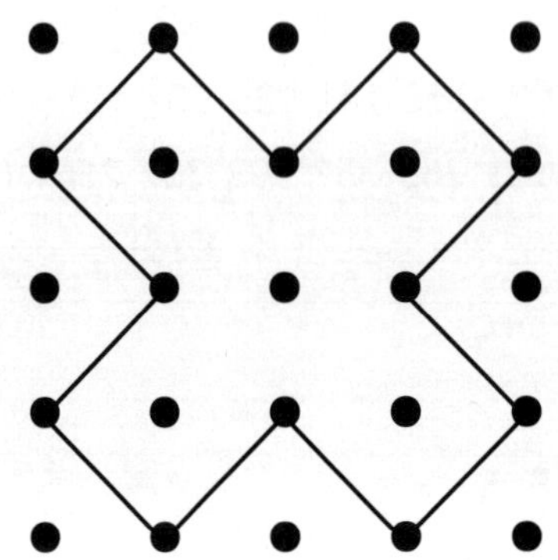

14. 【해답】 오전 10시 40분

파란색 시계는 빨간색 시계보다 매시 3분 빨리 간다. 파란색 시계가 1시간 더 빨리 가게 되려면 20시간이 필요하다.

∴ 20시간 동안 파란색 시계는 20분 빠르고, 빨간색 시계는 40분 느리므로 오전 10시 40분에 맞추어야 한다.

15. 【해답】 $5^3 \times 4 \times 2 - 1 = 999$

16. 【해답】 5g 추 : 4개, 10g의 추 : 7개, 20g 추 : 8개

20g 추가 5g 추보다 1개 더 많으면, 5g과 20g 추의 개수를 반대로 했을 때, 무게의 합계는 15g(20－5)만큼 줄어들지만, 실제는 60g(250－190)이나 줄고 있다. 이것으로부터 20g 추는 5g 추보다 4개(60÷15)가 많은 셈이 된다.

다음에는 5g과 20g 추의 개수를 같게 하여 문제를 생각하기 쉽게

만들어 본다. 이것은 20g 추를 4개만큼 줄이면 된다. 이렇게 해서 무게의 합이,

$250-4\times20=170$(g)이 되는 동시에,

추의 개수는 15개로 된다. 이때 15개 모두가 10g의 추라고 하면 150g이 될 것이다. 이것이 170g으로 되어 있는 것은 5g과 20g의 추가 섞여 있기 때문이다.

10g짜리 추 2개 대신 5g과 20g짜리 추가 1개씩 섞이면,

$(5+20)-2\times10=5$(g)만큼 무거워진다.

그런데 실제로는,

$170-150=20$(g)이나 무겁기 때문에,

5g과 20g의 추는 각각

$20\div5=4$(개)씩 섞여 있을 것이다.

이 때문에 10g의 추는

$15-2\times4=7$(개)가 된다.

이리하여 20g의 추를 줄이지 않은 최초의 상태에서는, 5g 추가 4개, 10g 추가 7개, 20g 추가 8개가 된다.

17. 【해답】 윤경이가 불참자이고, 명희의 말만 옳다.

철수가 불참일 경우 : 윤경이와 명희의 말은 진실이다.

현우가 불참일 경우 : 현우의 말만 거짓이다.

명희가 불참일 경우 : 현우와 윤경의 말은 진실이다

∴ 윤경이가 불참자이고, 명희의 말만 옳다.

18. 【해답】 아들 : 8명, 손자 : 56명

아들 수를 x라 하면, 손자의 수는 $x(x-1)$이다.

$x+x(x-1)=x^2$이 할아버지의 나이와 같으므로,

$50<x^2<80 \quad \therefore x^2=64 \quad \therefore x=8$이다.

∴ 아들은 8명, 손자는 $8(8-1)=56$(명).

19. 【해답】 1번과 3번 카드만 뒤집어 보면 된다.

2번 카드는 관계가 없다. 빨간 카드만을 문제로 하고 있기 때문이다.

1번 카드의 뒤쪽에 동그라미가 있다면 대답은 "아니오."이다.

3번 카드의 뒤쪽이 빨강더라도 대답은 마찬가지다.

만일 1번 카드의 뒤쪽이 네모이고, 3번 카드가 초록이고, 4번이 빨강이든가 초록이라면 대답은 "네."이다.

따라서 1번과 3번 카드만 뒤집으면 된다.

20. 【해답】

$$\begin{cases} 198+199+200+201+202 : 5\text{개} \\ 55+56+\cdots\cdots+69+70 : 16\text{개} \\ 28+29+\cdots\cdots+51+52 : 25\text{개} \end{cases}$$

21. 【해답】 $21978\times4=87912$

(1) $A\times4$가 한자리수이기 때문에 A는 1 아니면 2이다.

(2) 어떤 수라도 4를 곱하면 짝수가 된다. $E\times4$가 A이므로 A는 2다.

(3) 4를 곱해 끝이 2로 되는 수는 3과 8, E는 그 중 하나다.

(4) $A\times4$가 3일 수는 없으므로(두자리수는 안됨) E는 8이 된다.

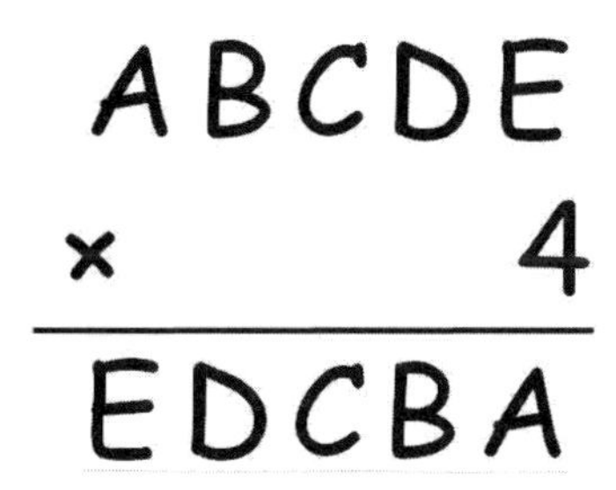

(5) 8×4=32로, 3이 윗자리의 D로 올라가므로 답 부분에서 D에 보태지게 된다. 한편 B×4에서 앞자리의 E가 8이므로 B는 1이든가, 2가 된다. 2라고 가정하면 아랫자리에서 올라온 3을 더해 D가 11이 되어버리므로 B는 1이다(또한 A가 2이기 때문에).

(6) 4를 곱해서 3을 더하면 1로 끝나는 수는 끝수가 8이 되는 2와 7이다. B=1, A=2이므로 D는 7이다.

(7) 윗자리의 B는 올라온 3을 더하지 않으면 7이 되지 않으므로 C 역시 아랫자리에서 올라온 3을 더해 30 이상으로 되는 7, 8, 9 가운데 어느 것이다. D=7, E=8이므로 C=9이다.

∴ 21978×4=87912 한 가지뿐이다.

22. 【해답】 1g, 3g, 9g, 27g 네 개.

23. 【해답】 0.08

50P+50×3P=1 ∴ P=0.005

n≦50일 때는 제곱수가 7개, n≧50일 때는 3개이므로 제곱수를 고를 확률은,

7P+3×3P=16P=16×0.005=0.08

24. 【해답】 3온스

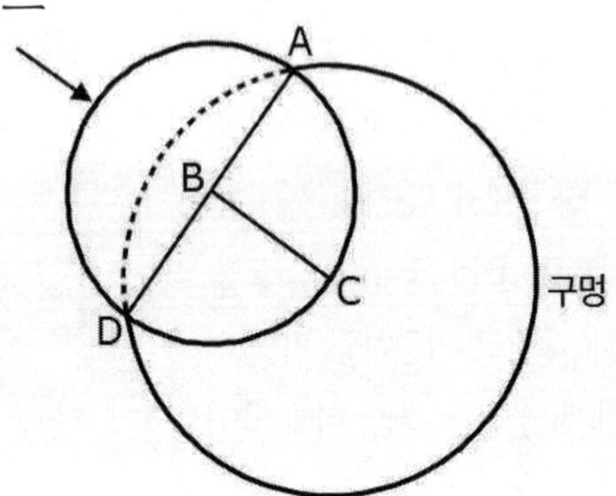

그림과 같이 작은 금화의 지름 AD가 구멍의 현이 되었을 때이다.

CB⊥AD이고 AB=CB이므로

AC= $\sqrt{2}$ AB

그런데 AC는 큰 금화의 반지름이므로,

$$\frac{\text{큰 금화의 크기}}{\text{작은 금화의 크기}}=\frac{AC^2 \cdot \pi}{AB^2 \cdot \pi}=\frac{(\sqrt{2}\,AB)^2}{AB^2}=2$$

∴ 6÷2=3(온스)

25. 【해답】 1

n≧10이면 n!의 끝의 두 자리는 00이다.

1!+2!+3!+……+9!에서

1!=1, 2!=2, 3!=6, 4!=24, 5!=…20, 6!=…20,

7!=…40, 8!=…20, 9!=…80

모두 더하면 …213

∴ 끝 두 자리는 13이다.

∴ 10자리수는 1이다.

26. 【해답】

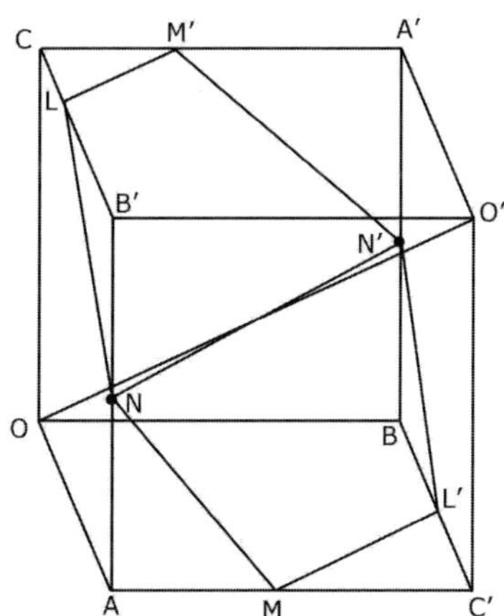

그림에서,

선 $\overline{O'M}$, $\overline{O'N'}$, $\overline{O'L}$, $\overline{O'M'}$, $\overline{O'N}$, $\overline{O'L'}$, $\overline{OM}$, $\overline{ON'}$, $\overline{OL}$, $\overline{OM'}$, $\overline{ON}$, $\overline{OL'}$은 모두 길이가 같다.

그러므로 L, M', N, L', M, N은 O를 중심으로 하는 하나의 구의 점들이고, O'를 중심으로 하는 다른 하나의 구의 점들이다.

∴ 6개의 점은 그 두 구가 만나는 하나의 평면상에 있는 원의 점들이 된다. 또 이것은 정육각형이 된다.

27. 【해답】

(1) $A=a^2+ab+b^2$, $B=a-b$라 하면,

$a^3-b^3=AB$이다.

B가 2^n으로 나누어떨어지므로 AB 또한 2^n으로 나누어떨어진다.

(2) $A=a^2+ab+b^2$은 세 홀수의 합이므로 역시 홀수로서 2^n과는 서로 소이다.

∴ 2^n이 B를 나누기만 하면 AB도 나눌 수 있다.

28. 【해답】

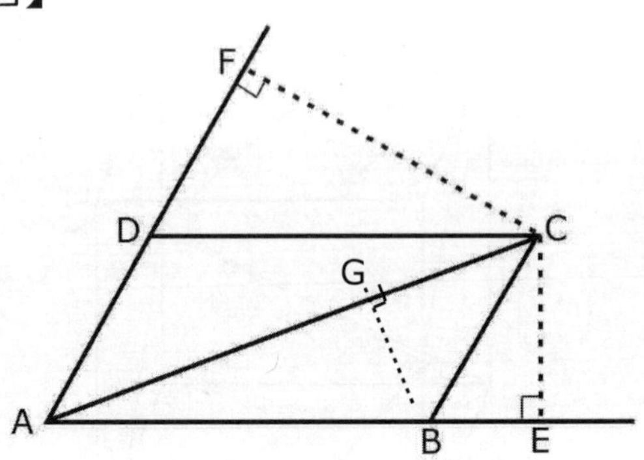

그림과 같이 B에서 AC에 수선을 내려 그 점을 G라 하면,

△AEC∽△AGB이므로

∴ AC/AE=AB/AG이다.

△AFC∽CGB 이므로

∴ AC/AF=BC/GC

∴ AB · AE=AC · AG, BC · AF=AC · GC이다.

두 식을 더하면,

AB · AE+BC · AF=AC(AG+GC)

그런데 BC=AD이고, AG+GC=AC이므로

AB · AE+AD · AF=$(AC)^2$이다.

이 공식은 특별한 경우로서, 피타고라스정리를 내포한다.

즉, $(AB)^2+(BC)^2=(AC)^2$

29. 【해답】 8281

열자리와 천자리 숫자를 a, 단자리를 b, 백자리를 b+1이라 하면,

x^2=1000a+100(b+1)+10a+b

$1010a+101b=x^2-100$

$101(10a+b)=(x+10)(x-10)$

∴ 10a+b는 커야 98이고, 101은 소수이므로

$101=x+10$ ∴$x=91$

∴ $x^2=8281$

30. 【해답】 9마리

먹이통에 가득 채웠을 때의 먹이 양을 1로 본다. 그러면 십자매 한 마리가 불어나기 전에는 6일 동안이면 먹이가 없어졌으므로 하루에 먹는 양은 1/6(1÷6)이다. 십자매 한 마리가 더 불어난 후는 9일 동안에 준 먹이의 양은,

$1+\frac{1}{16}\times9=\frac{25}{16}$이며,

하루에 먹는 먹이 양은 $\frac{25}{144}(\frac{25}{16}\div9)$이다. 이것과 $\frac{1}{6}$과의 차이는 십자매가 한 마리 불었기 때문이므로 십자매 한 마리가 하루에 먹는 먹이 양은,

$\frac{25}{144}-\frac{1}{6}=\frac{1}{144}$이다.

다음은 15마리 중에 카나리아가 몇 마리나 있는지를 알아본다. 15마리가 모두 십자매라고 하면, 하루에 먹는 먹이 양은,

$\frac{1}{144}\times15=\frac{5}{48}$이다.

그러면

$$\frac{1}{6}-\frac{5}{48}=\frac{1}{16}$$

은 카나리아가 있기 때문이므로, 그리고 카나리아는 십자매보다 하루에 $\frac{1}{144}$을 더 먹으므로,

$\frac{1}{16}\div\frac{1}{144}$=9(마리)의 카나리아가 있는 것이 된다.

July Problem

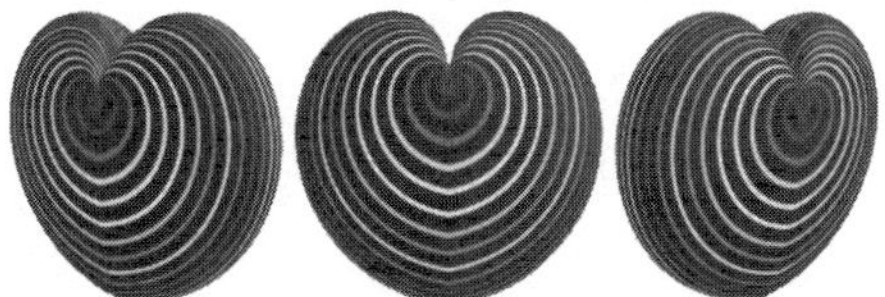

◀수학 에세이▶

<사랑의 방정식>

아인슈타인 교수의 물리학 강의 도중 한 학생이 질문했다.

"박사님은 모든 물체 사이의 상대성원리를 발견하였고, 또 그것을 수식화 하셨는데, 그렇다면 남녀 간의 사랑도 방정식으로 표현할 수 있습니까?"

잠시 생각에 잠긴 뒤 아이슈타인은 칠판에 그 유명한 사랑의 방정식을 만들어 낸다.

"Love=2△+2□+2∨+8<"

이 방정식의 풀이는 이렇다.

□가 둘이므로

△가 둘이므로

∨가 둘이므로

<가 8이므로

가지 않으면 안 될 길을 미지못해 떠나가며 못내 아쉬워 뒤돌아보는 마음! 갈 길이 아닌데도 따라가지 않을 수 없는 안타까운 심정! 이 마음이 바로 사랑인 것이다.

1.

직육면체 박스의 바닥 넓이가 315cm^2, 한쪽 면의 넓이가 168cm^2, 다른 한쪽 면의 넓이가 120cm^{2}이다. 이 박스의 부피는?

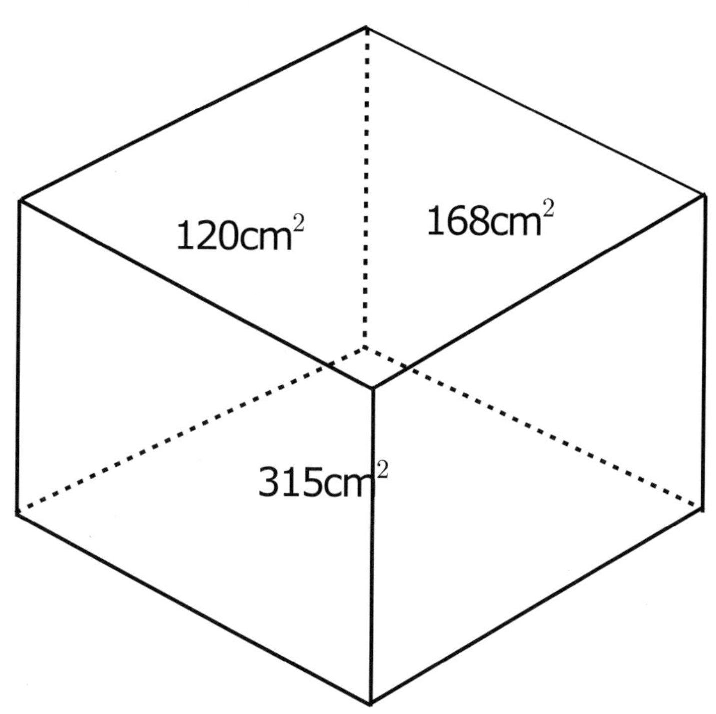

2.

세 변의 길이가 각각 4, 8, 10인 삼각형과, 6, 12, 15인 삼각형이 있다. 이 두 삼각형의 넓이의 비는?

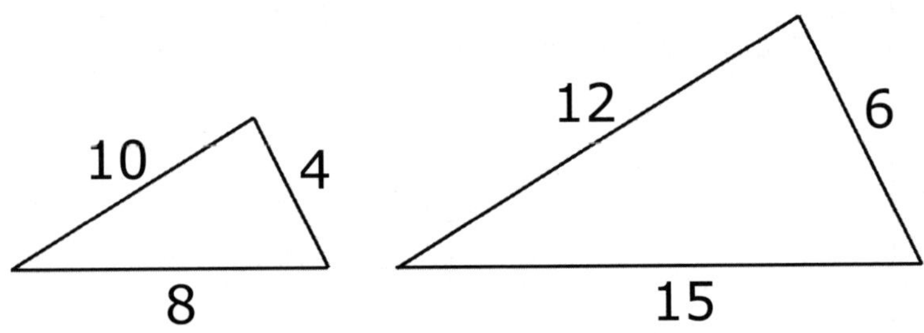

3.

그림에서 ∠C=90°, DE⊥AB, AE=6, EB=7, BC=5이다. 사각형 EBCD의 넓이는?

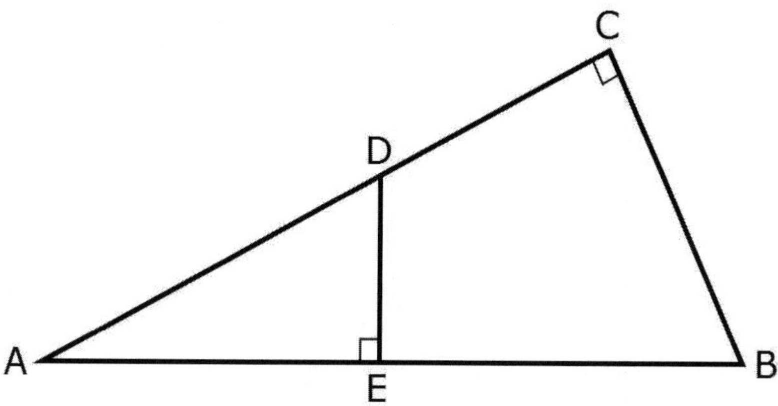

4.

정사각형 MATH가 있다. MA=16, CP⊥MA, 그리고 CH=CT=CP=x. 그러면 x는?

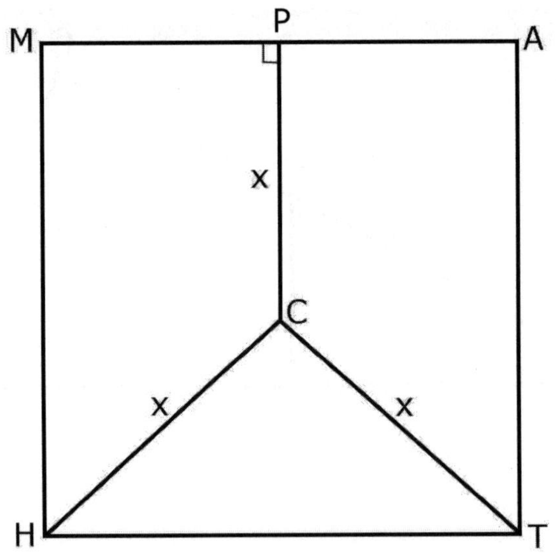

5.

둘레의 길이가 같은 정삼각형과 정사각형이 있다. 정삼각형의 넓이와 정사각형의 넓이의 비는?

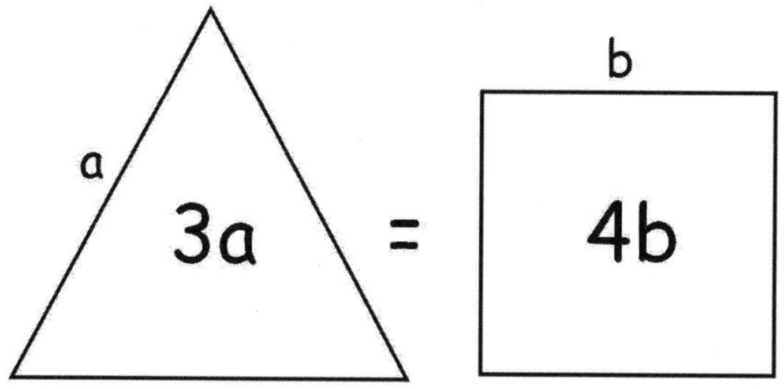

6.

아래 그림과 같이 △ABC에 내접하는 마름모꼴 BDEF가 있다. AB=10, BC=15라면 DE는?

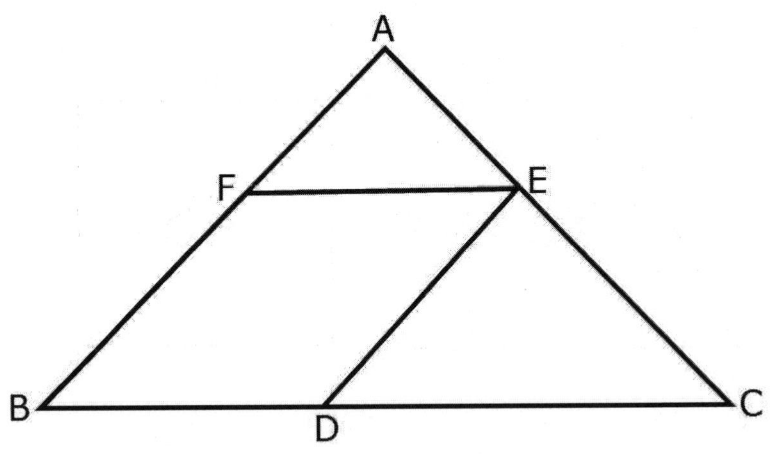

7.

반지름이 12cm, 높이가 5cm인 그림과 같은 실린더가 있다. 어떤 양수를 반지름에 더하거나, 높이에 더하더라도 부피의 증가는 똑같다. 어떤 수는?

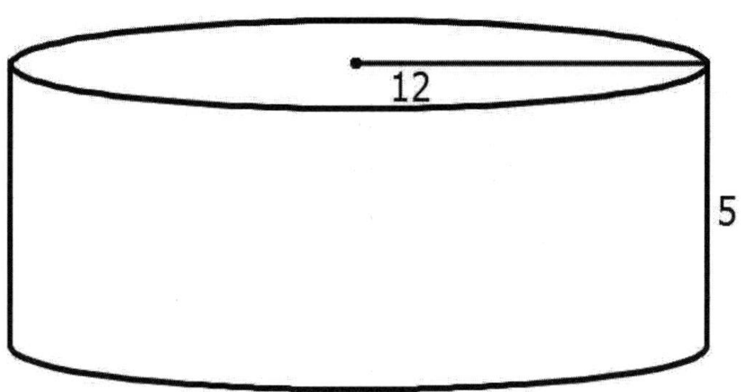

8.

둘레의 길이가 36cm인 이등변삼각형의 높이가 12cm라면 그 넓이는 얼마인가?

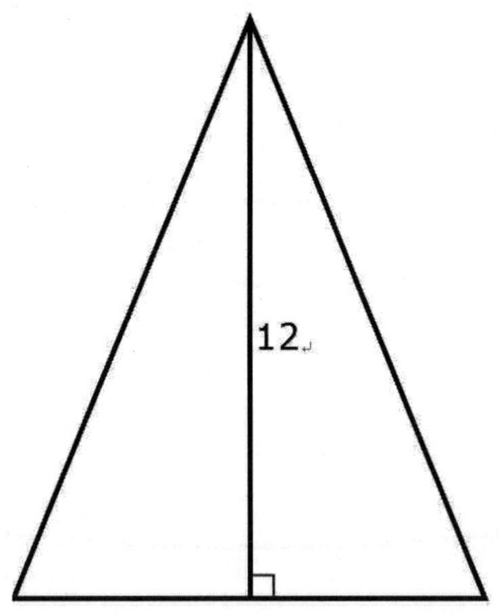

9.

정삼각형 안에 임의의 점 P가 있다. 점 P에서 세 변에 내린 수선의 길이의 합이 이 삼각형의 높이와 같음을 증명하라.

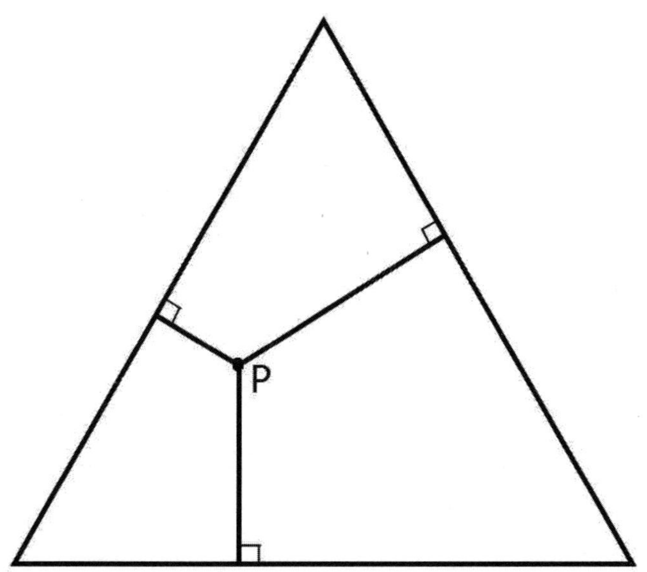

10.

바닥 면의 반지름이 8, 윗면의 반지름이 6, 높이가 6인 그림과 같은 원뿔의 부피를 구하라.

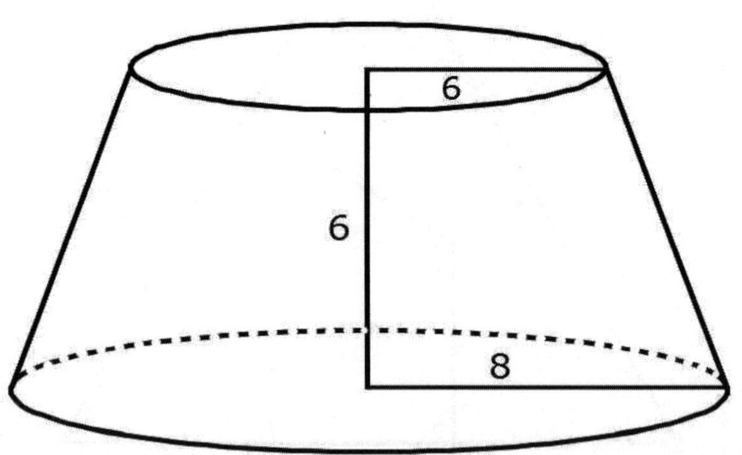

11.

세 변이 각각 29, 29, 40인 삼각형이 있다. 이 삼각형과 둘레와 넓이가 같은 또 하나의 이등변삼각형의 세 변의 길이(정수)는?

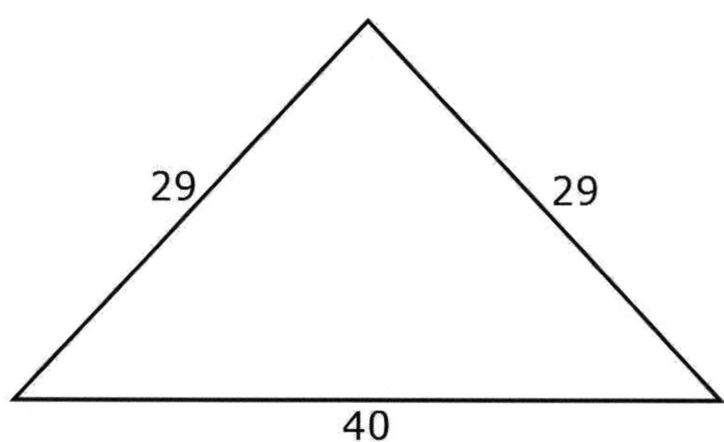

12.

C가 원의 둘레를 나타낸다고 하면,

$C_A=8\pi$, $C_B=8\pi$, $C_D=12\pi$일 때,

△ABD의 넓이는?

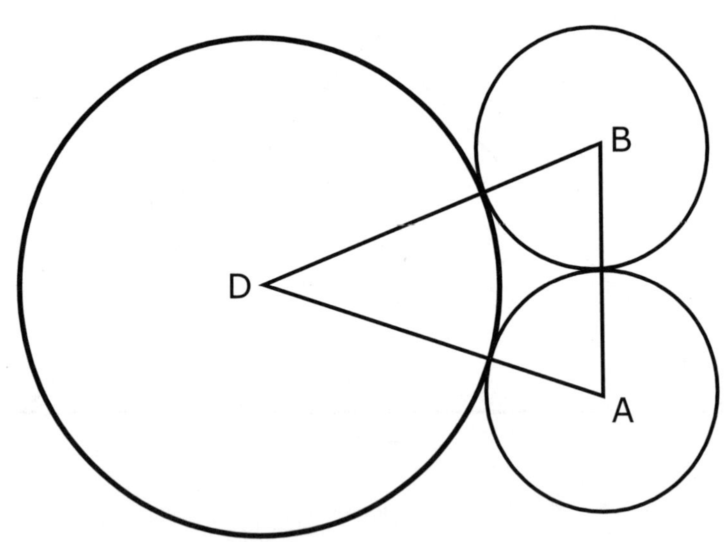

13.

아래 수열에서 다음에 올 숫자는?

0, 2, 24, 252, ?

14.

그림과 같은 세로 120cm의 포스터를 대각선으로 접었더니 접혀진 부분의 길이가 136cm이었다. 가로의 길이는 얼마인가?

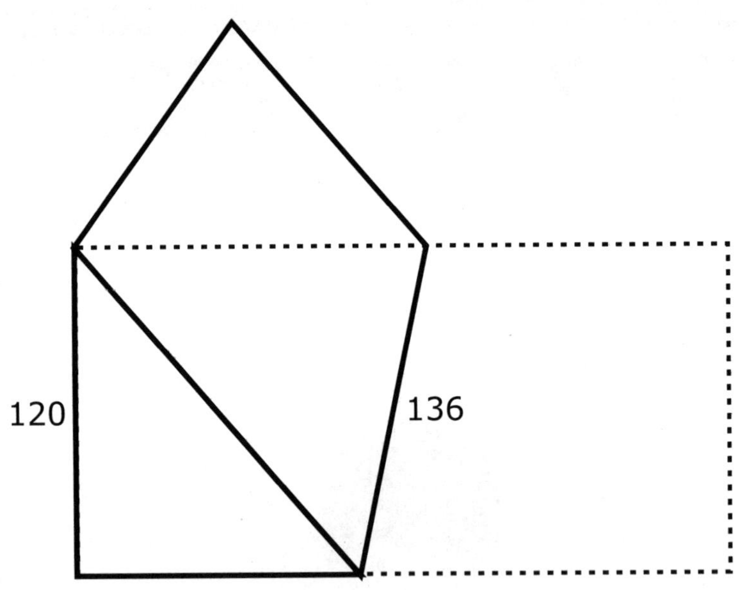

15.

9개의 7을 사용해서 7을 만들어라.

16.

아래 수열에서 다음에 올 세 수를 찾아라.

1	1	2	4	7	13	24	?	?	?

17.

0에서 15까지의 수 가운데 어떤 수도 한 번 이상 사용하지 않고 빈 칸을 채워 가로, 세로, 대각선 각각의 합이 30이 되도록 하라.

15			
	10	9	
			11
3			

18.

만약 7ⓐ3=5, 8ⓐ4=3, 9ⓐ5=1이라면,

19.

다음 그림에서 선 CP, SU, RE가 한 점에서 만나고, SR=SC=38, SP=UC=20, ES=14일 때 RU는?

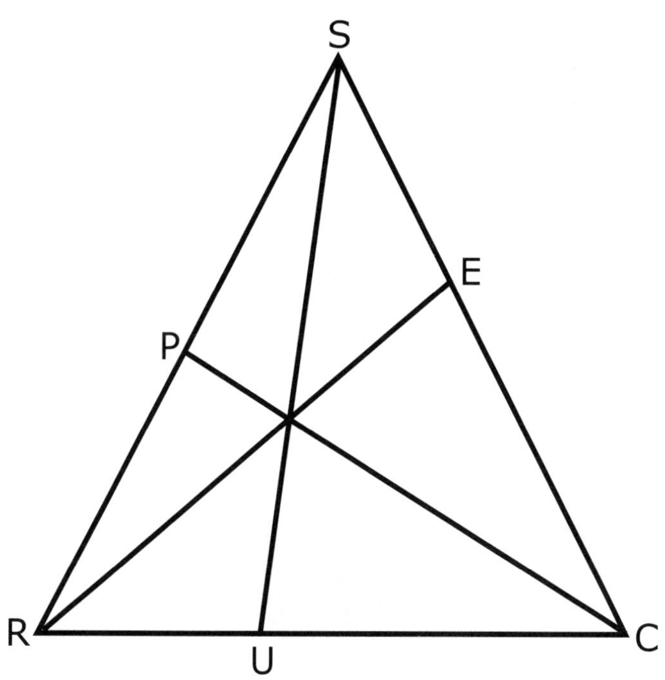

20.

다음 덧셈의 답은?

$$1 \cdot 1! + 2 \cdot 2! + 3 \cdot 3! + \cdots\cdots + n \cdot n! = ?$$

21.

다음 문자에 숫자를 대입시켜 식을 완성하라. 단, 같은 문자는 같은 수를 나타낸다.

```
  KEPLER
+ PLANET
--------
  NEWTON
```

22.

같은 문자는 같은 숫자를 나타낸다. 다음 문자에 숫자를 넣어 식을 완성하라.

$$
\begin{array}{r}
SNIP \\
-\ NIPS \\
\hline
PINS
\end{array}
$$

23.

야구를 하는 외야수 현수는 지금까지의 볼 캐치 율이 0.925였다. 그런데 그 후 다섯 번의 찬스에서 네 번의 실책을 범해서 그의 볼 캐치 율은 0.896으로 떨어졌다. 현수는 시즌 전체에서 몇 개의 실책을 범했는가?

24.

아래 식을 계산하는 데 지름길은 없을까?

$$\frac{1,234,567,890}{(1,234,567,891)^2-(1,234,567,890\times1,234,567,892)}=?$$

25.

(a) 세 개의 2를 사용해서 24를 만들어라.

(b) 네 개의 3을 사용해서 24를 만들어라.

(c) 세 개의 6을 사용해서 7을 만들어라.

(d) 다섯 개의 2를 사용해서 7을 만들어라.

(e) 다섯 개의 2를 사용해서 9를 만들어라.

(f) 다섯 개의 4를 사용해서 15를 만들어라.

(g) 여덟 개의 8을 사용해서 1,000을 만들어라.

26.

x와 y가 연속된 홀수의 정수이며, $x<y$라면,

$3x^2-2y=129$일 때 $x+y$의 값을 구하라.

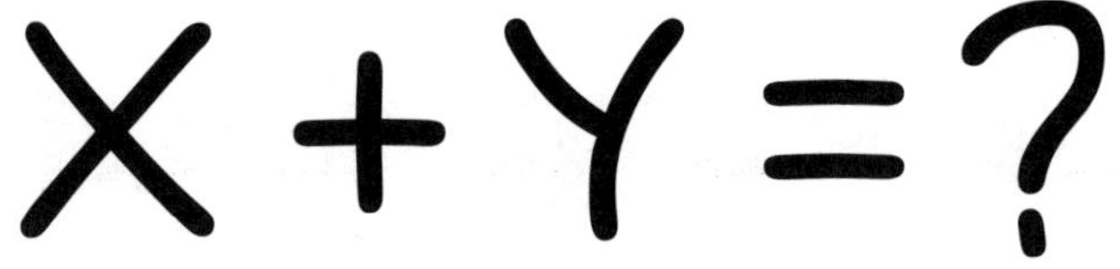

27.

직각삼각형 ABC에서 AD=DB+8이라면 CD는?

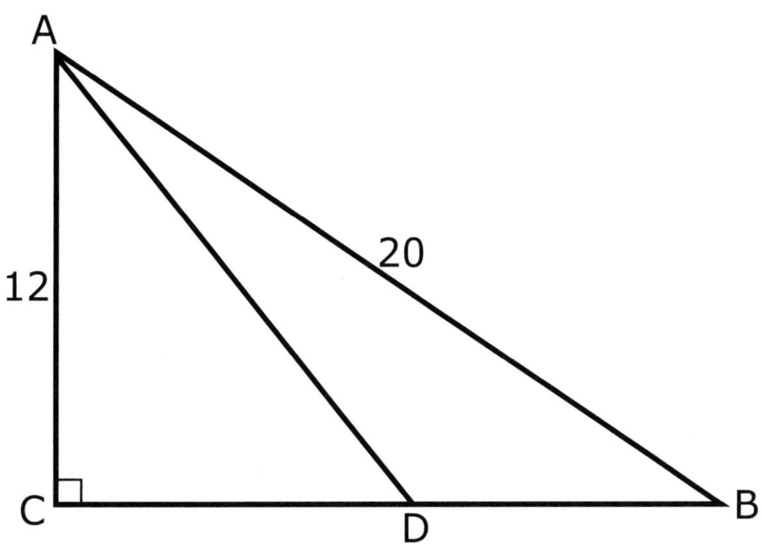

28.

다음의 값을 구하라.

$$\frac{41!}{38! \cdot 3!} - \frac{40!}{37! \cdot 3!} = ?$$

29.

그림과 같이 △ABC의 각 변에서 수선을 올려 만든 정삼각형 PQR에서 PQ=6이라면 △ABC의 넓이는?

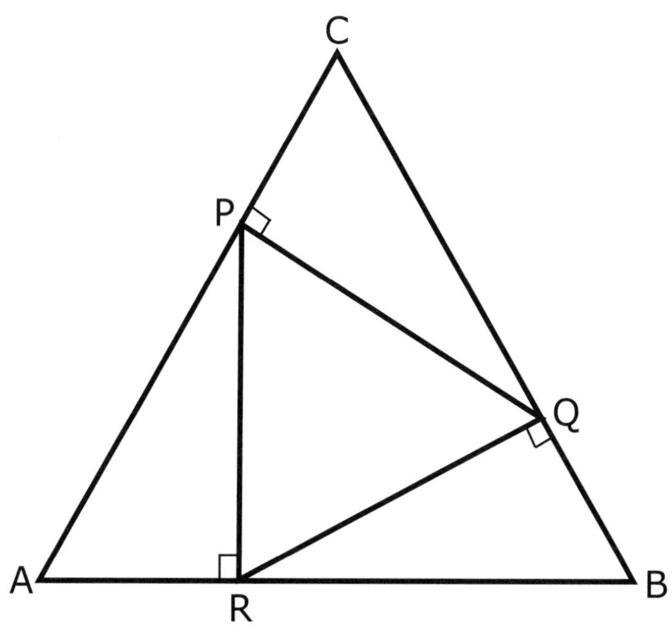

30.

상용대수를 사용해서 다음 x의 값을 구하라.

$$\log\{10 \cdot \log(\log x^{-10})\}=1$$

31.

5, 12, 13인 직각삼각형에서 큰 예각을 이등분한 선분의 길이는?

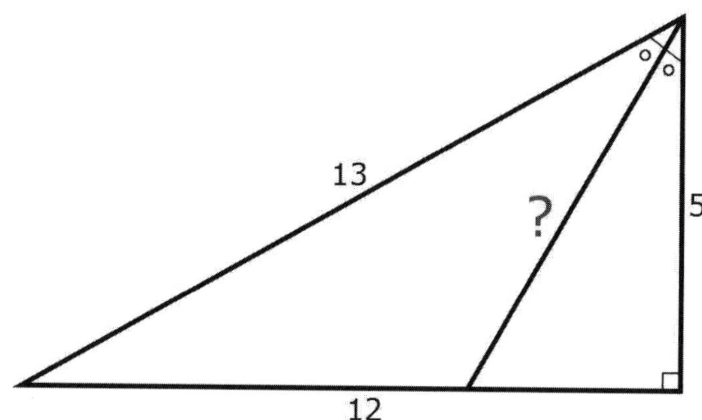

Problem Solving

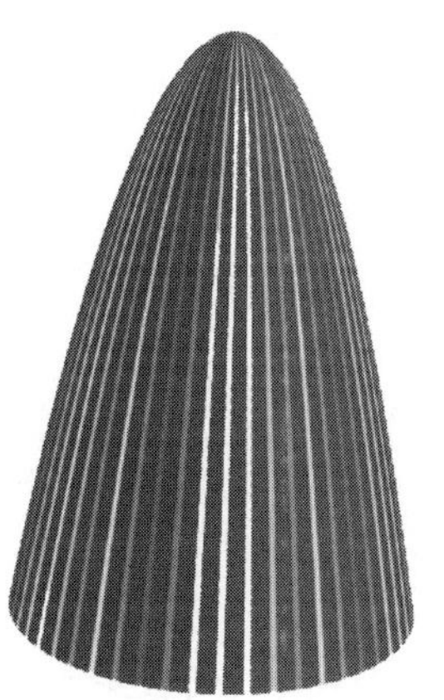

1. 【해답】 2,520cm²

이 박스의 가로, 세로, 높이를 각각 a, b, h라 하면,

$a \cdot b=315, \quad a \cdot h=168, \quad b \cdot h=120$

$(ab)(ah)(bh)=315 \cdot 168 \cdot 120$

$\therefore\ (abh)^2=315 \cdot 168 \cdot 120$

부피 : $V=abh=\sqrt{315 \cdot 168 \cdot 120}=2,520(cm^3)$

2. 【해답】 1 : 2.25

두 삼각형은 변이 2 : 4 : 5인 닮은꼴이다.

또 변의 길이가 큰 삼각형이 작은 삼각형의 1.5배이다.

따라서 넓이는 $(1.5)^2=2.25$(배)가 된다.

3. 【해답】 22.5

피타고라스 정리에 의해 AC=12,

또한 △ADE∽△ABC이므로 DE=2.5

$\therefore$ 사각형 EBCD의 넓이$=5\times12\times\frac{1}{2}-2.5\times6\times\frac{1}{2}=22.5$

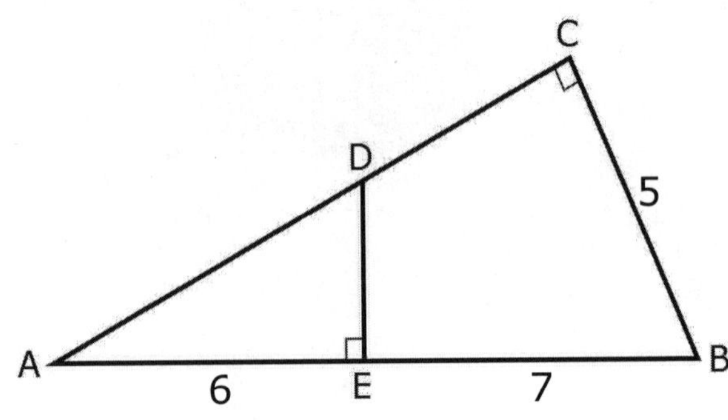

4. 【해답】 10

$x^2=8^2+(16-x)^2$

$=64+256-32x+x^2$

$32x=320$

$\therefore\ x=10$

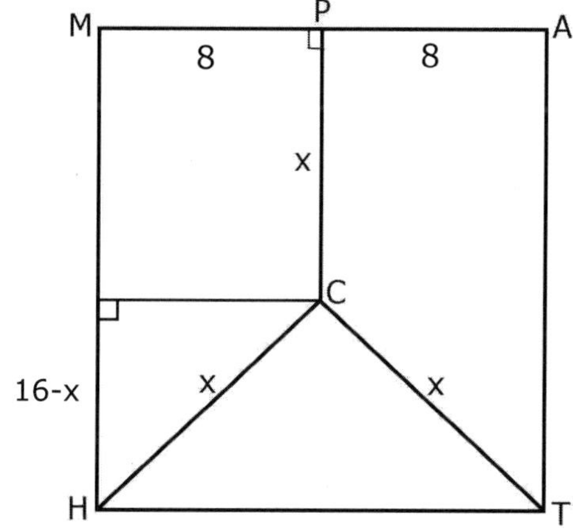

5. 【해답】 $4\sqrt{3}$: 9

정사각형의 한 변의 길이를 x, 정삼각형의 한 변의 길이를 y라 하면,

$4x=3y \quad \therefore\ x=\frac{3}{4}y$

정삼각형의 넓이 : $\frac{\sqrt{3}}{4}\cdot y^2$

정사각형의 넓이 : $x^2=\frac{9}{16}\cdot y^2$

$\therefore\ \frac{\sqrt{3}}{4}\cdot y^2 : \frac{9}{16}\cdot y^2$

$\therefore\ 4\sqrt{3} : 9$

6. 【해답】 6

$FE /\!/ BD$,

$\triangle AFE \backsim \triangle ABC$

$$\frac{10-x}{10}=\frac{x}{15}$$

10x=150−15x

∴ x=6

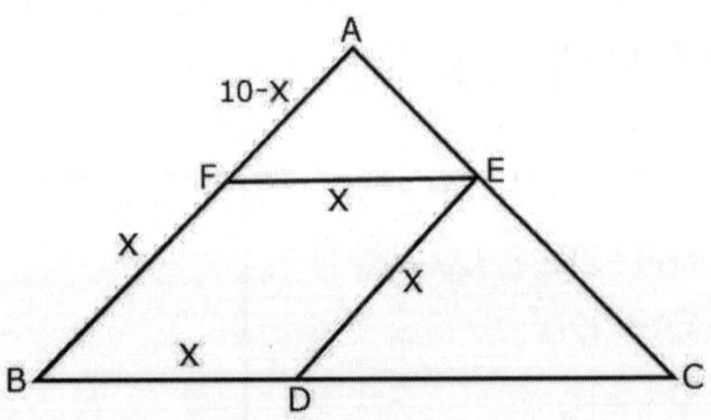

7. 【해답】 4.8

어떤 수를 x라 하면,

$\pi(r+x)^2h=\pi r^2(h+x)$

$(12+x)^2\times5=12^2(5+x)$

$5x^2-24x=0$, $x(5x-24)=0$

∴ x=0, 4.8 ∴ x=4.8

8. 【해답】 $60cm^2$

이등변삼각형의 같은 두 변을 x라 하면 밑변은 36−2x이다.

$\frac{36-2x}{2}$=18−x

$x^2=12^2+(18-x)^2$ ∴ x=13(cm)

∴ 밑변의 길이는 10cm이다.

∴ $10\times12\times\frac{1}{2}=60(cm^2)$

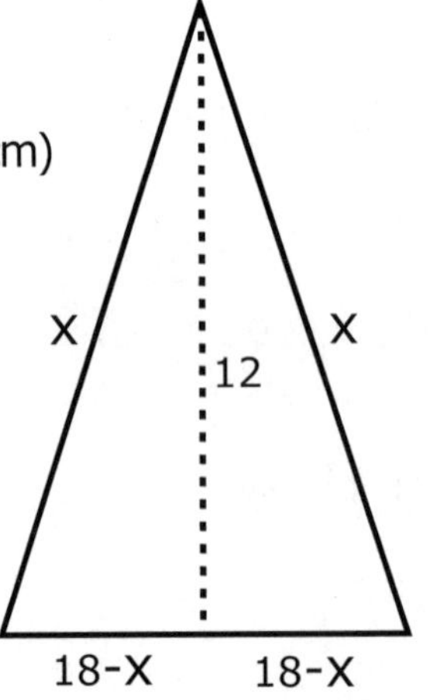

9. 【해답】

정삼각형 ABC의 높이를 h, 한 변을 s라 하면,

a(△ABC)=a(△ABP)+a(△BCP)+a(△ACP)

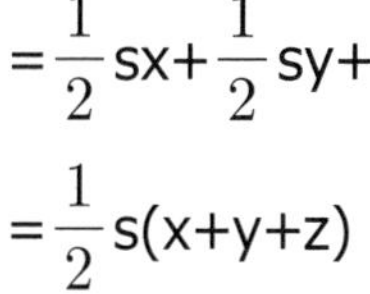

$$=\frac{1}{2}sx+\frac{1}{2}sy+\frac{1}{2}sz$$

$$=\frac{1}{2}s(x+y+z)$$

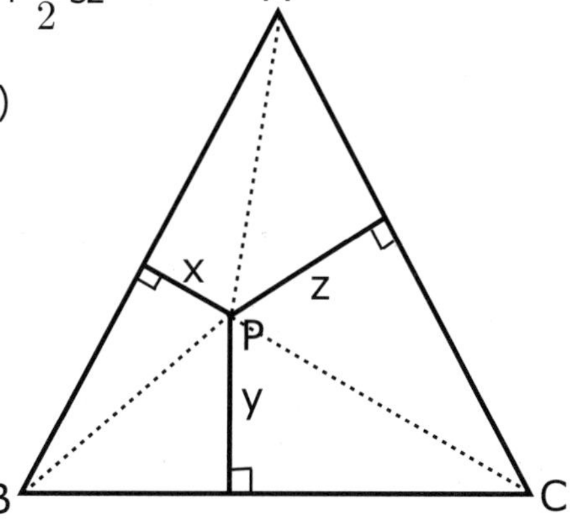

역시 a(△ABC)$=\frac{1}{2}$sh

∴ x+y+z=h

10. 【해답】 296π

$\frac{x}{x+6}=\frac{6}{8}$ ∴ x=18

작은 원뿔의 부피=6×6×18×$\frac{\pi}{3}$=216π

큰 원뿔의 부피=8×8×24×$\frac{\pi}{3}$=512π

512π−216π=296π

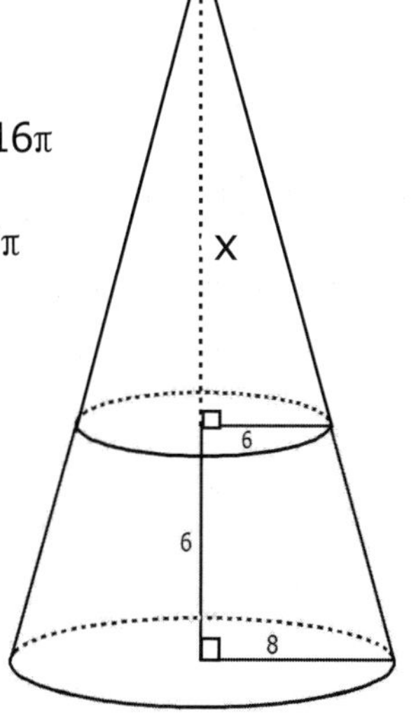

11. 【해답】 37, 37, 24

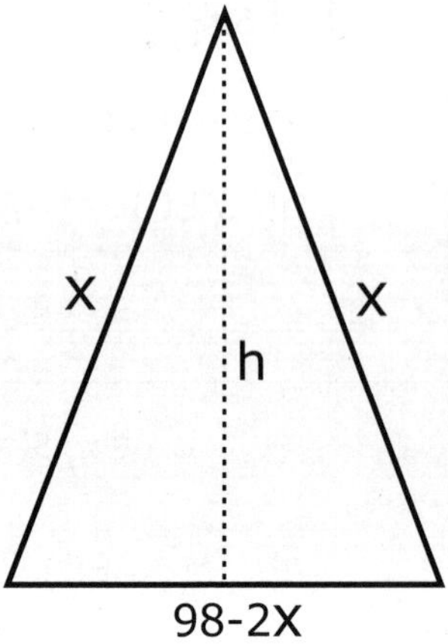

주어진 삼각형의 넓이는 높이가 21이므로,

$40\times21\times\frac{1}{2}=420$이다.

구하고자 하는 이등변삼각형의 같은 두 변을 x라 하면 다른 한 변은 (98−2x)가 된다.

X
X
h
98-2X

$h^2+(\frac{98-2x}{2})^2=x^2$, $h(49-x)=420$

두 식을 정리해서 h를 줄이면

$2x^3-245x^2+9604x-121249=0$

주어진 이등변삼각형에서 29는 이미 알고 있으므로

$(x-29)(2x^2-187x+4181)=0$

$(x-29)(x-37)(2x-113)=0$

$\therefore x=37$(∵정수이므로)

∴ 세 변의 길이가 37, 37, 24인 삼각형이다.

12. 【해답】 $8\sqrt{21}$

$r_A=4$, $r_B=4$, $r_D=6$(r은 반지름)

△ADB는 이등변삼각형이다.

피타고라스 정리에 의해

$h^2=10^2-4^2 \quad \therefore h=\sqrt{84}$

$\therefore$ 넓이$=\frac{1}{2}(4+4)(\sqrt{84})=8\sqrt{21}$

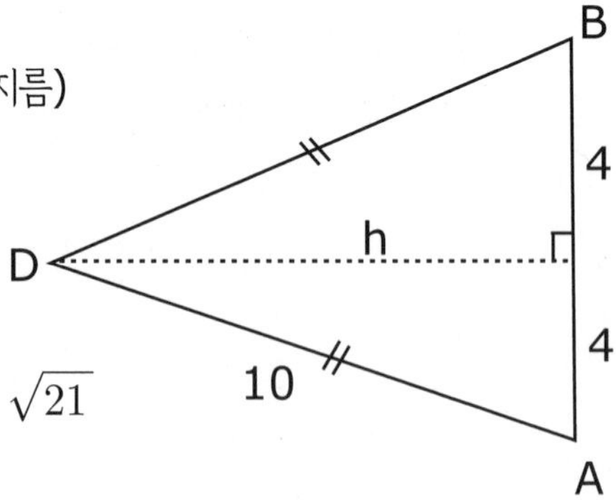

B
4
h
D
4
10
A

13. 【해답】 3,120

$1^1 - 1 = 0$

$2^2 - 2 = 2$

$3^3 - 3 = 24$

$4^4 - 4 = 252$

$\therefore\ 5^5 - 5 = 3,120$

14. 【해답】 225cm

포스터 ABCD의 한쪽 모서리 A를 반대편 모서리 C에 대고 접었을 때 접혀진 선을 EF라고 하자. 또 모서리 B의 접었을 때의 점을 B'라 하고, E에서 드리운 수직선의 AD 선상의 점은 G라 하면,

EF=136, EG=120이므로

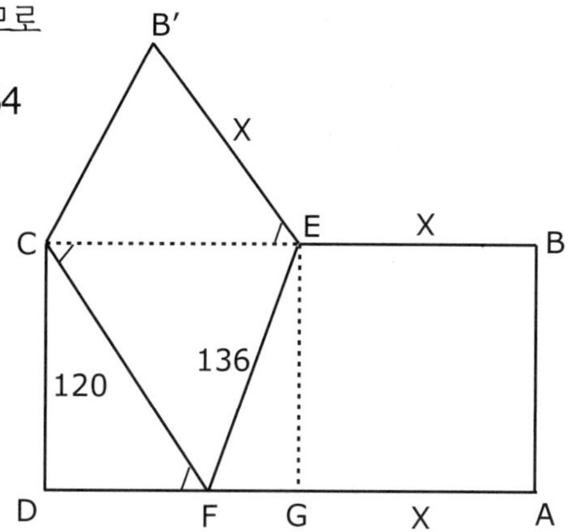

$FG = \sqrt{136^2 - 120^2} = 64$

AG=x라 하면,

B'E=BE=AG=x

또 CF=AF=x+64

△CDF와 △CEB'에서

CD=CB'=120,

∠CDF=∠CB'E=90°

∠CFD=∠CEB'(CF∥B'E)

∴ △CDF≡△CB'E

∴ DF=B'E=x

$(x+64)^2 = x^2 + 120^2$

$\therefore$ x=80.5

AD=2x+64

$\therefore$ AD=225(cm)

15. 【해답】 $7+\frac{777}{777}-\frac{7}{7}=7$

16. 【해답】 44, 81, 149

앞의 세 수의 합이 다음 수다.

즉 1+1+2=4

1+2+4=7

2+4+7=13

4+7+13=24

$\therefore$ 7+13+24=44

13+24+44=81

24+44+81=149

17. 【해답】 그림과 같다.

15	1	2	12
4	10	9	7
8	6	5	11
3	13	14	0

18. 【해답】 4

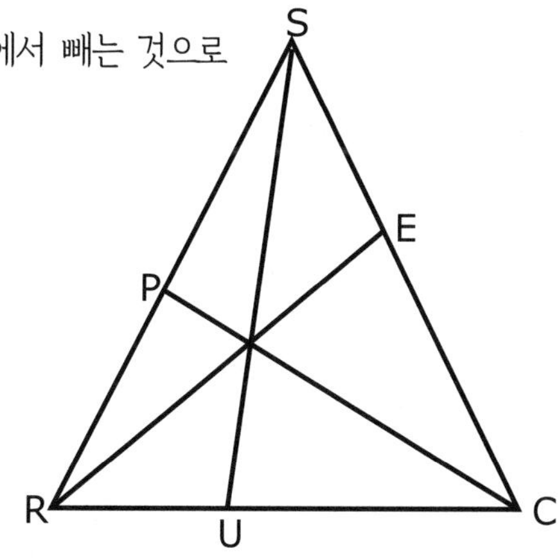

이 규칙은 두 수의 합을 15에서 빼는 것으로 이루어져 있다.

15−(7+3)=5

15−(8+4)=3

15−(9+5)=1

∴ 15−(6+5)=4

19. 【해답】 10.5

체바(Ceva's theorem)의 정리에 의해서

$\frac{RU}{UC} \cdot \frac{CE}{ES} \cdot \frac{SP}{PR} = \frac{RU}{20} \cdot \frac{24}{14} \cdot \frac{20}{18} = 1$

∴ RU=10.5

20. 【해답】 (n+1)!−1

이 결과를 증명하기 위해서는 수학적 귀납법을 사용하라.

21. 【해답】 354059

$$\begin{array}{r} 354059 \\ +\ 402758 \\ \hline 756817 \end{array}$$

22. 【해답】 9108

$$\begin{array}{r} 9108 \\ -1089 \\ \hline 8019 \end{array}$$

23. 【해답】 13개

현수가 캐치한 볼 수를 x, 현수에게 주어진 찬스 수를 y라 하면,

$\frac{x}{y}$=0.925, 그리고 $\frac{x+1}{y+5}$=0.896

두 식에서 x=111, y=120

∴ 현수는 13개 실책을 범했다. (∵120－111+4)

24. 【해답】 1,234,567,890

1,234,567,890을 x라 하면,

$\frac{x}{(x+1)^2-x(x+2)}$가 된다.

위 식을 간단히 하면 x가 된다.

∴ x=1,234,567,890

25. 【해답】

(a) 22+2

(b) 3×3×3－3

(c) $6+\frac{6}{6}$

(d) $2\times2\times2-\frac{2}{2}$

(e) $2\times2\times2+\frac{2}{2}$

(f) $\frac{44+(4\times4)}{4}$

(g) 888+88+8+8+8

26. 【해답】 16

x=n이라면 y=n+2가 된다.

$3n^2-2(n+2)=129$

$(n-7)(3n+19)=0$

n은 정수이므로 $n=7$

$\therefore\ x=7,\ y=9$

$\therefore\ x+y=16$

27. 【해답】 9

CB=16(피타고라스정리에 의해서)

CD=x라 하면

$DB=16-x,\ AD=16-x+8=24-x$

피타고라스정리에 의해서,

$x^2+12^2=(24-x)^2$

$=576-48x+x^2$

$48x=432$

$\therefore\ x=9$

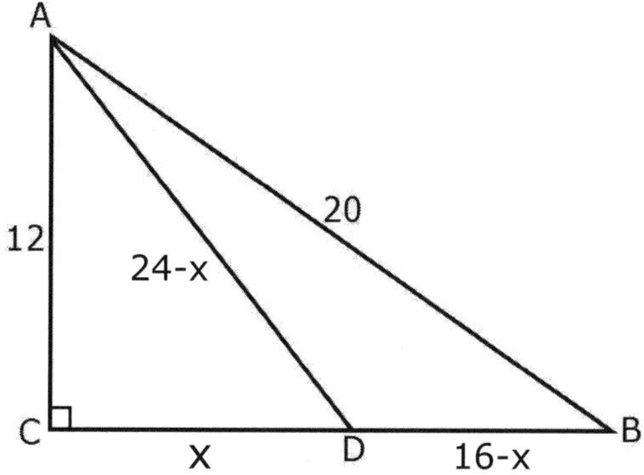

28. 【해답】 780

$$\frac{41!}{38!\cdot3!}-\frac{40!}{37!\cdot3!}$$

$$=\frac{41\cdot40!}{38\cdot37!\cdot3!}-\frac{40!\cdot38}{37!\cdot3!\cdot38}$$

$$=\frac{40!(41-38)}{38!\cdot3!}$$

$=\dfrac{40!\cdot 3}{38!\cdot 3!}$

$=\dfrac{40\cdot 39\cdot 38!\cdot 3}{38!\cdot 3\cdot 2}$

=780

29. 【해답】 $27\sqrt{3}$

정삼각형과 두 예각이 30°, 60°인 직각삼각형의 성질을 이용해서,

$\triangle ABC=\dfrac{(6\sqrt{3})^2}{4}\times\sqrt{3}$

$=27\sqrt{3}$

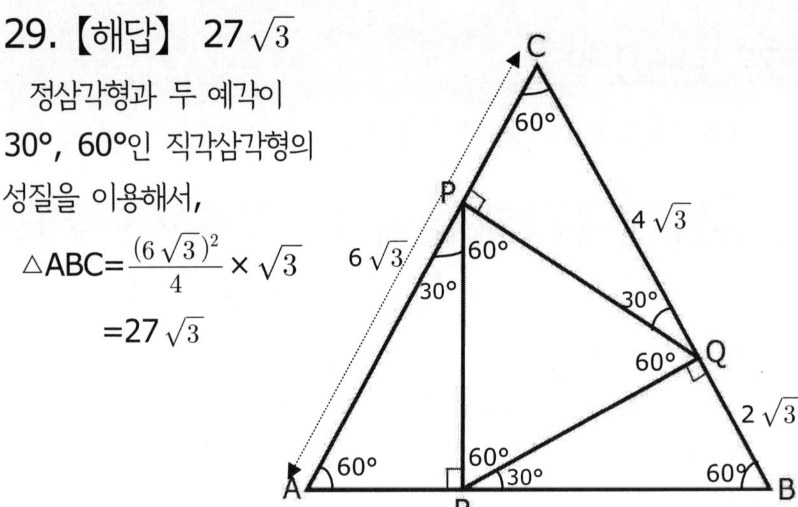

30. 【해답】 0.1

$\log\{10\cdot\log(\log x^{-10})\}=1$

$10\cdot\log(\log x^{-10})=10$

$\log(-10\cdot\log x)=1$

$-10\cdot\log x=10$

$\log x=-1$

$x=0.1$

31. 【해답】 $\frac{5\sqrt{13}}{3}$

$\frac{13}{12-x}=\frac{5}{x}$

$x=\frac{10}{3}$

$a^2=x^2+5^2$

$a=\frac{5\sqrt{13}}{3}$

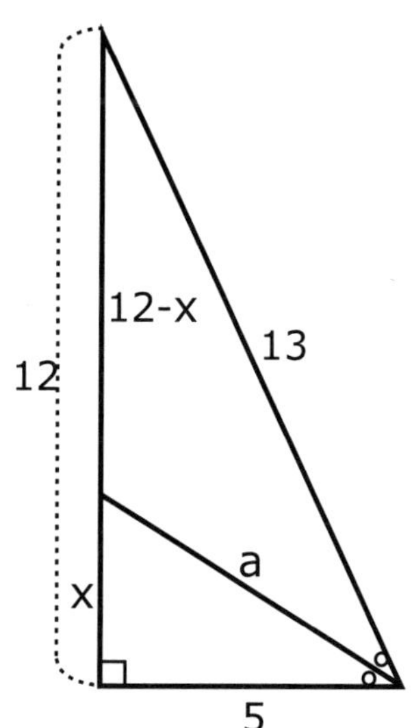

August Problem

◀수학 에세이▶

<케니히스베르그의 다리 문제>

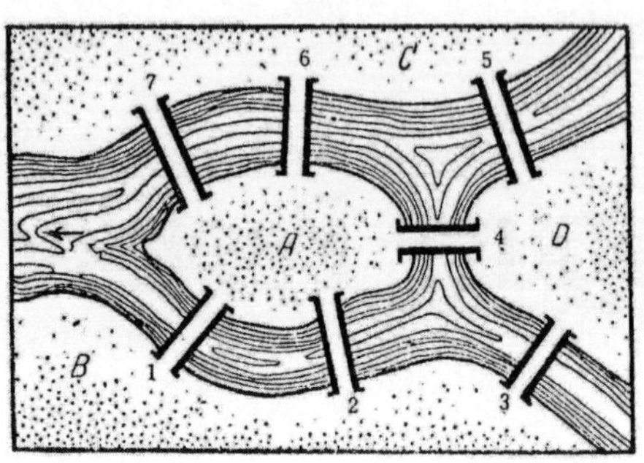

일찍이 스위스의 유명한 수학자 레온하르트 오일러(1707~1789)가 제시한 문제로, 그는 이런 물음을 던졌고, 그에 대한 대답은 러시아의 페테르부르그 과학아카데미에 제출했다. 질문은 다음과 같다.

"케니히스베르그에는 크나이프호프라는 섬이 있다. 프레겔 강은 그것을 에워싸고 2개의 지류로 나누어져 있고 그 강에 7개의 다리가 놓여 있다. 이들 다리를 1회 이상 건너지 말고 7개의 다리를 모두 건너서 산책할 수는 없을까?"

이 문제는 「한번에그리기」에 관련된 문제이다. 물론 그 대답은 건널 수 없다는 것이다. 「한번에그리기」가 가능한 경우는 홀수 점의 개수가 0개 또는 짝수 개일 때이다. 그 이유는, 홀수 점은 그 점을 지나는 선의 개수가 홀수인 점은 반드시 출발점이나 도착점이 되어야 한다. 그래서 홀수 점이 2개가 넘는 경우는 「한번에그리기」가 불가능하다. 케니히스베르그의 다리 문제는 단순화시켜 보면 홀수 점이 4개이다.

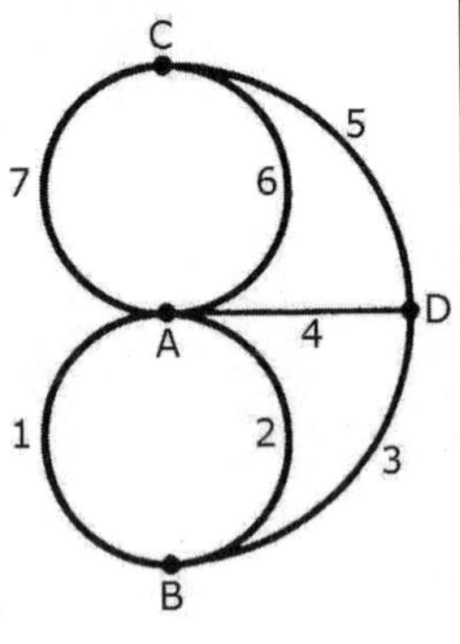

1.

다음 값을 구하라.

$$\frac{1}{5}\cdot\frac{3}{7}\cdot\frac{5}{9}\cdot\frac{7}{11}\cdots\cdots\frac{99}{103}\cdot\frac{101}{105}=?$$

2.

정사각형 ABCD의 대각선 BD 위에 점 P가 있다. BP=AB. 정사각형 ABCD의 넓이가 4이고 QP가 DB와 직각을 이룬다면, △DPQ의 넓이는?

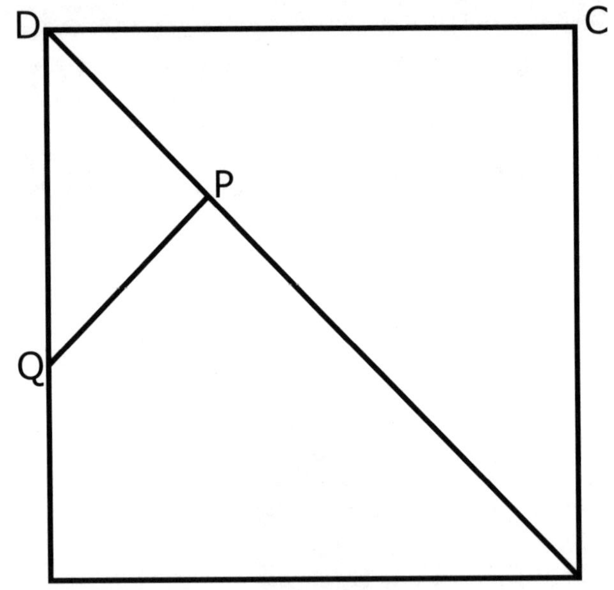

3.

$4^{x}-4^{x-1}=24$ 라면

$(2x)^{x}=?$

4.

$(a+b):(b+c):(c+a)=6:7:8$이고, $a+b+c=14$일 때,

5.

똑같은 정사각형 5개로 만들어진 십자가 모양이 있다. 이것을 오려 낸 다음 다시 짜 맞추어 한 개의 큰 정사각형을 만들라.

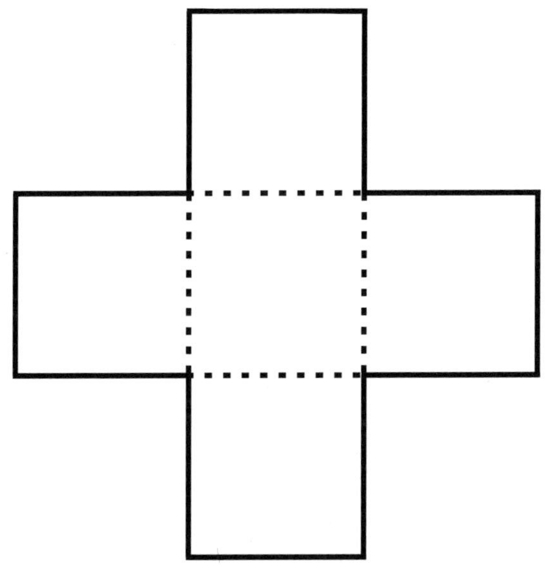

6.

다음에서 n의 값을 구하라.

$$(10^{12}+25)^2-(10^{12}-25)^2=10^n$$

7.

아래 수열에서,

(1) 다음에 올 두 항과,

(2) 100번째 항, 그리고,

(3) n번째 항을 구하라.

1, 4, 7, 10, 13, ⋯, ⋯

8.

다음 수열에서

(1) 여덟 번째 항까지의 합은?

(2) 또 k항까지의 합은?

$$1,\ 8,\ 27,\ 64,\cdots\cdots k$$

9.

만약 △□=7,

그리고 △=27,

⧠=81이라면

[⬠] △[□] =?

10.

3형제의 나이의 곱은 1,872이고, 큰형과 둘째의 나이 차이는 둘째와 셋째의 나이 차와 같다. 세 형제의 나이는 각각 몇 살인가?

11.

오각형 ABCDE에서,

$\angle A = \angle B = \angle C$이고, $\angle D = \angle E$이다.

그런데 $\angle A$는 $\angle D$보다 50° 작다.

$\angle A$와 $\angle D$는 각각 몇 도인가?

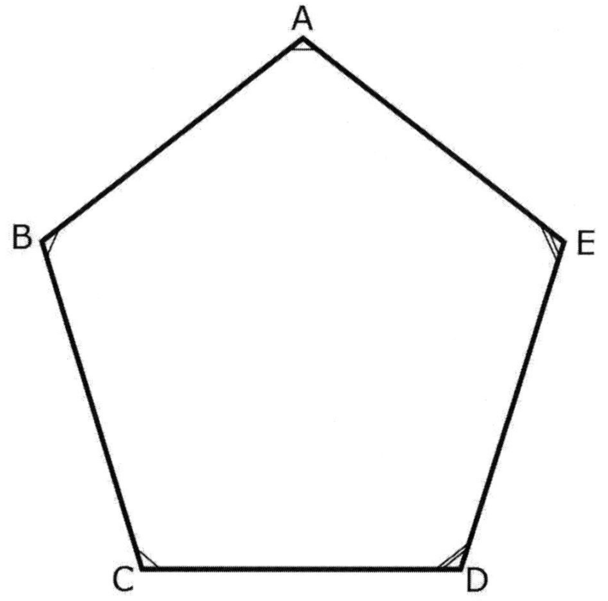

12.

다음 수의 단자리수는?

$$2^{2391}$$

13.

선분 AG의 길이는?

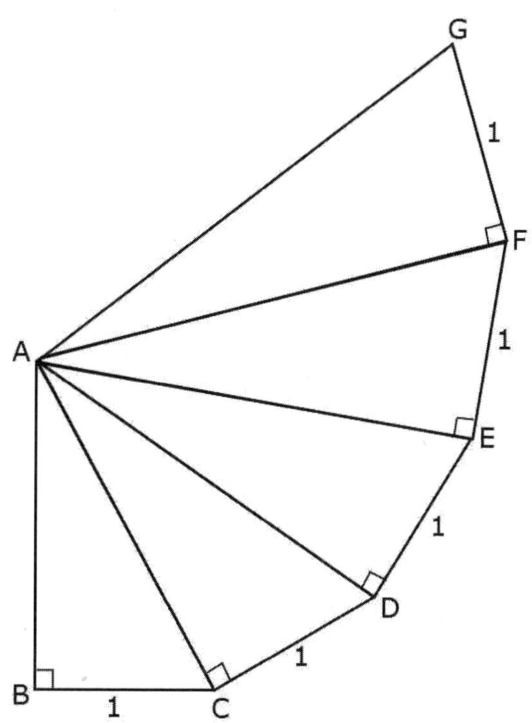

14.

다음 식을 간단하게 표현하라.

$$3 \cdot (8)^{\frac{2}{3}} \cdot \left(\frac{27}{8}\right)^{-\frac{1}{3}}$$

15.

가로가 15m, 세로가 25m인 직사각형 풀(pool)이 있다. 이 풀의 깊이는 얕은 쪽 끝이 2m이고, 일정한 비율로 깊어져서 가장 깊은 쪽 끝이 4m이다. 이 풀에 물을 가득 채우려면 몇 리터의 물이 필요한가?

16.

다음 중 가장 큰 수는?

$$63_8,\ 110100_2,\ 56_{10}$$

17.

1에서부터 10까지 숫자가 적힌 탁구공 10개가 상자 안에 들어 있다. 상자 속에 손을 집어넣어 임의로 2개의 공을 꺼냈을 때, 2개의 공에 씌어진 숫자의 합이 몇이 될 확률이 가장 많은가?

18.

자연수 중 117번째의 홀수는?

1, 3, 5, 7, 9,……?

19.

다음 식의 답을 아래 보기에서 5초 안에 골라보라.

$$2(81+83+85+87+89+91+93+95+97+99)=?$$

<보기>

(A)1,600 (B)1,650 (C)1,700 (D)1,750 (E)1,800

20.

(x^2-x-1)이 (ax^3+bx^2+1)의 한 인자이고, a, b, c가 정수라면 b는?

(A) -2, (B) -1, (C) 0, (D) 1, (E) 2

21.

$|x| + x + y = 10$, $x + |y| - y = 12$라면 $x + y$는?

(A) -2, (B) 2, (C) $\frac{18}{5}$, (D) $\frac{22}{3}$, (E) 22

22.

A, B, C 세 사람이 산에 밤을 주우러 가서, A는 116개, B는 112개, C는 96개의 밤을 주웠다. 돌아오는 길에 먼저 세 사람 중 누군가가 자기의 밤의 1/4을 다른 누구에게 주었고, 다음에는 누군가가 역시 자기 밤의 1/4을 누군가에게 주었으며, 마지막으로 누군가도 자기 밤의 1/4을 누군가에게 주었다. 그러자 세 사람의 밤의 개수가 모두 같아졌다.

서로 어떤 방법으로 주었을까?

23.

원에 내접하는 등변 등각의 별모양의 그 한 각인 ∠ABC는?

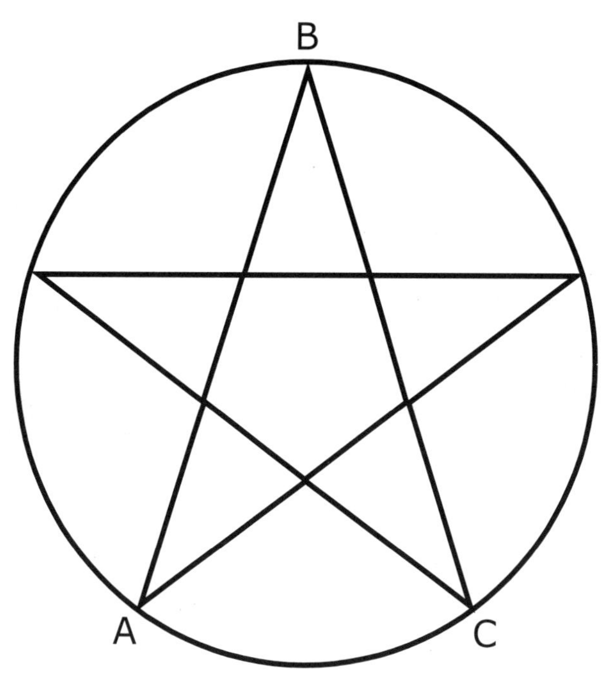

24.

반지름이 1cm인 쇠구슬이 8개 있다. 이것들을 녹여서 한 개의 큰 쇠구슬을 만들었을 때 그 반지름 r은?

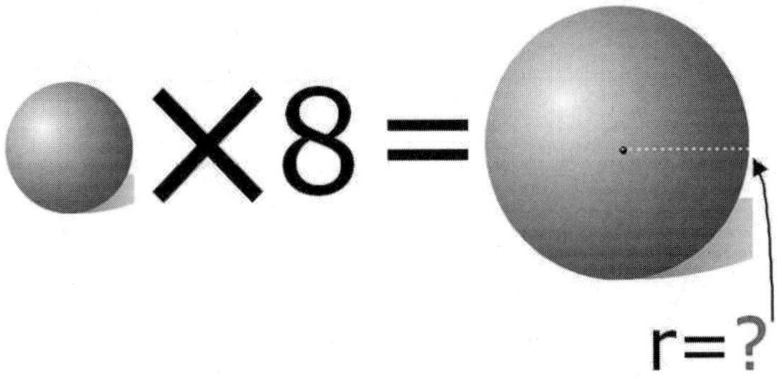

25.

가로 세로 1cm 간격의 격자무늬 점들을 연결해서 $5cm^2$ 넓이의 정사각형을 만들어라.

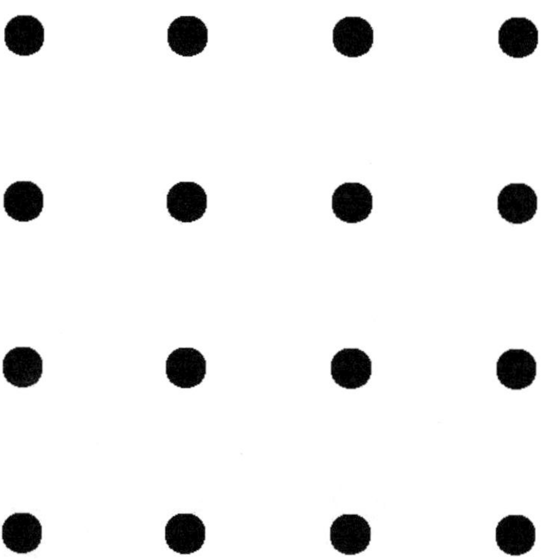

26.

주어진 거리를 여행하는 데 평균속력이 25퍼센트 증가했다면 시간은 어떻게 되겠는가?

27.

A, B 두 상자에 흰 돌과 검은 돌이 들어 있다. 상자 A에는 2,700개가 들어 있고, 그 가운데 30퍼센트가 검은 돌이다. 상자 B 속에는 1,200개의 돌이 들어 있는데, 그 가운데 90퍼센트가 검은 돌이다. 지금 B로부터 몇 개의 돌을 A로 옮기고, 그 결과를 조사해 본 결과, A상자 속에는 검은 돌이 40퍼센트, B상자 속에는 검은 돌이 90퍼센트가 들어 있었다. B로부터 A로 옮긴 검은 돌과 흰 돌은 각각 몇 개인가?

28.

A역과 B역 사이는 100km이고, 전철과 버스 노선이 나란히 달리고 있다. 명수는 A역을 버스로 출발하고, 순희는 그 1시간 후에 A역을 전철로 출발했는데, 두 사람은 동시에 B역에 도착했다. 버스는 처음 시속 50km를 달리다가 도중에서 시속을 40km로 늦추었다. 전철은 시속 80km로 달렸으나, 도중에서 10분간 멈췄다. 버스가 속도를 늦춘 것은 A역을 떠난 지 몇 분 후일까?

29.

그림과 같은 와셔(washer)가 있다. 와셔의 넓이(검은색 부분)와 구멍의 넓이가 같다면, r의 길이는?

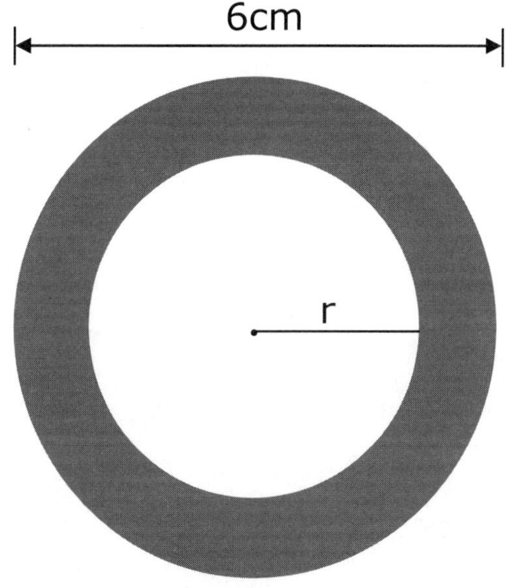

30.

A사와 B사의 대표들이 모여 물품 구매협상을 하기로 했다. 원탁회의를 하게 되었는데, A사의 대표 중 한 사람의 오른쪽 옆에 앉은 사람을 2번째로 해서, 5번째, 7번째 10번째, 13번째, 15번째에는 B사의 대표가 앉아 있다. 단지, 실제로는 B사의 대표 수는 다섯 명 이하로서, A사의 대표 수보다 적다고 한다면 원탁에 둘러앉아 있는 A, B사의 대표는 합해서 모두 몇 사람일까?

31.

아래 수열에서 다음에 올 수는?

1, 16, 81, 256, ?

Problem Solving

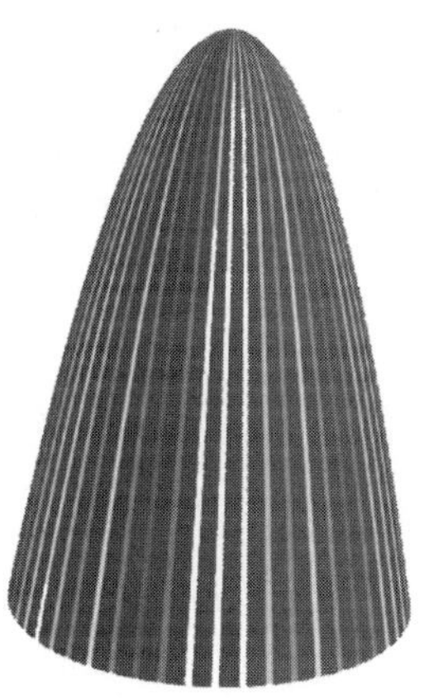

1. 【해답】 $\frac{1}{3605}$

$$\frac{1}{5}\cdot\frac{3}{7}\cdot\frac{5}{9}\cdot\frac{7}{11}\cdots\cdots\frac{97}{101}\cdot\frac{99}{103}\cdot\frac{101}{105}$$

$$=\frac{3}{103\cdot105}=\frac{1}{3605}$$

2. 【해답】 $6-4\sqrt{2}$

AB=2, DB=$2\sqrt{2}$

∴ DP=$2\sqrt{2}-2$

△DPQ는 직각이등변삼각형(∵∠PDQ=∠PQD=45°)

∴ DP=PQ

∴ △DPQ=$(2\sqrt{2}-2)^2\times\frac{1}{2}$

$=6-4\sqrt{2}$

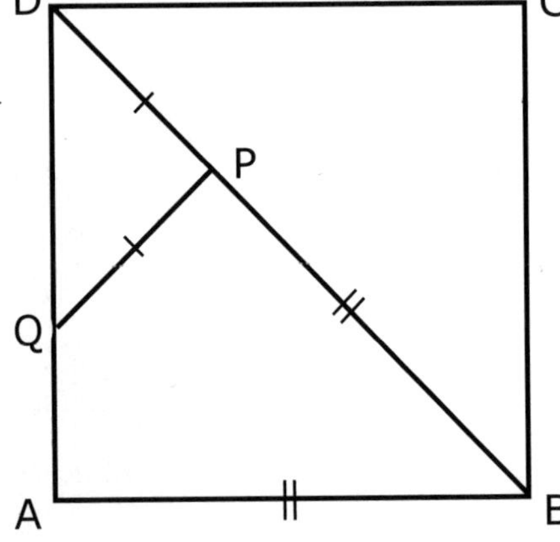

3. 【해답】 $25\sqrt{5}$

$4^x-4^{x-1}=24$

$4^{x-1}(4-1)=24$

$2^{2(x-1)}=2^3$

$2(x-1)=3$ ∴ $x=\frac{5}{2}$

∴ $(2x)^x=(2\times\frac{5}{2})^{\frac{5}{2}}=25\sqrt{5}$

4. 【해답】 6

a+b=6x, b+c=7x, c+a=8x

세 식을 더하면,

2(a+b+c)=21x

a+b+c=14이므로

$2\times14=21x \quad \therefore x=\frac{4}{3}$

$\therefore a+b=6\times\frac{4}{3}=8$

(a+b+c)−(a+b)=c이므로

$\therefore 14-8=6$

5. 【해답】 그림과 같다.

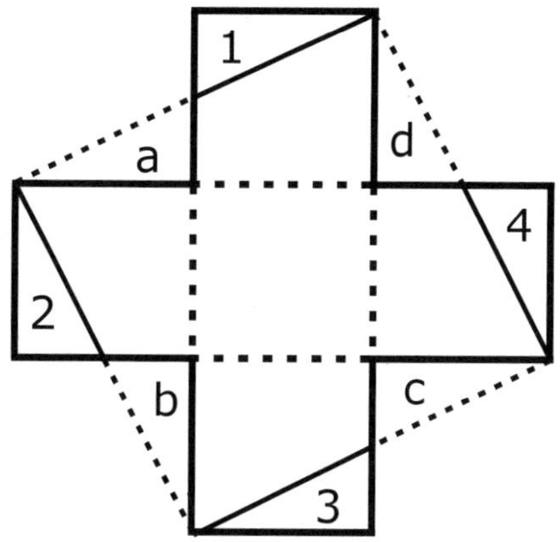

삼각형 1, 2, 3, 4는 a, b, c, d에 꼭 들어맞는다.

(∵ 합동조건에 의해)

6. 【해답】 14

$(10^{12}+25)^2-(10^{12}-25)^2=10^n$

$10^{144}+50\cdot10^{12}+25^2-10^{144}+50\cdot10^{12}-25^2=10^n$

$100\cdot10^{12}=10^n$

$10^{14}=10^n$

$\therefore$ n=14

7. 【해답】 (1) 16, 19
(2) 298
(3) 3n−2

8. 【해답】 (1) 1,296, (2) $\left[\frac{k(k+1)}{2}\right]^2$

(1) 1, 8, 27, 64,……$=1^3, 2^3, 3^3, 4^3$,……

$\therefore 1^3+2^3+3^3+4^3+5^3+6^3+7^3+8^3=1,296$

(2) $1=1^2$

$1+8=9=3^2$

$1+8+27=36=6^2$

$1+8+27+64=100=10^2$

⋮

$1+8+27+\cdots\cdots+k^3=[\frac{k(k+1)}{2}]^2$

9. 【해답】 689

△은 3, □은 4를 나타낸다.

∴ $=3^3=27$, $=3^4=81$

오각형은 5를 나타내므로

∴ $=5^4+4^3=689$

10. 【해답】 18, 13, 8

1872=(2×2×2)×(2×3×3)×(13)

11. 【해답】 ∠A=88°, ∠D=138°

오각형의 내각의 합은 540°이다.

∠A를 x라 하면,

5x+100°=540°

∴ x=88°

∠A=88°

∠D=88°+50°=138°

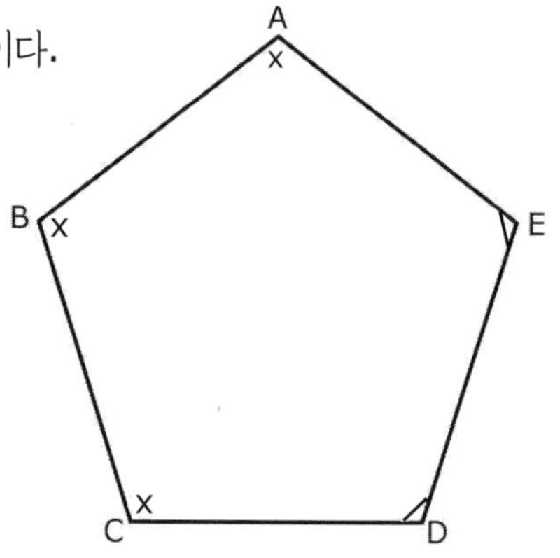

12. 【해답】 8

2의 제곱수의 1자리는 2, 4, 8, 6, 2, 4, 8, 6,······의 반복이다.

∴ 2391÷4=597···3이다.

∴ 2, 4, 8, 6의 세 번째인 8이 된다.

13. 【해답】 3

AC= $\sqrt{2^2+1^2}$ = $\sqrt{5}$

AD= $\sqrt{5+1^2}$ = $\sqrt{6}$

$\vdots$

AG= $\sqrt{9}$ =3

14. 【해답】 8

$3 \cdot (8)^{\frac{2}{3}} \cdot (\frac{27}{8})^{-\frac{1}{3}}$

$=3 \cdot \sqrt[3]{8^2} \cdot (\frac{8}{27})^{\frac{1}{3}}$

$=3 \cdot \sqrt[3]{(2^3)^2} \cdot \sqrt[3]{\frac{8}{27}}$

$=3\sqrt[3]{2^6} \cdot \frac{2}{3}$

$=3 \cdot 2^2 \cdot \frac{2}{3}$

$=8$

15. 【해답】 1,125,000ℓ

부피=$(2+4)\times25\times15\times\frac{1}{2}$=1,125($m^3$)

1밀리리터=1cm^3

1,000ℓ=1m^3

∴ 1,125m^3=1,125,000ℓ

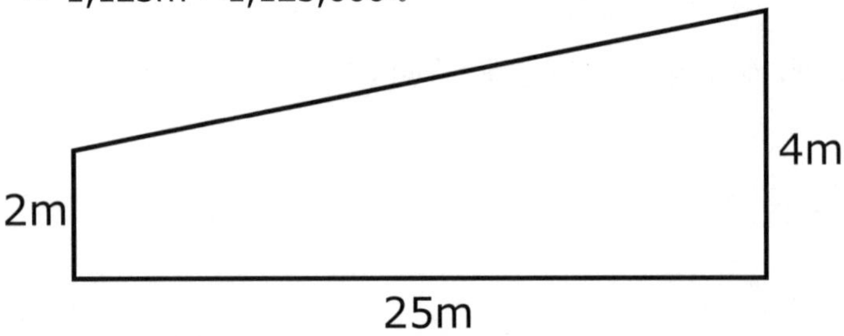

4m

2m

25m

16. 【해답】 56_{10}

$63_8=3+8\cdot6=51_{10}$

$110100_2=0+2\cdot0+1\cdot2^2+0\cdot2^3+1\cdot2^4+1\cdot2^5$

$=0+0+4+0+16+32$

$=52_{10}$

$\therefore\ 56_{10}>110100_2>63_8$

17. 【해답】 11

합이 1가지인 경우 : 3, 4, 18, 19

합이 2가지인 경우 : 5, 6, 16, 17

합이 3가지인 경우 : 7, 8, 14, 15

합이 4가지인 경우 : 9, 10, 12, 13

합이 5가지인 경우 : 11

18. 【해답】 233

1, 3, 5, 7, 9,……n

n번째 홀수는 : $2n-1$

$\therefore\ 2\times117-1=233$

$2(81+83+85+87+89+91+93+95+97+99)$

$=1,800$

19. 【해답】 (E)

*연결된 수끼리 더해보면 쉽게 계산할 수 있다.

20. 【해답】 (A)

ax^3+bx^2+1을 x^2-x-1로 나누었을 때 몫은 $ax+(a+b)$이고, 나머지는 $(2a+b)x+(a+b+1)$이다.

그러나 x^2-x-1이 ax^3+bx^2+1의 한 인자이므로 나머지는 0이다.

즉, $2a+b=0$, $a+b=-1$이다.

$\therefore a=1, b=-2$

또 다른 풀이로,

x^2-x-1이 ax^3+bx^2+1의 한 인자이므로 그 몫은 $ax-1$이어야만 한다. 왜냐하면,

ax^3+bx^2+1

$=(ax-1)(x^2-x-1)$

$=ax^3+(-a-1)x^2+(1-a)x+1$

x^2과 x의 계수를 양쪽이 같게 하려면,

$b=-a-1 \quad 0=1-a$

$\therefore a=1, b=-2$

21. 【해답】 (C)

$|x|+x+y=10$……(1)

$x+|y|-y=12$……(2)

만약 $x\leqq0$이라면,

(1)→y=10, (2)→12이므로 모순이다. 그러므로 x>0이면 등식 (1)은,

2x+y=10……(3)이 된다.

만약 y≧0이면

(2)→x=12, (3)y=−14이므로 모순이다.

그러므로 y<0이면 등식 (2)는

x−2y=12……(4)가 된다.

(3)과 (4)에서

$x=\frac{32}{5}$, $y=-\frac{14}{5}$

$x+y=\frac{18}{5}$

22. 【해답】

세 사람이 갖고 있는 밤의 합계는 116+112+96=324(개)이므로, 세 사람은 최종적으로는 108개(324÷3)씩의 밤을 갖게 된다. 이것은 누군가에게 자기의 밤의 1/4을 준 결과이므로, 다른 사람에게 주기 전에는 144개(108÷3/4)를 갖고 있었을 것이다. 남에게 준 밤의 개수는 36개(144−108)이므로, 그 사람이 받기 이전의 수는 72개(108−36)이다. 이리하여 나누어주기 직전의 상태에서는, 세 사람이 가지고 있는 밤의 개수는 많은 순서로부터 144개, 108개, 72개이다.

한편 최초에 A가 1/4을 B에게 주면 A는 87개(116×3/4)이고, B는 141개(112+116×1/4), C에게 주면 A는 87개이고, C는 125개(96+116×1/4)이다. 마찬가지 계산으로부터, 최초에 B가 A에게 주면, B는 84개이고, A는 144개, C에게 주면 B는 84개이고, C는 124

개이다. 또 최초에 C가 A에게 주면 C는 72개이고, A는 140개, B에게 주면 C는 72개이고, B는 136개이다. 이 가운데서 144개, 108개, 72개의 어느 것에나 알맞은 것은, B가 A에게 주었을 때나 C가 A나 B에게 주었을 때뿐이다.

그래서 각각의 경우를 같은 방법으로 조사해 보면, B가 A에게 주고, 다음에 C가 B에게 주었을 때만 144개, 108개, 72개의 상태가 된다. 이리하여 최초에 B가 1/4을 A에게 주고, 다음에 C가 1/4을 B에게 주고, 마지막으로 A가 1/4을 C에게 주었다는 것을 알 수 있게 된다.

23.【해답】 36°

$\frac{1}{2}(\frac{360}{5})=36$

24.【해답】 2cm

$8\times(\frac{4}{3}\pi\cdot 1^3)=\frac{4}{3}\pi r^3$

$r^3=8$

$\therefore\ r=2$

25.【해답】 그림과 같다.

한 변의 길이가 $\sqrt{5}$ cm가 되어야 한다.

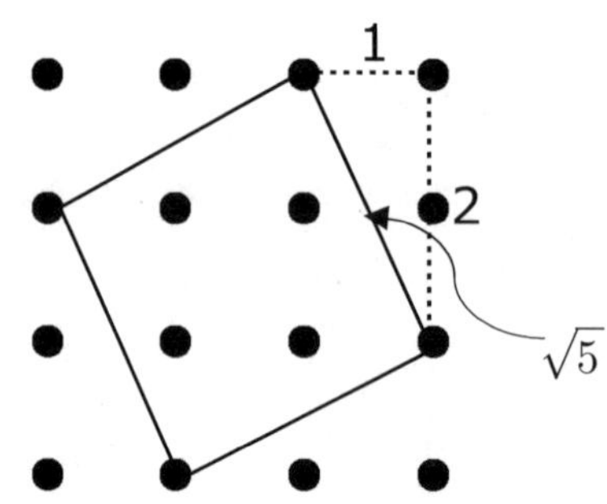

26. 【해답】 20퍼센트 감소한다.

속력을 r, 시간을 t라 하면,

1.25rt1=rt2

$\frac{t_1}{t_2}=\frac{1}{1.25}$=0.8 ∴80%

∴ 20% 감소한다.

27. 【해답】 검은 돌 : 486개, 흰 돌 : 54개

A상자 속에 있는 검은 돌의 수는 810개(2,700×0.3)이다. 이것이 전체의 40%가 되려면 흰 돌의 개수는,

810×$\frac{0.6}{0.4}$=1,215(개)이다.

그러나 A상자 속의 흰 돌의 개수는

2,700×(1−0.3) =1,890(개)이므로 여분의 흰 돌이,

1,890−1,215=675(개)가 있다.

이 때문에 B상자 속에 있는 검은 돌과 흰 돌을 675개의 흰 돌에 섞어서 검은 돌이 40%가 되면 된다.

그런데 B상자 속 검은 돌의 비율은 일부의 돌을 A에 옮긴 후에도 90%나 된다. 이것으로부터 옮긴 돌 속의 검은 돌의 비율도 90%이다. 그래서 흰 돌 1개에 검은 돌 9개의 비율로 A로 돌을 옮겨놓고 있다. 이것을 675개의 흰 돌과 섞으므로 검은 돌은 B로부터 옮긴 것뿐이다. 지금 검은 돌 9개와 흰 돌 1개를 옮겼다고

하면, 이 검은 돌이 전체의 40%가 되기 위해서는 흰 돌은 모두,

9×$\frac{0.6}{0.4}$=13.5(개)가 필요하다.

이 가운데 1개는 옮긴 흰 돌이기 때문에, 나머지 12.5개(13.5−1)는 675개의 흰 돌로부터 보충할 필요가 있다. 9개의 검은 돌마다 흰 돌 12.5개를 보충해야 하므로, 675개를 모조리 보충할 돌로 충당하려면, B로부터 A로,

$9\times\frac{675}{12.5}$=486(개)의 검은돌을 옮기면 되는 것을 알 수 있다.

이때 B로부터 A로 옮기는 흰 돌의 개수는 54개(486÷9)이다.

28. 【해답】 20분

전철의 시속은 80km이므로 도중에서 정차하지 않았으면 A역에서부터 B역까지는 75분($\frac{100}{80}\times60$)이 걸린다. 도중에 10분 동안 정차했으므로 실제로 걸린 시간은 85분이다.

버스는 전철보다 1시간 앞서 A역을 출발했으므로, B역까지의 시간은 145분(85+60)이다. 지금 버스가 처음부터 시속 40km로 B역까지 계속해서 달렸다고 하면, A역에서부터 B역까지의 시간은 150분($\frac{100}{40}\times60$)이다. 이것이 145분으로 된 것은, 처음을 시속 50km로 달렸기 때문이다. 시속 50km의 버스는 1km를 가는 데 $\frac{6}{5}$분($\frac{1}{50}\times60$)이 걸리고, 시속 40km의 버스는,

$\frac{1}{40}\times60=\frac{3}{2}$(분)이 걸린다.

이 때문에 1km마다

$\frac{3}{2}-\frac{6}{5}=\frac{3}{10}$(분)씩의 차이가 생기게 되고,

5분(150−145)의 차이가 생기려면, A역으로부터,

$5 \div \frac{3}{10} = 16\frac{2}{3}$(km) 지점까지

시속 50km로 달린 것이 된다. 이것은 A역을 출발하고부터,

$16\frac{2}{3} \div \frac{50}{60} = 20$(분) 후의 일이다.

29. 【해답】 $\frac{3\sqrt{2}}{2}$cm

$(\frac{6}{2})^2\pi - \pi r^2 = \pi r^2$

$\therefore\ r = \frac{3\sqrt{2}}{2}$

30. 【해답】 8명

A사 5명, B사 3명.

열 번째 B사의 대표가 실제로는 2번째 A사 대표자와 동일 인물이다. 따라서 그림과 같이 B사 대표, A사 대표 섞여 앉아 합해서 여덟 명이다.

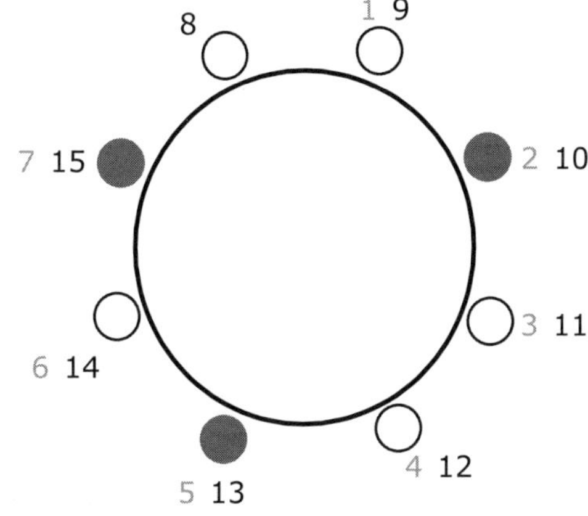

31. 【해답】 625

$1^4,\ 2^4,\ 3^4,\ 4^4,\ 5^4$

September Problem

◀수학 에세이▶

<2(여성)+3(남성)=5(인간) 2x3=6(사랑 · 결혼)>

피타고라스는 모든 것은 수로 이루어져 있으며 그 기본요소는 1이라고 여겼다. 짝수는 우주 속에 있는 여성적인 것, 홀수는 남성적인 수라고 생각했다.

1에서 9까지 수 가운데 최초의 짝수인 2는 여성의 수이고, 3은 사물의 기본인 1을 제외한 최초의 홀수로서 남성의 수로 중시되었다.

여성수 2와 남성수 3과의 결합수 5는 남녀의 서로 부족함을 보완해 만든 수이다.

따라서 5는 조화 · 정의의 상징이기도 했으며, 그것은 또한 인간이 갖추어야 할 모습이기 때문에 5는 인간 그 자체라고 믿었다.

그들 교단의 상징인 별은 이런 5를 도형으로 나타낸 것이어서 가장 완전하고 아름다우며, 양 팔을 벌리고 두 다리로 굳건하게 서 있는 사람의 형상을 상징하는 것이다.

구미에서는 아직도 5각형에 대한 신앙이 남아 있어, 미국 국방성(일명 펜타곤) 건물이 5각형(Pentagon)인 것도 그런 연유라 한다.

또 여성수 2와 남성수 3을 곱한 6은 사랑과 결혼의 수이다. 6을 상징하는 정삼각형과 역 정삼각형을 겹쳐 만든 다윗의 별(유대인의 상징)은 사랑, 결혼, 우주를 표현하기도 한다.

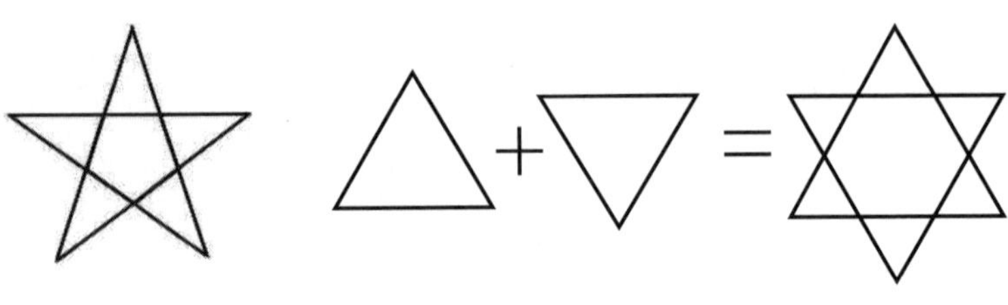

1.

6은 4개의 수로 나누어진다. 1, 2, 3, 6이 그것이다. 다섯 개의 수로 나누어지는 최소의 수는?

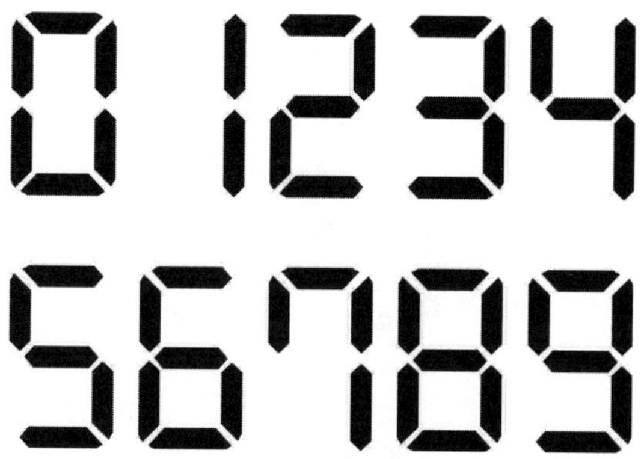

2.

분수 $\frac{1}{5}$은 분자를 1로 하는 다른 두 개의 분수의 합으로 쓸 수 있다.

즉, $\frac{1}{5}=\frac{1}{6}+\frac{1}{30}$ 같은 방식으로 $\frac{1}{7}$을 나타내어라.

3.

아래 그림 A, B, C, D의 영역을 경계가 뚜렷하도록 색칠을 해서 나누기로 했다. 색깔은 빨강, 하양, 노랑, 파랑 네 가지 색을 쓰기로 한다면 모두 몇 가지 방법으로 색칠을 할 수 있을까?

이때 가령 A와 D를 빨강으로 칠하더라도 B는 하양, C를 노랑으로 칠하면 경계가 분명해진다.

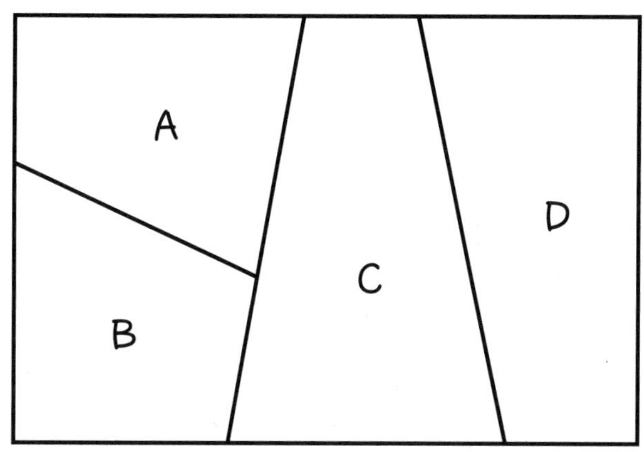

4.

나는 어떤 목적지에 오전 10시까지 가려고 한다. 그런데 만약 내가 차를 몰고 36km/h의 속력으로 달린다면 목적지에 오전 11시에 도착할 것이고, 만약 54km/h의 속력으로 달린다면 목적지에 오전 9시에 도착할 것이다. 그렇다면 나는 시속 몇 km로 차를 몰아야 정각 오전 10시에 목적지에 도착할 수 있을까?

5.

△ABC에서 AD와 BC는 직각을 이루고 AD=BC이다. 또한 DCFE와 BDGH는 정사각형이다. 그러면 선 AD, BF, CH가 한 점에 만남을 증명하라.

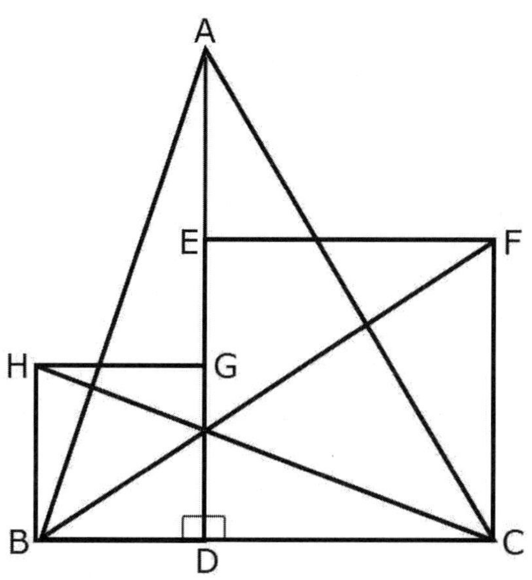

6.

지구 위의 한 점 38°N, 86°W의 정반대편 점은?

7.

시계가 1시 15분을 가리킬 때의 시침과 분침 사이의 예각은 몇 도인가?

8.

n의 값을 구하라.

$$n(n-1)(n-2)(n-3)(n-4)=95,040$$

9.

A와 B는 예각 ∠XOY 안에 있는 점들이다. AMNB의 길이가 가장 짧게 되도록 선 OX 상의 점 M을, 선 OY 상의 점 N을 찾아라.

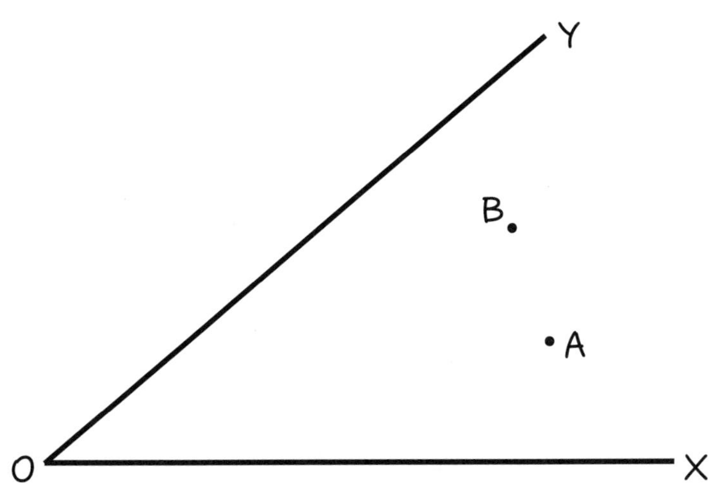

10.

만약 x가 정수이고 5로 나누어지지 않는다면, x^4-1은 5로 나누어짐을 증명하라.

$$(x^4-1) \div 5 = ? \cdots 0$$

11.

일직선으로 늘어놓은 끈이 있다. 이것을 20등분한 점에 빨간 표식을 하고 21등분한 점에는 파란 표식을 해 간다. 빨간 표식과 파란 표식 사이의 길이를 조사해 보았더니 가장 짧은 곳은 2cm였다. 이 끈의 길이는 얼마였는가?

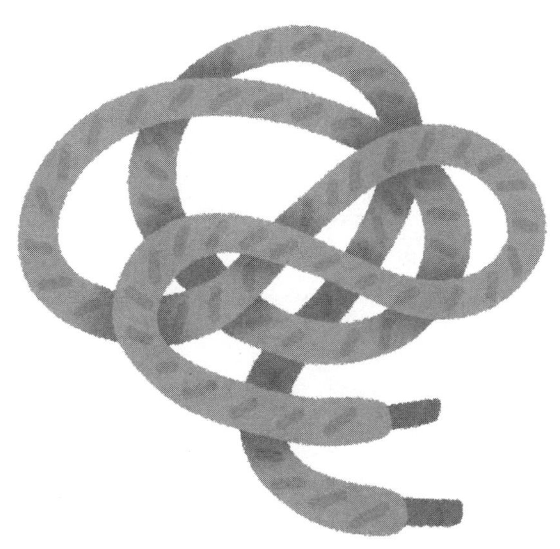

12.

64를 4개의 수로 분리하는데(예 : 8, 14, 19, 23), 그 첫 번째 수는 어떤 수에 3이 더해진 수이고, 두 번째 수는 3을 뺀 수이고, 세 번째 수는 3이 곱해진 수이고, 네 번째 수는 3으로 나누어진 수이다. 분리한 네 개의 수는?

13.

다음 수식은 그 전개에 있어 어떤 일정한 규칙을 가지고 있다. 그 규칙을 수식으로 나타내 보라.

$$4\times6=24$$

$$14\times16=224$$

$$24\times26=624$$

$$34\times36=1224$$

$$\vdots$$

$$124\times126=?$$

14.

100km/h의 속력으로 달리는 열차가 터널 속으로 완전 들어가는 데 3초가 걸렸다. 그리고 그 열차가 터널을 완전히 통과하는 데는 30초가 걸렸다. 그러면,

(1) 이 열차의 길이는?

(2) 터널의 길이는?

15.

5개의 직선으로 원을 분할하면 원은 최대 몇 개의 부분으로 나눌 수 있을까?

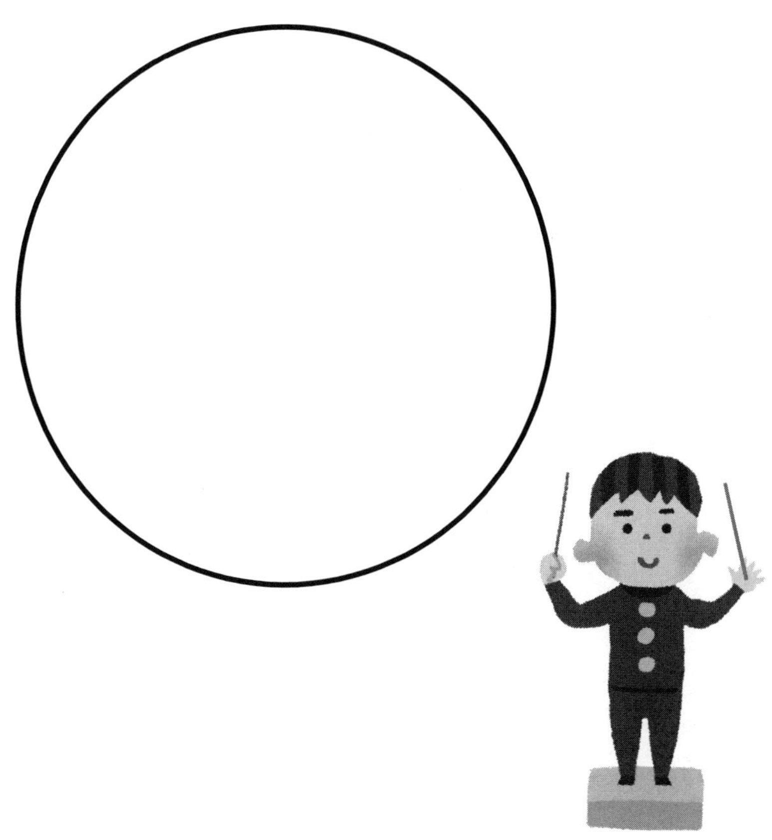

16.

정사각형 세 개를 연결한 도형이 있다. 이것을 네 개로 분할해서 네 부분이 똑같은 크기, 똑같은 모양이 되도록 하고 싶다. 어떻게 나누면 될까?

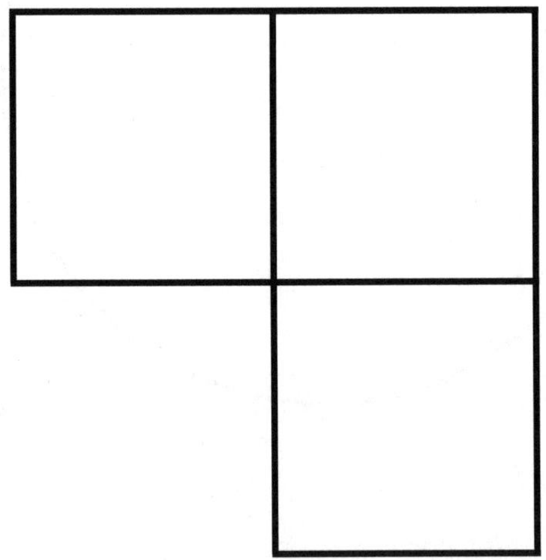

17.

0에서 9까지 숫자와 수학기호를 사용해서 100이 되도록 하라.

(예를 들면, $1+2\frac{35}{70}+96\frac{4}{8}=100$)

이 밖에 여러 가지 방법이 있을 것이다.

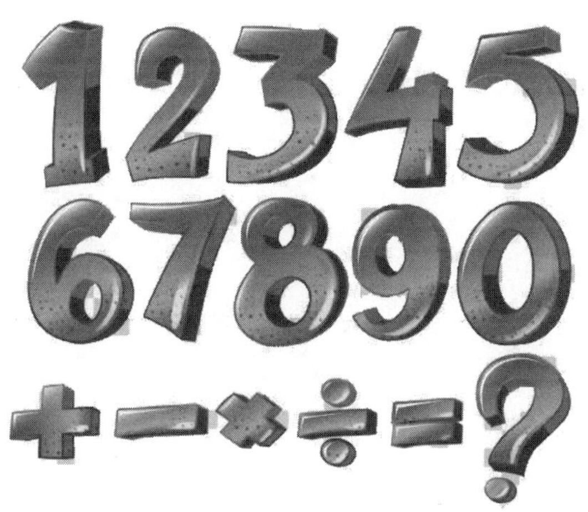

18.

여섯 개의 성냥개비를 사용해서 네 개의 정삼각형(한 변의 길이가 성냥개비 길이와 같게)을 만들어 보라.

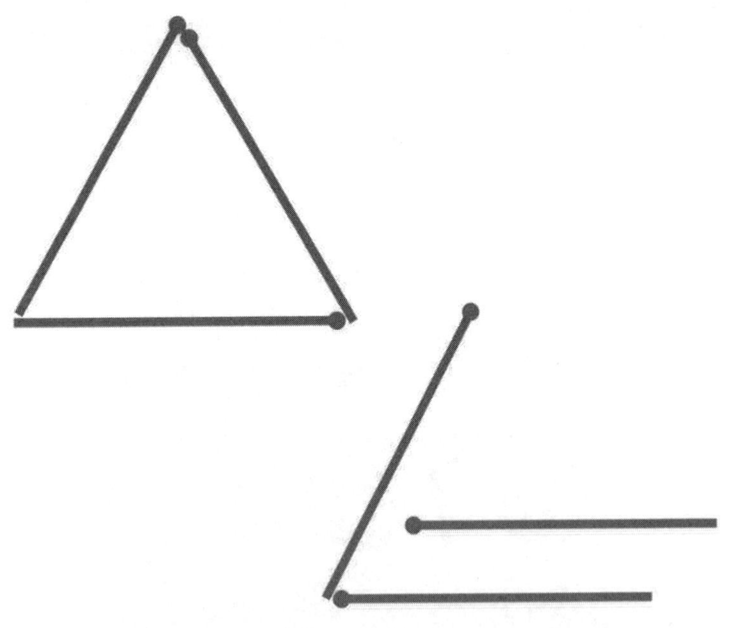

19.

다음 수식의 답은?

(힌트 : 계산기와 이항전개를 이용하라)

21,768,435×89,554,024=?

20.

1에서부터 9까지의 수를 한 번씩만 사용해서 같은 값의 분수 세 개를 만들어라.

예를 들면 : $\frac{3}{6}=\frac{7}{14}=\frac{29}{58}$

21.

다음은 어느 쪽이 더 큰가?

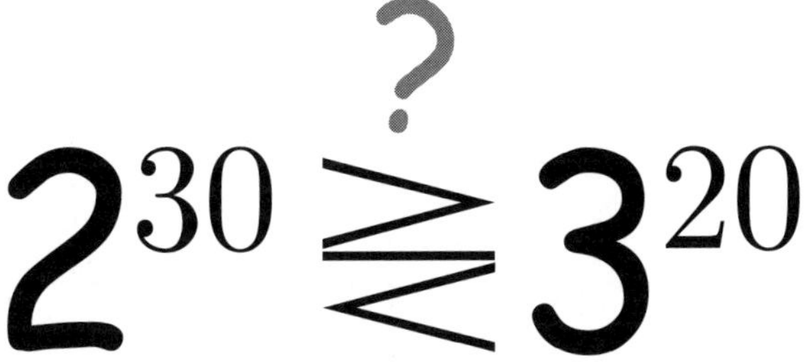

$$2^{30} \gtreqless 3^{20}$$

22.

0~9의 수를 사용해서 다음 퍼즐을 풀어라.
(단, T≠0, 같은 문자는 같은 숫자를 나타낸다.)

```
  T W E N T Y
  T W E N T Y
+ T H I R T Y
-------------
S E V E N T Y
```

23.

가로의 길이가 8cm인 평행사변형을, 대각선을 따라서 아래 그림과 같이 되접었다. 그러자 회색빛 삼각형의 넓이가 원래의 평행사변형의 넓이의 1/5이 되었다. 그림 속 x는 몇 cm일까?

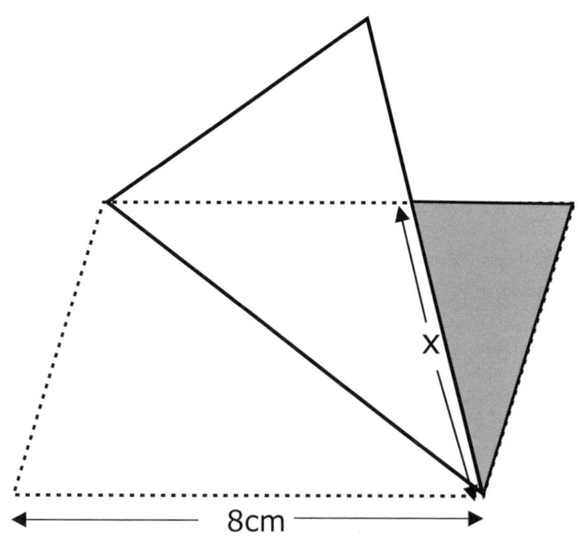

24.

분수 $\frac{1}{13}$을 소수로 했을 때 소수점 이하 200번째의 수는?

$$1 \div 13 = 0.076923 \cdots\cdots\cdots\cdots\cdots ?$$

25.

여섯 개의 5와 수학기호를 사용해서 16을 표현하라.

26.

11, 10, 9, 2, 1 의 숫자와 수학기호를 사용해서 3을 나타내라.

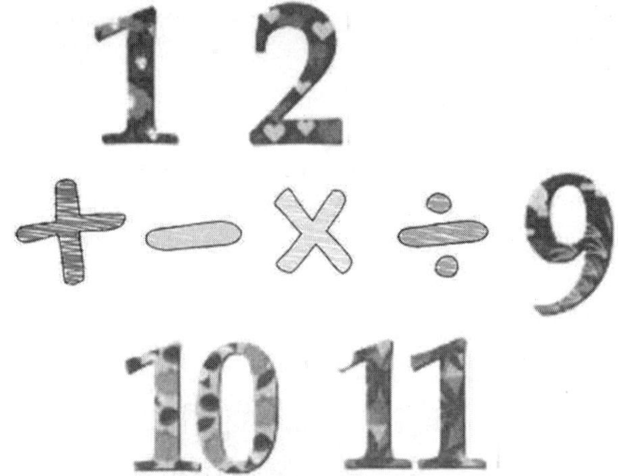

27.

3^{2011}의 단자리수에서 2^{2011}의 단자리수를 빼면?

$$3^{2011}-2^{2011}$$

28.

$200 \leqq a \leqq 400$,

$600 \leqq b \leqq 1{,}200$일 때,

$\frac{b}{a}$의 최댓값은?

(A) $\frac{3}{2}$ (B) 3 (C) 6 (D) 300 (E) 600

29.

세로, 가로의 길이가 각각 9cm, 13cm인 직사각형 타일을 아래 그림과 같이 1cm의 간격을 두고 정사각형으로 배열했다. 배열한 타일을 가장 적게 했을 때는 몇 장이 필요하겠는가?

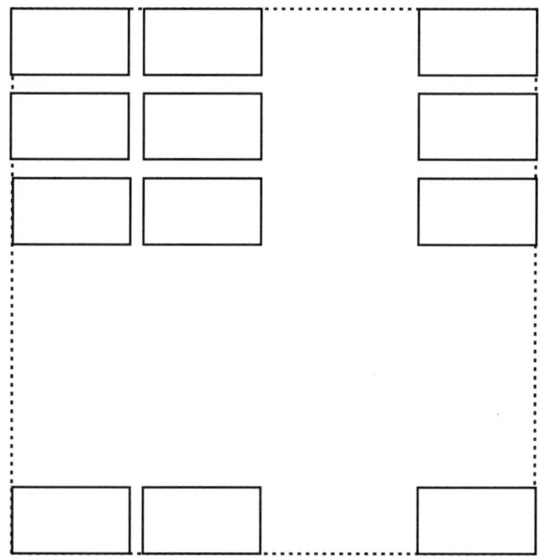

30.

$\sqrt{65}-\sqrt{63}$의 가장 근사치는?

(A) 0.12 (B) 0.13 (C) 0.14 (D) 0.15 (E) 0.16

Problem Solving

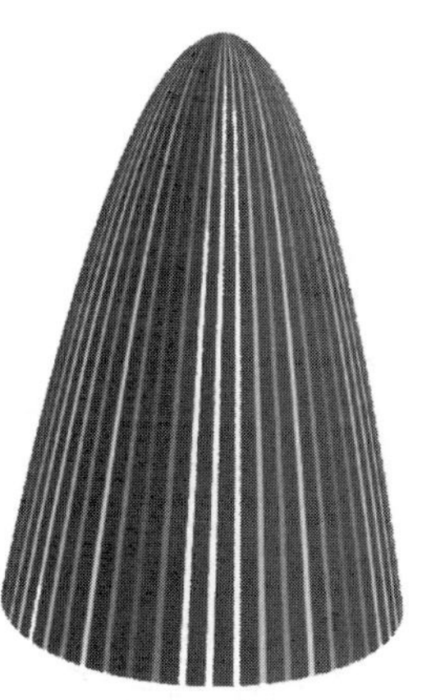

1. 【해답】 16

16=2^4

2^4 : 2^0, 2^1, 2^2, 2^3, 2^4

∴ 1, 2, 4, 8, 16

2. 【해답】 $\frac{1}{8}+\frac{1}{56}$

일반적으로

$\frac{1}{n}=\frac{1}{n+1}+\frac{1}{n(n+1)}$이 된다.

3. 【해답】 72가지

먼저 A를 빨강으로 칠하는 것으로 결정한다. 이때의 칠하는 방법을 알면, A를 다른 색깔로 칠했을 때도 같은 일이므로, 이것을 4배하면 칠하는 전체 방법의 수가 된다.

D도 빨강으로 칠하면, B와 C는 빨강 이외의 다른 색으로 되므로 가능한 경우를 알아보면,

B(하양) [C(노랑) / C(파랑)] B(노랑) [C(하양) / C(파랑)] B(파랑) [C(하양) / C(노랑)]

의 6가지 방법이 있다.

D를 빨강 이외의 색깔로 칠할 때는, D와 B가 같은 색깔인지 다른 색깔인지로서 상황이 갈라진다. 같은 색깔인 때는, B와 C에 대해서는,

B(하양) [C(노랑) / C(파랑)] B(노랑) [C(하양) / C(파랑)] B(파랑) [C(하양) / C(노랑)]

이 되어 역시 6가지가 된다. D와 B가 다른 색일 때는

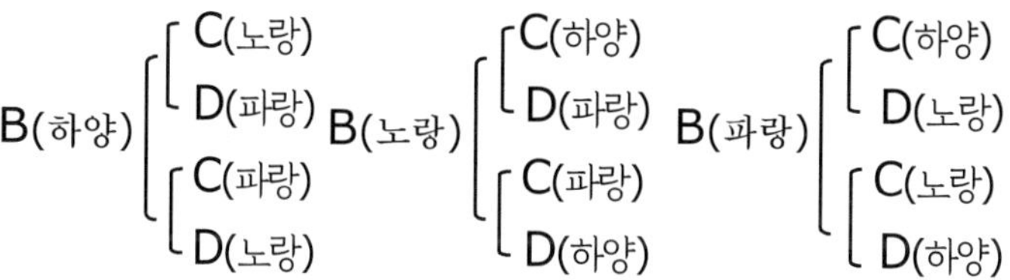

이 되어, 이것도 6가지가 된다.

그러므로 A를 빨강으로 할 때는, 색칠 방법은 모두 18가지가 있다. A를 하양, 노랑, 파랑으로 색칠할 때도 역시 마찬가지로 생각할 수 있기 때문에, 전체로는 72가지(18×4)가 된다.

4. 【해답】 43.2km

만약 내가 54km/h의 속력으로 오전 11시까지 달린다고 하면 목적지를 108km(54km/h×2) 속력으로 지나칠 것이다. 그것은 18km/h(54−36)의 초과 스피드 때문이다. 따라서 목적지까지는 36km/h의 속력으로 6시간(108÷18)이 소요된다. 나는 5시(11−6)에 출발해서 216km(6×36)의 거리를 달려야 한다. 목적지에 오전 10시까지 도착하자면 216km의 거리를 5시간에 달려야 한다. 따라서 43.2km/h(216÷5)의 속력으로 달려야 한다.

5. 【해답】

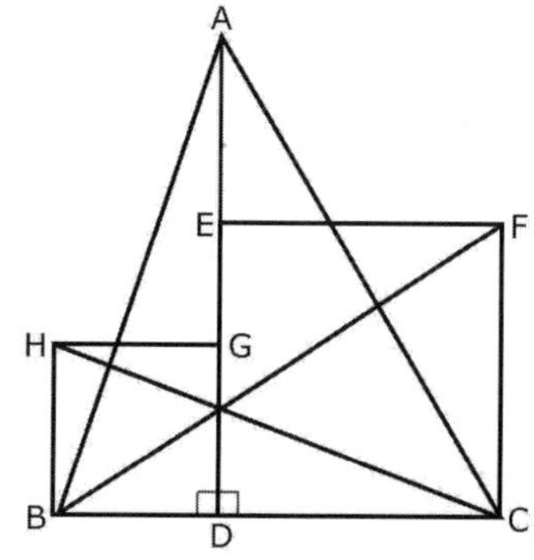

(1) △ADC≡△BCF

∴ ∠ACD=∠BFC

(2) AD∥FC

∴ ∠DAC=∠FCA

(1)과 (2), 그리고

$\angle DAC + \angle ACD = 90°$로부터 $\angle FCA + \angle BFC = 90°$

그러므로 $BF \perp AC$

같은 방법으로 $CH \perp AB$

$AD \perp BC$이므로

AD, BF, CH는 모두 △ABC의 높이를 나타낸다.

그러므로 세 선분은 한 점에서 만난다.

6. 【해답】 38°S, 94°E

7. 【해답】 $52\frac{1}{2}°$

$90° - (30° + \frac{30}{4}°) = 52\frac{1}{2}°$

8. 【해답】 12

$95040 = 2^6 \times 3^3 \times 5 \times 11$

$= (2\times2\times2)\times(3\times3)\times(2\times5)\times11\times(2\times2\times3)$

$= 8\times9\times10\times11\times12$

9. 【해답】 그림과 같다.

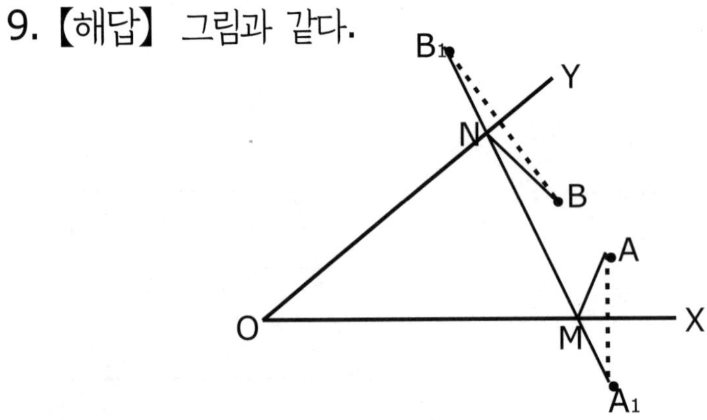

A와 B의 OX축과 OY축에 대한 대칭점을 각각 A1, B1이라 하자. 또,

$M=\overline{A_1B_1}\cap\overleftrightarrow{OX}$, $N=\overline{A_1B_1}\cap\overleftrightarrow{OY}$이면

A1MNB1은 어떤 다른 꺾인 선보다 가장 짧은 직선이다.

10. 【해답】

x가 5로 나눠지지 않는다면 x의 끝자리수는 5나 0은 아니다.
만약 x의 끝자리수가 1이라면 x^4-1의 끝자리수는 0,
만약 x의 끝자리수가 2라면 x^4-1의 끝자리수는 5,
같은 방법으로 x의 끝자리수가 3, 4, 6, 7, 8, 9,……일 때 x^4-1의 끝자리수는 0, 5, 0, 5,…… 즉 0과 5를 반복하므로 x^4-1은 5로 나누어진다.

11. 【해답】 840cm

20등분한 점과 21등분한 점을 실제로 그려 보면, 그림과 같다. 여기서 주목할 것은 끈의 중앙이 되접는 점으로 되어 있다는 것이다. 결국 빨간 표식과 파란 표식은 좌우대칭으로 붙여져 있다. 이것에 착안하면 해결은 쉽다.

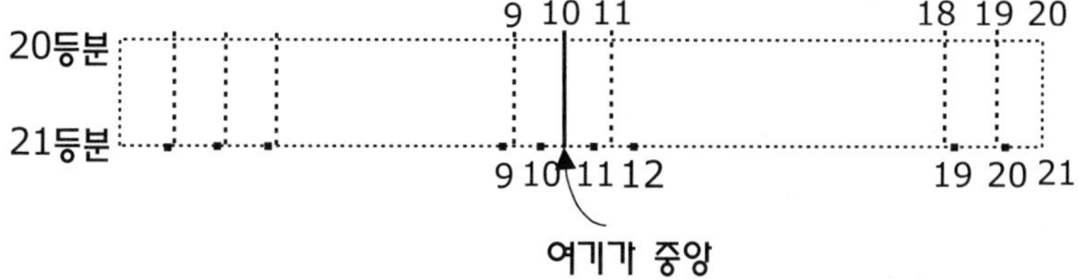

끈의 왼쪽 절반을 보면, 빨간 표식과 파란 표식 사이의 길이는, 오른쪽으로 향해서 조금씩 떨어져 나간다. 그래서 왼쪽 끝의 첫머리에

서 가장 접근해 있는 것을 알 수 있다. 그 차이는 끈의 길이를 1로 하면, 그의

$\frac{1}{20}-\frac{1}{21}=\frac{1}{420}$(배) 이다.

이 길이가 2cm라고 하는 것은, 끈의 길이가

$2\div\frac{1}{420}=840$(cm)인 것을 의미한다.

이 문제는 주의 깊은 관찰이 중요하며, 그렇지 않으면 언뜻 깜짝 놀라게 된다.

12. 【해답】 9, 15, 4, 36

어떤 수를 x라 하면,

$(x+3)+(x-3)+3x+\frac{x}{3}=64$

$\frac{16}{3}x=64 \quad \therefore x=12$

$\therefore$ 9, 15, 4, 36

13. 【해답】 15,624

계산을 살펴보면

4×6=0(0+1)×100+24=24

14×16=1(1+1)×100+24=224

24×26=2(2+1)×100+24=624

34×36=3(3+1)×100+24=1,224

44×46=4(4+1)×100+24=2,024

⋮

124×126=12(12+1)×100+24=15,624

14. 【해답】 $\begin{cases} (1)\ \dfrac{1}{12}\text{km}, \\ (2)\ \dfrac{5}{6}\text{km} \end{cases}$

(1) 100km/h=100km/3,600초= $\dfrac{1}{36}$ km/초

$\dfrac{1}{36}$ ×3= $\dfrac{1}{12}$ (km)

(2) 30× $\dfrac{1}{36}$ = $\dfrac{5}{6}$ (km)

15. 【해답】 16개 부분

요점은 나중에 긋는 선이 가능한 한 많은 부분을 분할하도록 하는 것이다. 따라서 n개의 선으로 분할하는 경우 최대의 수는,

$\dfrac{n(n+1)}{2}$ +1

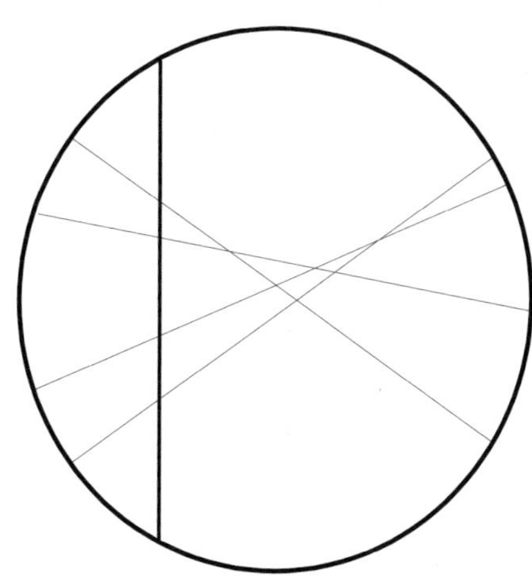

16. 【해답】 그림과 같다.

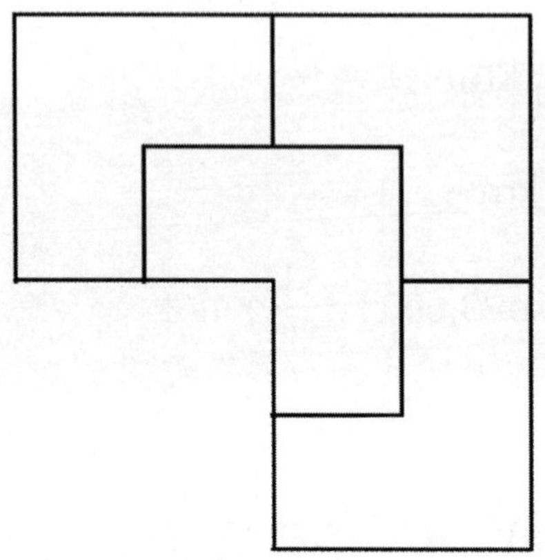

17. 【해답】

$$\begin{cases} 78\frac{3}{6}+21\frac{45}{90}=100 \\ 90+8\frac{3}{6}+1\frac{27}{54}=100 \\ 0+1+2+3+4+5+6+7+(8\times9)=100 \end{cases}$$

이 밖에도 몇 가지가 있을 것이다.

18. 【해답】 정사면체를 만들면 된다.

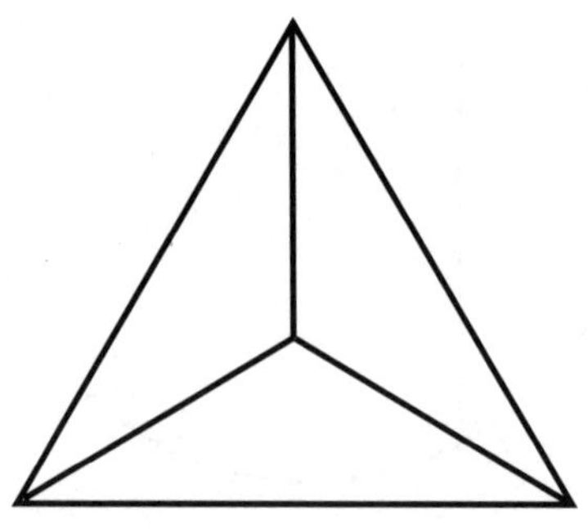

19. 【해답】 1,949,450,950,432,440

$2176\times8955\times10^8+2176\times4024\times10^4+8435$

$\times8955\times10^4+8435\times4024$

$=1,949,450,950,432,440$

20. 【해답】

$$\begin{cases} \frac{2}{4}=\frac{3}{6}=\frac{79}{158} \\ \frac{3}{6}=\frac{9}{18}=\frac{27}{54} \\ \frac{2}{6}=\frac{3}{9}=\frac{58}{174} \end{cases}$$

이 밖에도 몇 가지가 있을 것이다.

21. 【해답】 3^{20}

$2^{30}=(2^3)^{10}=8^{10}$

$3^{20}=(3^2)^{10}=9^{10}$

$9^{10}>8^{10}$

$\therefore\ 3^{20}>2^{30}$

22. 【해답】

$$\begin{array}{r} 546,250 \\ 546,250 \\ +\ 593,750 \\ \hline 1,686,250 \end{array}$$

23.【해답】 4.8cm

평행사변형을 대각선으로 구획하면, 오른쪽 그림과 같이 두 개의 같은 꼴의 삼각형이 된다. 그래서 평행사변형을 대각선으로 되접으면, 좌우가 뒤집어진 두 개의 똑같은 삼각형이 된다. 이 전체의 도형은 대각선을 수평 위치로 가지런히 했을 때, 좌우대칭이 된다. 이 때문에 그림의 한쪽 길이가 xcm이면, 다른 한쪽도 xcm가 된다. 이것으로부터 회색 삼각형의 밑변은 8－xcm이다.

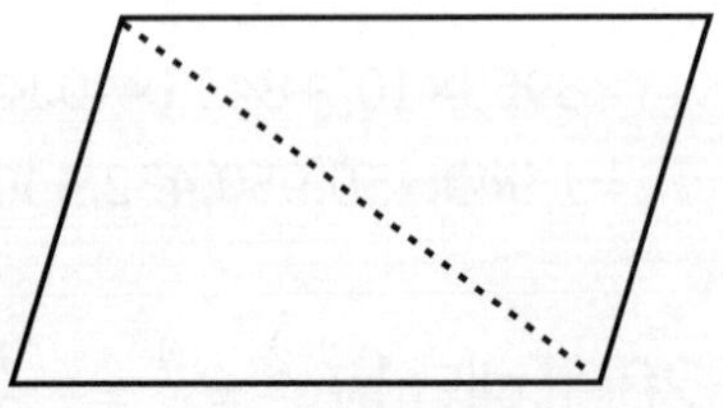

회색 삼각형의 높이는 원래 평행사변형의 높이와 같으므로 넓이가 평행사변형의 1/5이라고 하는 것은, 8－x의 길이가

$(8\times2)\frac{1}{5}=\frac{16}{5}$(cm)

라는 것으로, x는

$8-\frac{16}{5}=4\frac{4}{5}=4.8$(cm)가 된다.

이 문제에서는 도형을 되접는 것의 의미를 생각하는 것이 매우 중요하다.

24.【해답】 7

$\frac{1}{13}=0.076923$ 소수점 이하 여섯 자리가 계속 반복된다.

∴ 200÷6=33⋯2

∴ 200번째의 숫자는 7이 된다.

25. 【해답】 $5+5+5+5^{5-5}$

$5^{5-5}=5^0=1$

$\therefore$ 5+5+5+1=16

26. 【해답】 9÷[(2+1)×(11−10)]

27. 【해답】 −1

3^{2011}의 단자리수는,

3, 9, 7, 1, 3, 9, 7, 1, ……

2011÷4=502…3

$\therefore$ 단자리수는 7이다.

2^{2011}의 단자리수는,

2, 4, 8, 6, 2, 4, 8, 6, ……

2011÷4=502…3

$\therefore$ 단자리수는 8이다.

그러므로 7−8=−1

28. 【해답】 (C)

$\frac{b}{a}$의 최댓값은 a의 최소치와 b의 최대치를 취해서

$\frac{1200}{200}=6$

29. 【해답】 35장

완성된 정사각형을, 그 오른쪽으로 1cm, 아래쪽으로 1cm씩 확대

하여 그림과 같이 해본다. 이렇게 해도 정사각형이 되는 것은 마찬가지다.

그러나 이 둘레가 커진 정사각형에서는, 어느 타일에 대해서도 오른쪽과 아래쪽에 각각 1cm씩 간격이 두어져 있다.

이것은 세로가 9+1=10(cm)

가로가 13+1=14(cm)

의 정사각형 타일을 깐 것과 같은 것이므로 문제가 간단해졌다.

그래서 10과 14의 최소공배수를 구하면

10=2×5, 14=2×7

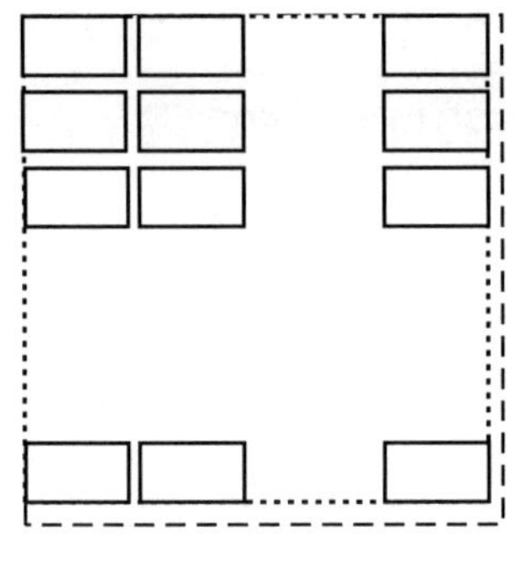

이므로

최소공배수=2×5×7=70이 된다.

이것으로부터 세로 방향으로는

70÷10=7(장)

가로 방향으로는

70÷14=5(장)

의 타일을 깔면 최소의 정사각형이 만들어진다. 이때 정사각형의 한 변의 길이는

70－1=69(cm)가 된다.

따라서 7×5=35(장)의 타일이 필요하다.

30.【해답】 (B)

$$\sqrt{65}-\sqrt{63}=\frac{(\sqrt{65}-\sqrt{63})(\sqrt{65}+\sqrt{63})}{\sqrt{65}+\sqrt{63}}$$

$$=\frac{2}{\sqrt{65}+\sqrt{63}}$$

여기서 $\sqrt{65}+\sqrt{63}$이 8+8보다 큰지 작은지에 따라서 0.125보다 크면 0.13이 가장 근사치이고, 0.125보다 작으면 0.12가 근사치가 된다.

64=n, 1=a라 하면

$\sqrt{65}+\sqrt{63}=\sqrt{n+a}+\sqrt{n-a}$가 된다.

$\sqrt{n+a}+\sqrt{n-a}$와 $2\sqrt{n}$을 비교해서, 양쪽을 제곱하면,

$2n+2\sqrt{n^2-a^2}$, $4n$

$\sqrt{n^2-a^2}<n$이므로

따라서 $\sqrt{n+a}+\sqrt{n-a}<2\sqrt{n}$이다.

그러므로 0.125보다는 크므로 0.13이 근사치이다.

October Problem

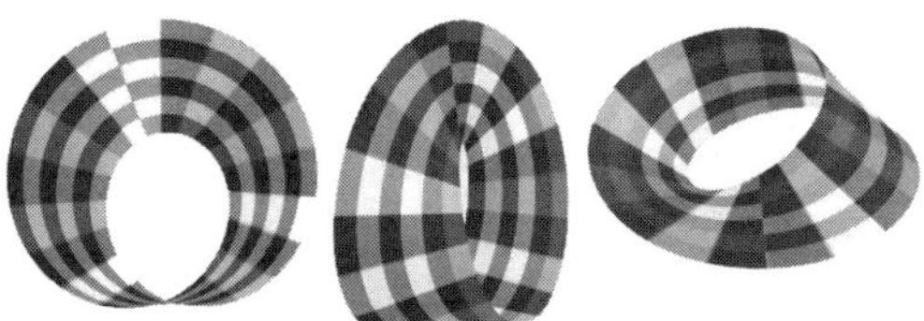

◀수학 에세이▶

<원인과 결과>

일반적으로 원인이 앞서 있고 결과가 그 뒤를 따른다면 누구나가 의식하고 있으며, 또한 그것이 통상적인 순서다. 그러나 때때로 결과가 앞서 있고 원인이 그 뒤를 따르는 경우가 있다. 공원이나 거리에서 종종 볼 수가 있다. 그것은 어떤 광경일까?

【해답】 유모차를 밀고 가는 어머니

결과인 아기가 앞서고 그 원인이 뒤에서 밀고 가는 흐뭇한 광경.

1.

A, B, C, D 네 개 도시 상호간의 거리에 따른 미완성의 운임표이다. 미완성된 AB를 구하라.

	A	B	C	D
A	–	?	21	
B	?	–		7
C		5	–	12
D	9			–

2.

아래 그림과 같은 직각삼각형에서 직각을 이루는 양 변을 지름으로 하는 반원의 넓이가 각각 $100cm^2$, $64cm^2$일 때 빗변을 지름으로 하는 반원의 넓이는 얼마인가?

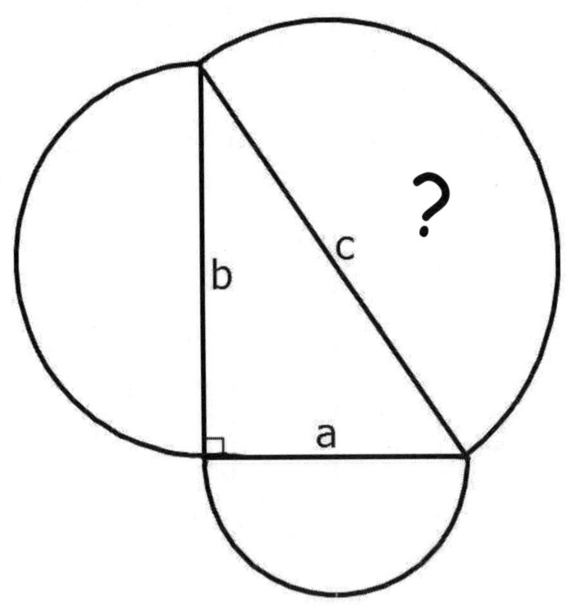

3.

다음 분수식의 답은?

$$\frac{1}{1\times2}+\frac{1}{2\times3}+\frac{1}{3\times4}\cdots\cdots+\frac{1}{n(n+1)}=?$$

4.

정사각형을 먼저 그리고, 각 변에 정사각형을 붙여 십자형을 만든다. 이 십자형에 직선으로 두 번을 오려 낸 다음 다시 짜 맞추어 정사각형을 만들어라.

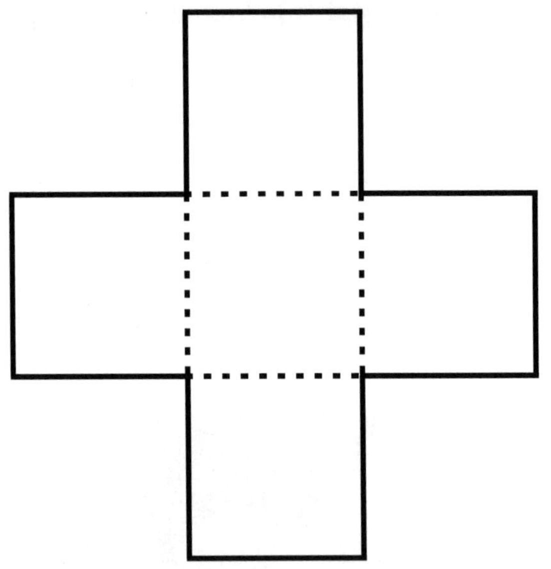

5.

다음 a, b, c, d를 큰 순서로 다시 배열하라.

$$a=2^{55}$$

$$b=3^{44}$$

$$c=5^{33}$$

$$d=6^{22}$$

6.

다음에 올 그림을 그려라.

7.

1에서 9까지의 수를 한 번씩만 사용해서 1을 만들어라.

8.

아래 그림과 같이 100원짜리 동전을 정사각형으로 늘어놓고 있다. 그러자 딱 들어맞는 정사각형이 되지 않고 30개가 남았다. 그래서 한 줄 더 늘어놓으려고 하자, 아쉽게도 3개가 부족했다. 동전은 모두 몇 개였을까?

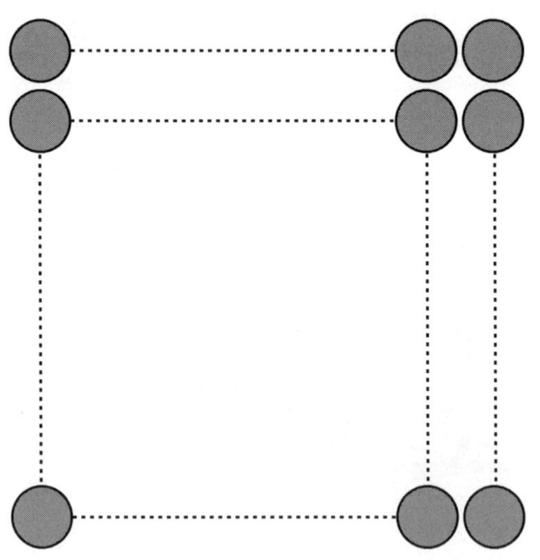

9.

다음 계산을 암산으로 푸는 방법을 보여라.

$$(2012+2012)\times 50=?$$

10.

어떤 목수가 다음과 같은 계약조건으로 일을 하기로 동의했다. 즉, 일을 한 날은 매일 5달러 50센트씩을 받고, 일을 하지 않은 날은 매일 6달러 60센트씩 지불해야만 한다는 조건이다.

이렇게 해서 이 목수는 한 달(30일) 동안 수입금이 7달러 70센트가 되었다. 그는 며칠간 일을 했는가?

11.

다음에서 잘못된 부분을 찾아라.

$$3>2,$$

$$3\log(\frac{1}{2})>2\log(\frac{1}{2})$$

$$\log(\frac{1}{2})^3>\log(\frac{1}{2})^2$$

$$(\frac{1}{2})^3>(\frac{1}{2})^2$$

$$\frac{1}{8}>\frac{1}{4}$$

12.

다음 식을 그림으로 설명하라.

$$\sum_{i=1}^{4} i = 1+2+3+4 = \frac{4^2}{2} + \frac{4}{2} = \frac{4(4+1)}{2}$$

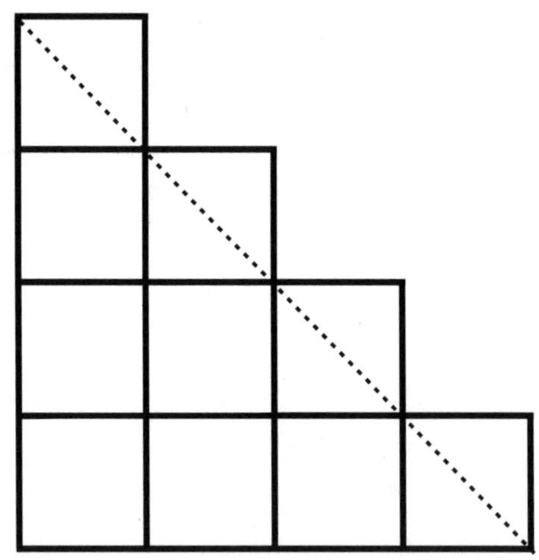

13.

앞의 문제에서 자연수 n에 대해서 그림으로 설명하라.

$$\sum_{i=1}^{n} i = \frac{n(n+1)}{2}$$

14.

다음 문자에 숫자를 넣어 식을 성립시켜라. 단, 같은 문자는 같은 숫자를 나타낸다.

$$
\begin{array}{r}
USA \\
+\ USSR \\
\hline
PEACE
\end{array}
$$

15.

다음 수의 절반은?

$$2^{40}$$

16.

같은 크기의 정사각형으로 오린 색종이를 아래 그림과 같이, 맨 밑바닥부터 차례로 빨강(R), 초록(G), 파랑(B), 노랑(Y), 하양(W)의 순서로 겹쳐서 정사각형 ABCD를 만들었다. 이때 위로부터 보이는 부분의 색종이의 넓이는 빨강이 $80cm^2$, 노랑이 $100cm^2$, 하양이 $120cm^2$이다.

빨강과 초록 색종이의 넓이는 각각 몇 cm^2일까?

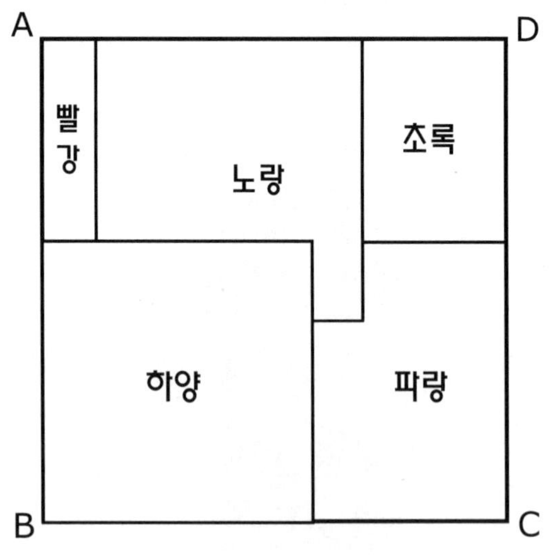

(*보이는 그림의 넓이는 정확하지 않다)

17.

다음 식의 값을 구하라.

$$1^2-2^2+3^2-4^2+5^2-6^2+\cdots\cdots-198^2+199^2$$

18.

다음의 값을 구하라. ($x \neq 0$)

$$X^0 - O^x$$

19.

다음 수의 단자리수는?

20.

두 대의 자동차가 각기 60km/h의 속력으로 양쪽에서 다가오고 있다. 양쪽이 아직 2km 떨어져 있을 때, 초스피드로 나는 파리가 한쪽 차의 앞 범퍼를 출발 맞은편 차를 향해 120km/h의 속력으로 날아갔다. 파리는 그 차에 도착하자마자 다시 출발해서 되돌아가 두 대의 차가 충돌 직전까지 차 사이를 오간다고 한다. 파리는 어느 정도의 거리를 날았을까?

21.

어느 쪽이 클까?

$$(\sqrt{10}+\sqrt{17}) \overset{?}{\lesseqgtr} \sqrt{53}$$

22.

10m 높이에서 공을 떨어뜨렸을 때 그 공은 1/2의 높이로 다시 튀어 오르고, 계속 반복해서 같은 비율로 튀어 오른다면, 공은 모두 몇 m의 거리를 움직이게 되는가?

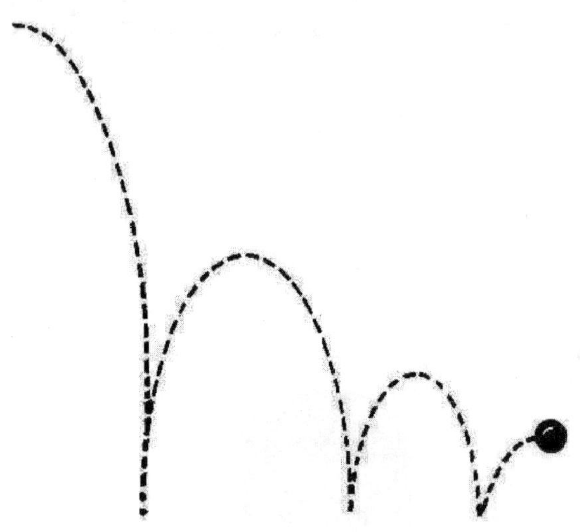

23.

수학기호를 사용하여 자리를 바꾸지 말고 다음 식이 성립되도록 하라. (세 가지)

2 9 6 7=17

24.

어느 쪽이 클까?

$$10^{\frac{1}{10}} \overset{?}{\gtreqless} 2^{\frac{1}{3}}$$

25.

0.9999를 두 개의 정수의 지수로 표현하라.
(힌트 : 0.3333=1/3)

$$0.999\overline{9}$$

26.

원 O는 정사각형 ABCD에 내접하고, AB=10, 정사각형 안쪽에 AB와 BC, 원 O와 접하는 원 O'의 반지름을 구하라.

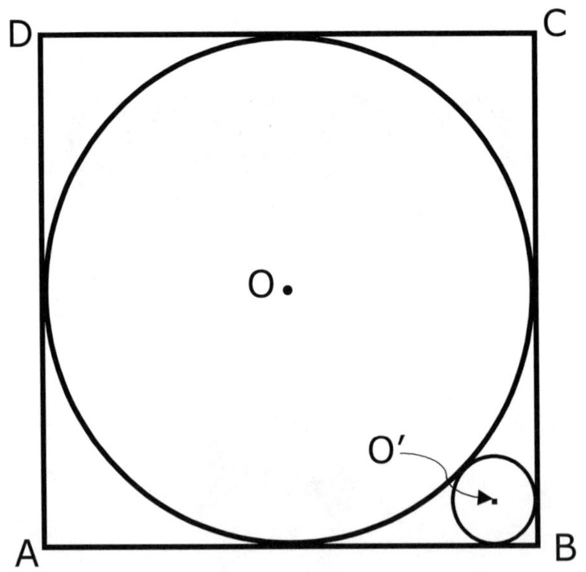

27.

아래 그림에서 삼각형은 모두 몇 개인가?

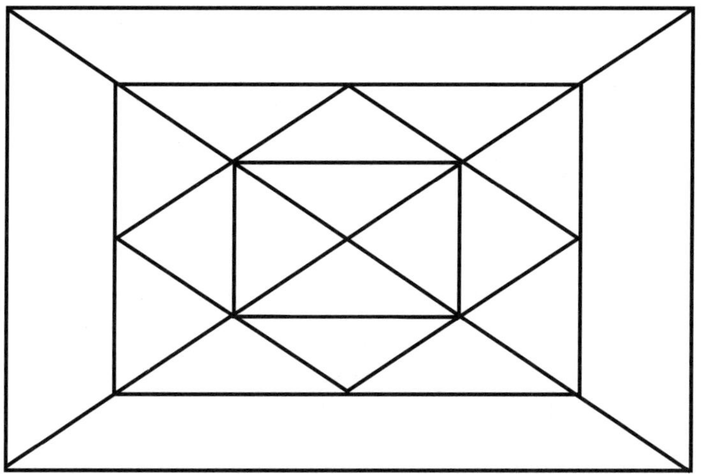

28.

다음 마방진의 특성은 무엇인가?

1	12	10
15	2	4
8	5	3

29.

어떤 규칙에 따라 숫자가 나열되어 있다. 그런데 도대체 어떤 규칙일까? 그것을 발견해서 □ 안을 채워 보라.

12-1-1-□-2-1-□-1-4

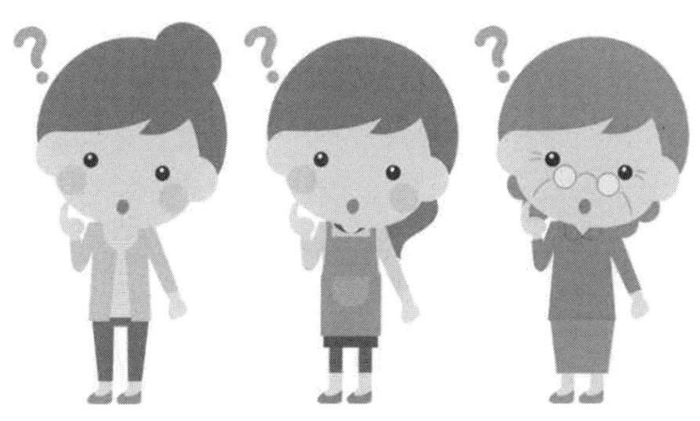

30.

□ 안에 들어갈 숫자는?

2, 5, 10, 17, □, 37,

□, 65, □, □, □, 145

31.

다음에 올 문자는?

O T T F F S S ?

Problem Solving

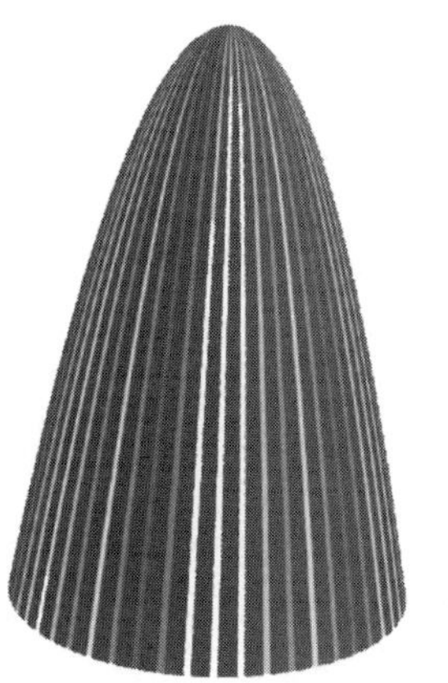

1. 【해답】 16

AD+DC=AC이므로 D는 A와 C 사이에 있다.

DB+BC=DC이므로 B는 D와 C 사이에 있다.

∴ D는 A와 B 사이에 있다.

∴ AB=AD+DB=9+7=16

2. 【해답】 $164cm^2$

빗변 c를 지름으로 하는 반원의 넓이$=\frac{\pi}{2}\cdot(\frac{c}{2})^2=\frac{\pi}{8}c^2$

같은 방법으로 직각을 이루는 양 변을 지름으로 하는 두 반원의 넓이는 각각 $\frac{\pi}{8}a^2$, $\frac{\pi}{8}b^2$

$a^2+b^2=c^2$이므로

$\frac{\pi}{8}a^2+\frac{\pi}{8}b^2=\frac{\pi}{8}c^2$

∴ $100cm^2+64cm^2=164cm^2$

3. 【해답】 $\frac{n}{n+1}$

1항 : $\frac{1}{2}$

1항+2항 : $\frac{1}{2}+\frac{1}{6}=\frac{4}{6}=\frac{2}{3}$

1항+2항+3항 : $\frac{1}{2}+\frac{1}{6}+\frac{1}{12}=\frac{9}{12}=\frac{3}{4}$

⋮

1항+……+n항 : $\frac{n}{n+1}$

4. 【해답】 그림과 같다.

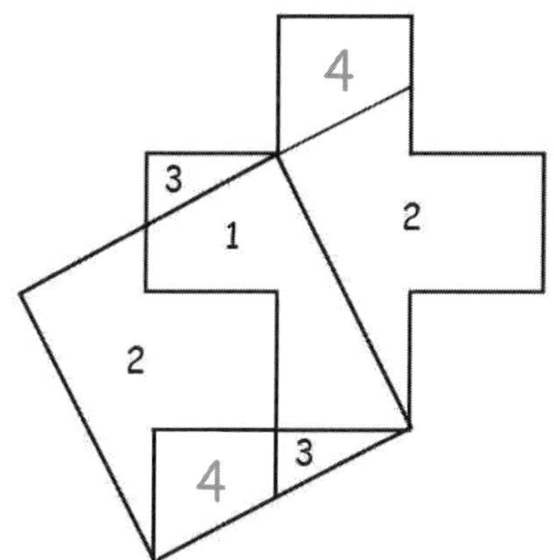

5. 【해답】 c>b>d>a

$a=2^{55}=(2^5)^{11}=32^{11}$

$b=3^{44}=(3^4)^{11}=81^{11}$

$c=5^{33}=(5^3)^{11}=125^{11}$

$d=6^{22}=(6^2)^{11}=36^{11}$

$\therefore$ c>b>d>a

6. 【해답】 그림과 같다.

가장 바깥쪽의 도형이 제일 안쪽으로 들어가고 다시 반복된다.

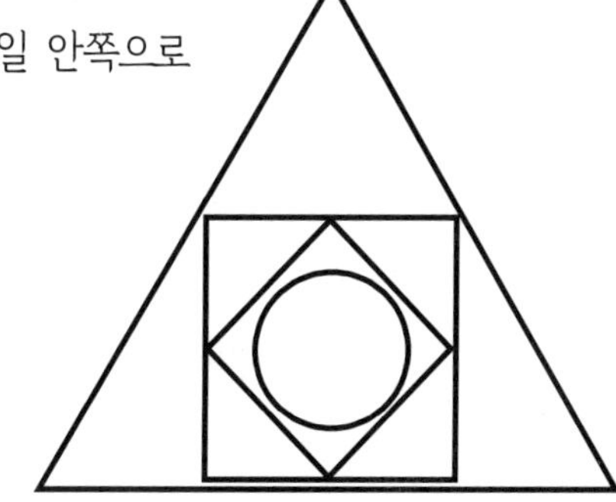

7. 【해답】 $\begin{cases} 1^{23456789} \\ (2+4+6)-\dfrac{(1+3+5+7)}{8}-9 \end{cases}$

$1^{23456789}=1$

$(2+4+6)-\dfrac{(1+3+5+7)}{8}-9=1$

8. 【해답】 286개

100원짜리 동전을 정사각형으로 배열하는데, 먼저 왼쪽 아래 귀퉁이에 1개, 다음에는 ㄱ자 모양으로 에워싸듯이 3개, 다음에는 다시 그것을 ㄱ자 모양으로 에워싸듯이 5개, 이런 식으로 그림과 같이 배열해 본다. 그러면 ㄱ자 모양으로 추가해 가는 동전은 3개, 5개, 7개와 같이 언제나 홀수 개가 된다. 이것으로부터 알 수 있듯이, 같은 수를 두 번 곱한 것은,

1×1=1

2×2=1+3

3×3=1+3+5

4×4=1+3+5+7

과 같이, 아래서부터 차례로 홀수만을 더한 것이다.

이 문제에서는 어떤 크기의 정사각형인 데까지 배열하면 30개가 남고, 한 줄을 더 늘이려 하면 3개가 부족하다. 이것으로부터 ㄱ자 모양으로 추가해야 할 동전은 33개(30+3)이다. 그러면 30개가 남았을 때의 정사각형은,

1+3+5+7+……+31=256(개)

의 동전으로 만들어져 있을 것이고, 처음의 동전은 모두

256+30=286(개)였다는 것이 된다.

또 256개를 구할 때의 계산은, 정사각형의 ㄱ자 모양으로 배열하는 방법으로부터 알 수 있듯이,

$\frac{31+1}{2}\times\frac{31+1}{2}$=256이 된다.

9. 【해답】

(2012+2012)×50

=(2012×2)×50

=2012×2×50

=2012×100

=201,200

10. 【해답】 17일

일한 날수를 x라 하면,

30－x는 일을 하지 않은 날수가 된다.

5.5x－6.6(30－x)=7.7

12.1x=205.7

∴ x=17

11. 【해답】 $\log\frac{1}{2}$은 마이너스가 된다.

12. 【해답】 1+2+3+4

$=4^2(\frac{1}{2})+4(\frac{1}{2})$

$=\frac{4(4+1)}{2}$

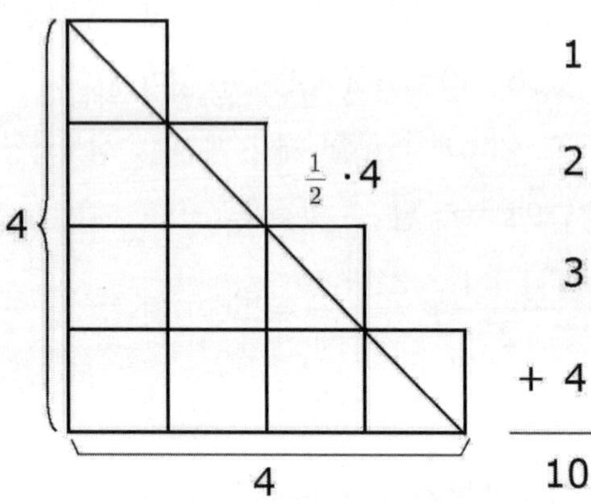

13. 【해답】 1+2+3+……+n

$=n^2(\frac{1}{2})+n(\frac{1}{2})$

$i=\frac{n^2}{2}+\frac{n}{2}=\frac{n(n+1)}{2}$

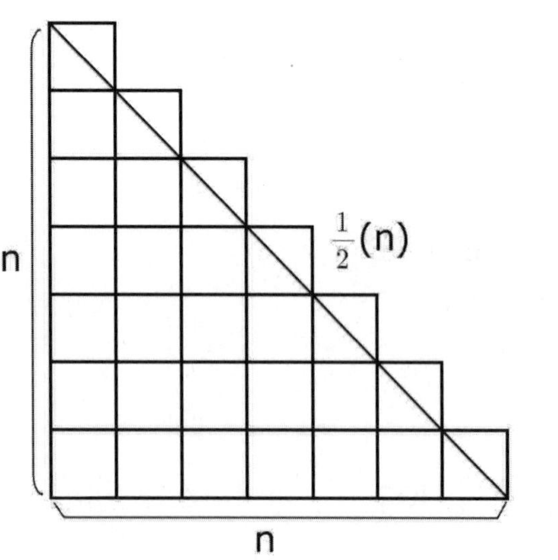

14. 【해답】 932+9338=10270

재미있는 문제다. USA는 미국, USSR은 구 소비에트연방의 영문 약자다. 즉, 미국과 소련이 화합하면 평화(PEACE)가 온다는 말이다.

15. 【해답】 2^{39}

$$2^{40}\times\frac{1}{2}$$
$$=2^{40}\times2^{-1}$$
$$=2^{40-1}$$
$$=2^{39}$$

16. 【해답】 빨강 : $30cm^2$, 초록 : $37.5cm^2$

하양종이의 넓이가 $120cm^2$로 이것은 전체가 보인다. 이것으로부터 어느 색종이의 넓이도 모두 $120cm^2$다. 그러면 노랑종이의 보이지 않는 부분의 넓이는

$120-100=20(cm^2)$가 되고,

파랑종이의 보이지 않는 부분의 넓이는

$120-80=40(cm^2)$가 된다.

오른쪽 그림을 참고로 해서 풀어 가면,

먼저 파랑종이에서는, 보이는 직사각형의 가로 변의 길이는 색종이의 한 변의 $\frac{5}{12}$, 세로 변의 길이는 $\frac{3}{4}$이므로 넓이는,

$\frac{5}{12}\times\frac{3}{4}=\frac{5}{16}$이다.

그런데 색종이의 넓이는 120cm^{2}이므로, 이것의 $\frac{5}{16}$는,

$120\times\frac{5}{16}$=37.5(cm^2)가 된다.

또 빨강종이에서는 보이는 직사각형의 가로 변의 길이는 1에서부터 $\frac{2}{3}$를 뺀 것이므로 $\frac{1}{3}$이 된다. 이리하여 색종이의 넓이의 $\frac{3}{4}\times\frac{1}{3}=\frac{1}{4}$이 되어, 그 넓이는,

$120\times\frac{1}{4}$=30(cm^2)이다. 이것으로 빨강종이는 30cm^2, 초록종이는 37.5cm^{2}가 되었다.

17. 【해답】 19,900

$1^2-2^2+3^2-4^2+5^2-6^2+\cdots\cdots-198^2+199^2$

$=1^2+(3^2-2^2)+(5^2-4^2)+\cdots\cdots+(199^2-198^2)$

$=1+\{(3-2)\cdot(3+2)\}+\{(5-4)\cdot(5+4)\}+\cdots\cdots+\{(199-198)\cdot(199+198)\}$

$=1+1\cdot(3+2)+1\cdot(5+4)+\cdots\cdots+1\cdot(199+198)$

$=1+2+3+4+5+\cdots\cdots+198+199$

$=19,900$

($\because\frac{n(n+1)}{2}$에서 $\frac{199(199+1)}{2}=199\times100=19,900$)

18. 【해답】 1

19. 【해답】 3

$7^{7^7}=7^{823543}$

7의 제곱수의 단자리수는

7^1; 7, 7^2; 9, 7^3; 3, 7^4; 1, 7^5; 7……

∴ 7, 9, 3, 1, 7, 9, 3, 1……을 반복한다.

그러므로 823543÷4의 나머지가 3이므로 단자리수는 (7, 9, 3, 1)의 세 번째인 3이다.

20. 【해답】 2km

이 문제는 순수하게 계산의 문제이지만, 서투른 수학자에게는 아주 복잡한 문제로 보인다. 이런 경우는 보다 간단하게 생각하는 것이 해결의 열쇠가 된다.

"두 대의 차가 충돌하기 직전까지 달리는 시간은 1분이다." 하는 결론이 나온다. (양쪽 차가 2km를 사이에 두고 시속 60km로 달려오고 있으므로)

파리는 1시간에 120km를 날아서 곧 왔던 길을 되돌아간다. 파리의 시속이 120km, 양쪽 차가 충돌하기 직전까지의 시간은 1분, 따라서 계산하나마나 파리는 1분간 2km를 난 셈이 된다.

21. 【해답】 $\sqrt{10}+\sqrt{17}$

양쪽을 제곱해 보면,

$(\sqrt{10}+\sqrt{17})^2=10+2\sqrt{170}+17=27+2\sqrt{170}$

$(\sqrt{53})^2=53$

$27+2\sqrt{170}>27+2\sqrt{169}=53$

$\therefore \sqrt{10}+\sqrt{17}>\sqrt{53}$

22. 【해답】 30m

$$10+2\frac{10}{2}+2\frac{10}{4}+2\frac{10}{8}+\cdots\cdots=30$$

23. 【해답】 $\begin{cases} 2\times 9+6-7=17 \\ \sqrt{296-7}=17 \\ 2+9+6+7\neq 17 \end{cases}$

24. 【해답】 $2^{\frac{1}{3}}$

$(10^{\frac{1}{10}})^{30}=10^{3}=1000$

$(2^{\frac{1}{3}})^{30}=2^{10}=1024$

$\therefore\ 2^{\frac{1}{3}}>10^{\frac{1}{10}}$

25. 【해답】 $\frac{1}{1}$

$0.999\overline{9}=3\cdot(0.333\overline{3})=3\cdot\frac{1}{3}=\frac{3}{3}=1$

또는, $0.999\overline{9}$를 x라 하면,

$$\begin{array}{r} 10x=9.9999 \\ -\ x=0.9999 \\ \hline 9x=9 \end{array}$$

$\therefore\ x=1$

26. 【해답】 $15-10\sqrt{2}$

원 O'의 반지름을 r이라 하면,

OB=5 $\sqrt{2}$

=5+2r+ $\sqrt{2}$ r−r

=5+r+ $\sqrt{2}$ r

=5+r(1+ $\sqrt{2}$)

5 $\sqrt{2}$ =5+r(1+ $\sqrt{2}$)

∴ r=15−10 $\sqrt{2}$

27.【해답】 40개

28.【해답】 가로, 세로 모두가 숫자의 곱이 120이다.

29.【해답】 1, 3

30분마다 한 번 울리는 시계 종소리 회수다.

30.【해답】 26, 50, 82, 101, 122,

처음 숫자부터 차례로 3, 5, 7, 9,……23을 더한 숫자

31.【해답】 E

One Two Three Four Five Six Seven Eight

November Problem

◀수학 에세이▶

<적도(赤道)를 따라서>

만일 우리들이 적도를 따라서 지구를 일주할 수가 있다고 하면, 적도에 수직으로 서 있는 몸의 제일 상단, 말하자면 정수리는 발바닥보다도 긴 거리를 움직이기 마련이다.
그러면 그 거리의 차이는 어느 정도일까? 단, 사람의 키는 175cm이다.

【해답】 약 1,100cm

인간의 신장을 175센티, 지구의 적도 반경을 R이라 하자. 그러면 지구 적도의 길이 A는 $2\pi R$, 인간의 정수리가 그리는 원의 길이 B는 $2\pi(R+175)$가 된다. 그래서 $B+A=2\pi\times175\fallingdotseq1{,}100$cm, 이것이 거리의 차(差)이다. 보다시피 결과는 지구의 반경과는 전혀 관계가 없다.

1.

한 나그네가 갈림길에 이르러서 어느 길로 가야 목적지에 도달할는지 난처해하고 있는데, 길가에 두 사나이가 서 있었다. 그런데 한 사나이는 반드시 거짓말만 하고, 또 한 사나이는 진실만을 말한다. 나그네는 어느 쪽이 진실을 말하는 사람인지 알지를 못한다. 그는 한 번만 질문을 할 수가 있다. 도대체 어느 사람에게 무어라고 물으면 좋을까?

2.

다음의 각 문자들은 0~9의 숫자 중 하나를 나타낸다. 분수는 어떻게 될까?

$$\frac{I}{AM} = H.HOTHOTHOT\cdots\cdots$$

3.

쇠구슬 여덟 개가 있는데, 그 중 하나가 나머지 일곱 개보다 약간 가볍다고 할 때 천칭을 두 번만 사용해서 가벼운 구슬을 가려낼 수 있을까?

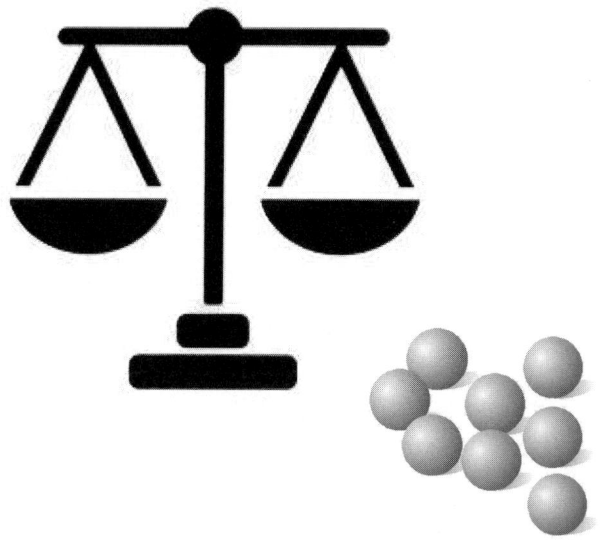

4.

숫자 5를 6번 사용하여 1부터 10까지의 숫자들을 표현해 보라. 수학기호는 무엇이든 사용할 수 있다.

(예 ; 1=555/555, 7=(5×5)/5+(5+5)/5)

5

5 5

5 5

5

5.

한 모서리의 길이가 6cm인 정육면체가 있다. 그림의 점 P는, 모서리 FG 위에 있으며 G에서부터 2cm인 곳에 있다. A와 P를 맺는 선은, 모서리 BC를 가로질러서, A에서부터 P에 이르는 최단 경로이다. 또 A와 P를 맺는 점선은, 모서리 BF를 가로질러서 A에서부터 P에 이르는 최단경로이다. 굵은 선이 모서리 BC를 가로지르는 점을 Q, 점선이 모서리 BF를 가로지르는 점을 R로 하여, BQ와 BR의 길이를 구하라.

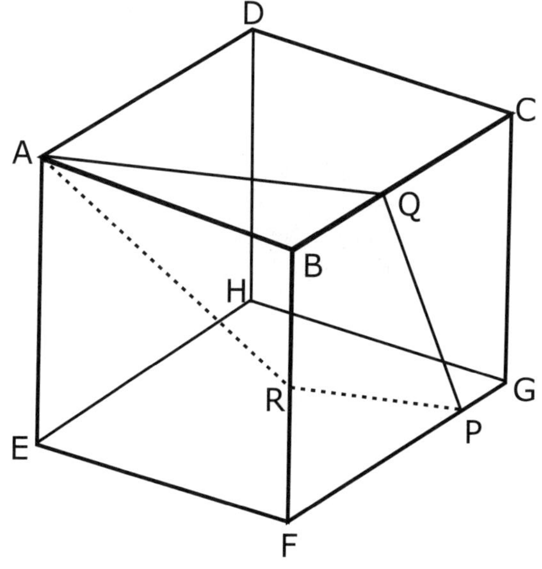

6.

합계가 1이 되는 두 수를 임의로 선택한 다음, 작은 수의 제곱에다 큰 수를 더한 것과 큰 수의 제곱에다 작은 수를 더한 것은 어느 쪽이 더 클까?

7.

현우와 명수가 달리기를 하는데, 현우는 전체 시간의 절반은 뛰고 절반은 걷는다. 명수는 전체 거리의 절반은 뛰고 절반은 걷는다면 이 경주는 누가 이길까? (단, 두 사람의 뛰는 속도는 같다고 하자.)

8.

바구니 속의 달걀을 한 번에 2, 3, 4, 5, 6개씩 꺼내면 1, 2, 3, 4, 5개의 달걀이 남고, 한 번에 7개씩 꺼내면 남는 것이 한 개도 없다. 바구니 속에 있을 수 있는 가장 적은 달걀의 수는 몇 개인가?

9.

어떤 네자리 숫자 abcd에 4를 곱하면 거꾸로 되어 dcba가 된다. 어떤 네자리수 abcd는?

$$abcd \times 4 = dcba$$

10.

△ABC의 세 변 AB, BC, CA를 아래 그림처럼 각각 2배로 연장한 점을 P, Q, R이라고 한다.

△PQR은 △ABC의 몇 배인가? (단, △ABC는 임의의 삼각형으로 한다.)

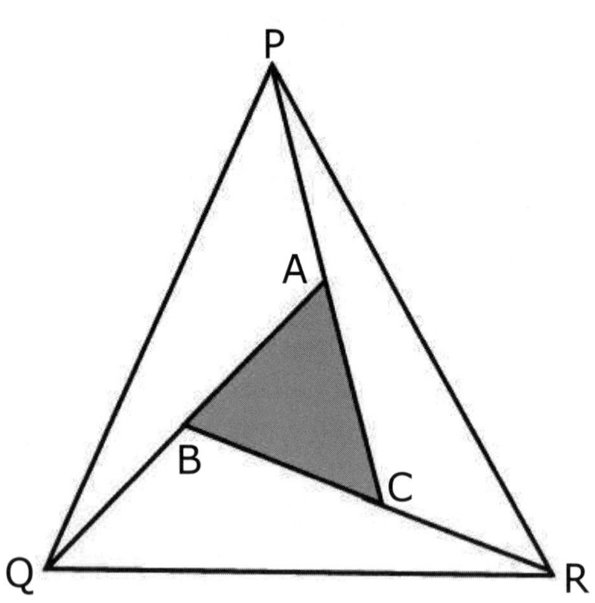

11.

이발소를 표시하는 홍백기둥은 높이가 1m, 반지름 12cm의 회전하는 원통형 기둥이다. 원통 주위로 붉은 줄이 아래로부터 위를 향해 6바퀴 돌고 있다. 이 줄의 길이는 얼마인가? (줄의 폭은 무시하고, 소수점 이하는 반올림하라.)

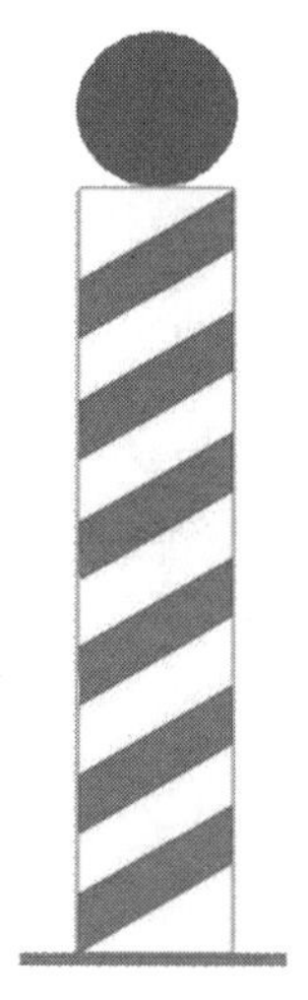

12.

어떤 사람이 자기가 죽었을 때의 나이는 자기가 태어난 해의 1/31이 되는 수와 같다. 1900년에 그의 나이는 몇 살이었는가?

13.

신입생들 중 처음 5명의 평균 몸무게가 60kg인 것으로 보고되었다. 그러나 이 수치는 너무 가벼운 것 같았다. 5명의 몸무게 중 한 사람의 수치가 잘못 기록되었기 때문인데, 원래는 80kg이어야 했다. 나중에 이 평균 수치는 다시금 70kg으로 수정되었다. 80kg 대신에 처음 잘못 기록된 수치는 얼마인가?

14.

하나의 삼각형의 넓이를 5개의 같은 넓이의 삼각형으로 나눌 때 그림과 같이 구분할 수가 있다. 또 다른 방법은 없을까?

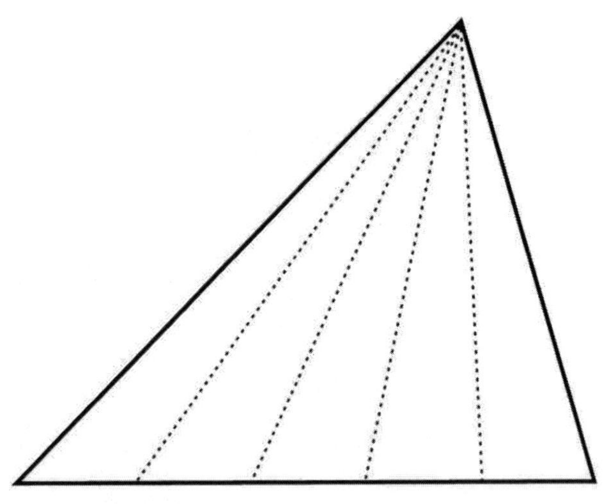

15.

몇 개의 선인장 값이 9달러이다. 선인장 수보다 2개가 많은 비너스 파리풀의 가격도 10달러이다. 4개의 파리풀에 10개의 선인장을 합한 가격이 20달러이다. 선인장 1개의 가격은 얼마인가?

16.

RSTUVW는 정육각형이다. M과 N은 WR과 ST의 중점이다. WA, AB, BT의 길이에 대해서 설명하라.

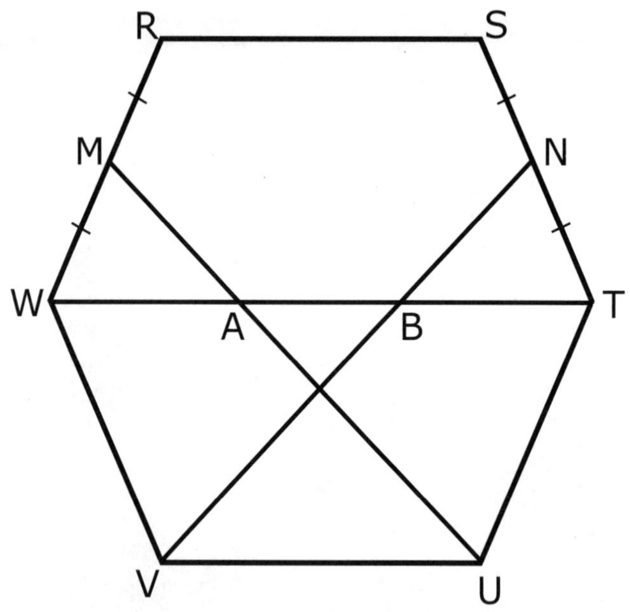

17.

톰은 한 농장에서 1년 일하는 대가로 7,100달러와 말 1마리를 받기로 했다. 7개월 후 그는 일을 그만두고 3,475달러와 말 1마리를 받았다. 말 1마리의 가치는 얼마에 해당하는가?

18.

다음 분수를 간단히 나타내라.
(힌트 : 4+2 $\sqrt{3}$ 을 어떤 복소수의 제곱으로 생각하라.)

$$\frac{\sqrt{4+2\sqrt{3}}-\sqrt{28+10\sqrt{3}}}{15}$$

19.

어느 사회사업가가 모교를 방문했다. 고등학교에서 출석학생 수를 기준으로 한 학생당 10달러씩 학용품비로 주었다. 그런데 그 날 40%가 결석했다. 또 중학교에서는 한 학생당 6달러씩 주었다. 결석생 없이 중·고등학교 전체 학생 수가 2,240명이라면 이 사회사업가가 쓴 돈은 얼마인가?

20.

③ =47, ⑩ =138, ① =39,

그리고 $\boxed{1}$ =5, $\boxed{20}$=43, $\boxed{99}$ =201이라면

n은?

$$\textcircled{\boxed{n}} = \boxed{\textcircled{n}}$$

21.

동일 직선상에 있지 않은 세 개의 점을 그려라. 그 점들을 P, Q, R이라 하고, 하나의 삼각형을 만드는데 P, Q, R이 그 삼각형의 각 변의 중심이 되도록 하려면 어떻게 해야 하는가?

Q •   • P

• R

22.

다음 식의 답은?

$$\cos^2 1° + \cos^2 2° + \cos^2 3° + \cos^2 4° + \cdots\cdots + \cos^2 90° = ?$$

23.

블루(파랑) 씨, 화이트(하양) 씨, 그레이(회색) 씨는 파란색, 흰색, 회색의 셔츠와 넥타이를 매고 있다. 어느 누구도 자기 이름과 똑같은 색깔의 옷을 입거나 넥타이를 매고 있지 않다. 만일 블루 씨의 넥타이가 그레이 씨의 셔츠와 같은 색깔이라면 화이트 씨의 셔츠는 어떤 색깔일까?

24.

그림과 같은 두 개의 정육면체 캘린더로 한 달의 모든 날짜를 나타낼 수 있다(01, 02, …, 31). 보이지 않는 면에는 어떤 수가 있을까?

25.

아래 그림의 삼각형 ABC는 같은 변의 길이가 8cm인 직각이등변삼각형이다. 이 속에 여러 가지 크기의 정사각형이 들어가 있고, 나머지 부분은 회색으로 칠해져 있다.

AE:EB=7:5, EF:FB=2:3, AD:DE=1:1일 때 회색으로 칠해진 부분의 넓이는 얼마인가?

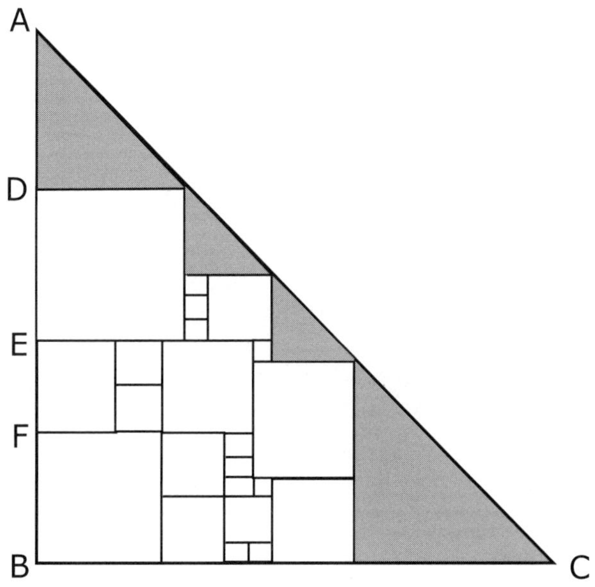

26.

아래 그림의 사각형 ABCD는 한 변의 길이가 5cm인 정사각형이다. 점 E를 지나는 직선을 그어 회색 칠한 부분의 넓이를 2등분하면 그 직선은 변 BC 위에서 점 B로부터 몇 cm의 곳을 지나게 되는가?

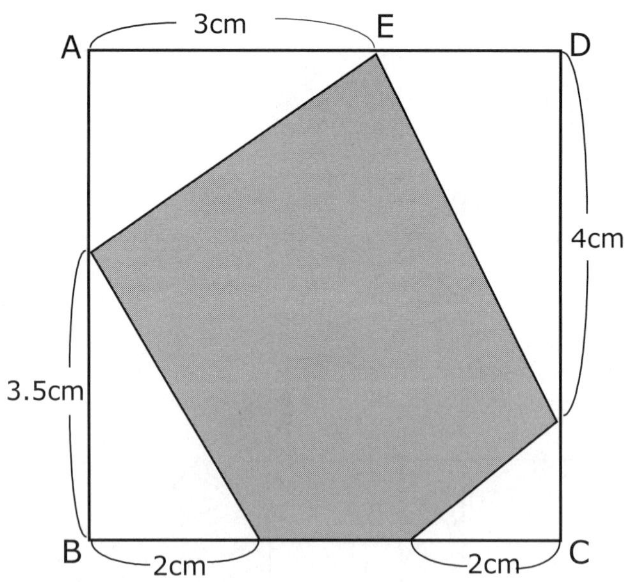

27.

한 그리스인이 BC 40년의 7일째 되는 날 태어나서 AD 40년 7일째 되는 날 죽었다. 이 사람은 몇 년을 살았는가?

28.

비행기가 태평양 표준시로 오전 9시 30분에 샌프란시스코를 떠나 우리나라 표준시로 오후 6시 30분에 뉴욕에 도착했다. 그 비행기는 얼마 동안 비행했는가?

29.

어떤 수든지 하나를 택하라. 그리고 그 수에다가 2를 곱하고, 또 5를 더하고, 거기다 다시 5를 곱하고 25를 뺀 다음 10으로 나누어 보라. 그 결과를 원래 생각한 수와 비교해 보라.

30.

다음 분수에 대한 소수 값을 구하라. 이 소수값에서 어떤 규칙을 찾아낼 수 있을까?

$$\frac{1}{7},\ \frac{2}{7},\ \frac{3}{7},\ \frac{4}{7},\ \frac{5}{7},\ \frac{6}{7}$$

Problem Solving

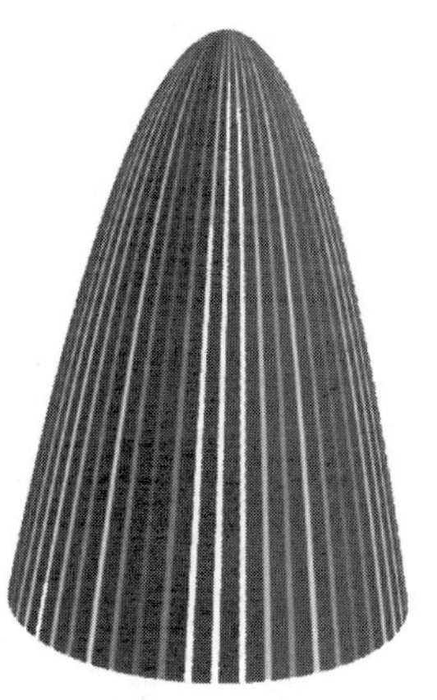

1. 【해답】 어느 사나이건 간에 상관없이 나그네는 이렇게 묻는다.

"만일 당신에게 '내가 가야 할 길은 이 길입니까?' 하고 묻는다면 당신은 '네' 하고 대답하겠습니까?"

나그네가 물은 사나이가 진실을 말하는 사람이라면 대답대로 길을 가면 될 것이고, 만일 그 사나이가 거짓말만 하는 사람이라도 마찬가지다. 거짓말쟁이 사나이는 거짓말을 두 번 해야만 되며, 처음 거짓말을 부정함으로써 사실을 말해 버리고 마는 것이다.

단 한 번의 질문으로는 얼핏 "물은 상대가 거짓말쟁이인가, 정직한 사람인가?" "선택한 길이 정말 옳은가?" 하는 것을 알 수 있는 방법은 없는 것처럼 생각된다. 두 사나이 중 어느 사나이가 거짓말쟁이인지 어떤지를 아는 것만으로도 유일한 질문권을 사용해버린 셈이 되어 더 이상 질문을 할 수 없게 된다면?

틀림없이 그렇게 보이지만, 질문하는 상대가 어느 쪽이든 상관없는 질문 방법은 없을까? 여기에까지 생각이 미친다면 이중부정(二重否定 : 때에 따라서는 이중긍정)의 질문방법으로 진실을 캐낼 수가 있다는 것을 알게 된다. 만일 내가 당신에게 "내가 가야 할 길은 이 길인가?" 하고 묻는다면 당신은 "네."라고 대답하겠습니까?

어느 쪽 사나이에게 물어도 상관없다는 것을 알 수 있다. 수학적으로 푼다면, 긍정을 +, 부정을 −로 한다. 이중긍정은 (+)(+)=+, 이중부정은 (−)(−)=+ 따라서 이중긍정이나 이중부정은 모두 긍정이다.

2. 【해답】 $\frac{2}{37}$=0.054054054……

3. 【해답】

(1) 먼저 천평 양쪽에 구슬 세 개씩을 올려놓는다. 양쪽이 평형이면 내려놓고 남은 두 개를 올려 보면 가벼운 구슬을 가려 낼 수 있다.

(2) 만약 세 개씩 올려놓은 천평이 한쪽이 기울면 기울지 않은 쪽의 구슬 중 두 개를 천평 양쪽에 하나씩 올려놓아 평형이면 나머지 하나가 가벼운 구슬이고, 한쪽이 기운다면 기울지 않은 쪽이 가벼운 구슬이다.

4. 【해답】

$$\begin{cases} 1=\frac{555}{555} \\ 2=\frac{5}{5}+\frac{55}{55} \\ 3=\frac{5}{5}+\frac{5}{5}+\frac{5}{5} \\ 4=5+5+5-\frac{55}{5} \\ 5=5\times5-(5+5+5+5) \\ 6=\frac{55}{5}+5-5-5 \\ 7=\frac{55}{5}+\frac{5}{5}-5 \\ 8=\frac{5}{5}+5+\frac{5+5}{5} \\ 9=\frac{5+5+5+5}{5}+5 \\ 10=\frac{5\times5}{5}+\frac{5\times5}{5} \end{cases}$$

5. 【해답】 BQ : 2cm, BR : 3.6cm

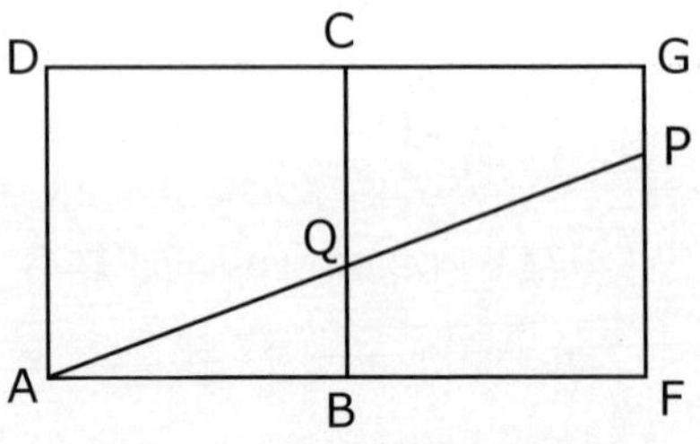

최단경로를 정육면체 위에서 구하려면 어렵다. 먼저 AQ와 QP가 포함하는 두 면만을 끄집어내어, 모서리 CB인 곳에서 평평하게 펼쳐놓는다. 그러면 오른쪽 그림과 같이 되므로, A와 P를 직선으로 맺고, 모서리 CB와의 교점을 Q로 한다. AP가 최단경로이므로 QB의 길이를 구하면 된다. 삼각형 AQB와 삼각형 APF는 닮은꼴이고 AB의 길이는 AF의 길이의 절반이다. 따라서 QB의 길이도 PF의 길이의 절반이 되므로,

QB=$\frac{PF}{2}$=$\frac{GF-GP}{2}$=$\frac{6-2}{2}$=2(cm)가 된다.

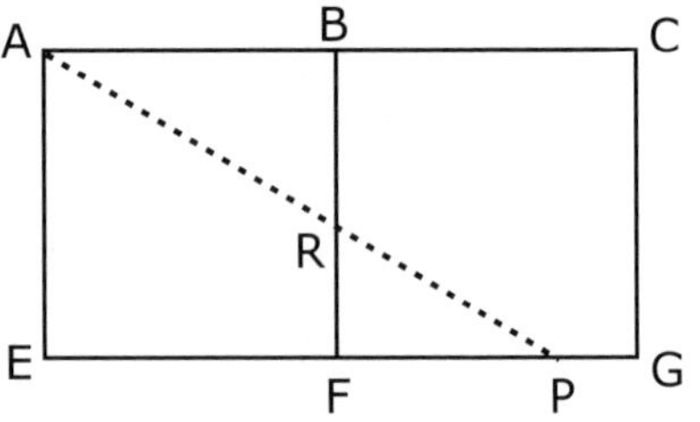

다음에는 AR과 RP를 포함하는 두 면을 끄집어내어, 모서리 BF인 곳에서 평평하게 펼쳐놓는다. 그러면 A와 P를 직선으로 맺은 것이 최단경로이다. 이것과 모서리 BF와의 교점을 R이라고 하면 BR의 길이를 구할 수 있다. 이번에는 삼각형 ABR과 삼각형 PFR이 닮은꼴이 된다. 그러면 AB=6cm, PF=4cm이므로,

BR:RF = 6:4 = 3:2이다.

BF의 길이는 6cm이므로

BR=$\frac{3}{3+2}$×6=3.6(cm)가 된다.

6. 【해답】 같다.

더해서 1이 되는 두 수 가운데 한쪽을 x라 하면, 다른 한쪽은 1－x가 된다.

$x^2+(1-x)=x^2-x+1$

$(1-x)^2+x=x^2-x+1$

∴ 양쪽은 같다.

7. 【해답】 현우가 이긴다.

현우가 명수보다 많은 거리를 뛰어서 갔기 때문이다.

8. 【해답】 119개

9. 【해답】 2178

10. 【해답】 7배

문제의 그림으로부터 일부를 뽑아내어 △ABC와 △PCR의 넓이를 비교해 보자. 두 삼각형의 밑변을 각각 BC, CR이라고 하면, 변 BC를 2배로 연장한 점이 R이므로 두 변의 길이는 같다.

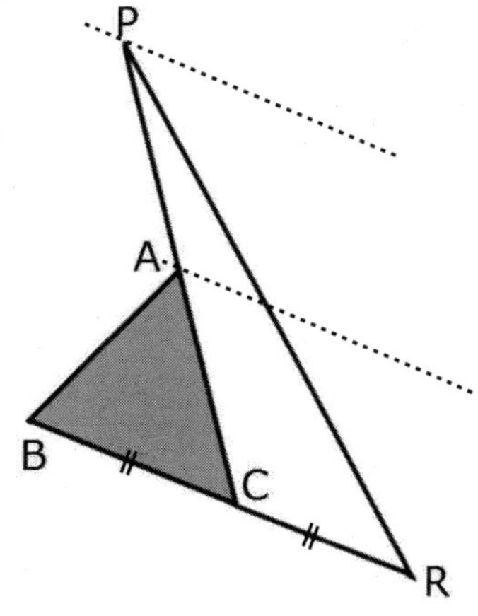

또 A와 P를 통과하여 변 BC에 평행인 직선을 그으면 변 CA를 2배로 연장한 점이 P이므로 변 BC와 점 P를 통과

하는 점선과의 폭은 A를 통과하는 점선과의 폭은 A를 통과하는 점선과의 폭의 2배가 된다.

이렇게 밑변의 길이가 같고 높이가 2배가 되므로 △PCR의 넓이는 △ABC의 2배가 된다.

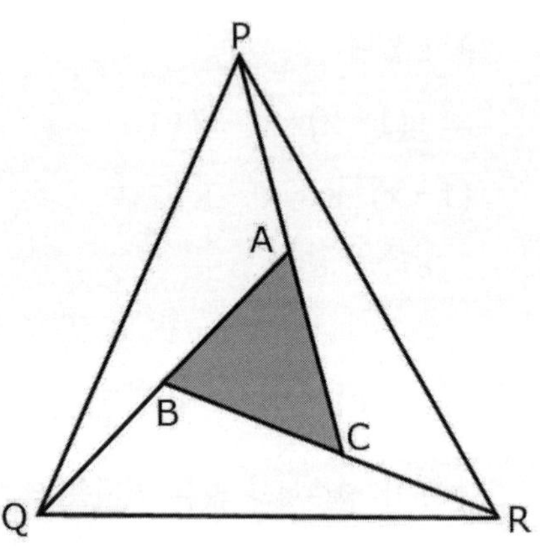

똑같은 이유로 △QAP의 넓이와 △RBQ의 넓이도 △ABC의 넓이의 2배가 된다.

이렇게 해서 △PQR 속에는 원래의 △ABC 외에도 그 넓이가 2배가 되는 삼각형이 3개 포함되어 있으므로 전체로는 △ABC의 넓이의 7배(=2×3+1)인 삼각형이 된다.

11. 【해답】 463cm

길이$=\sqrt{100^2+(144\pi)^2} ≒$ 463.08

≒ 463(cm)

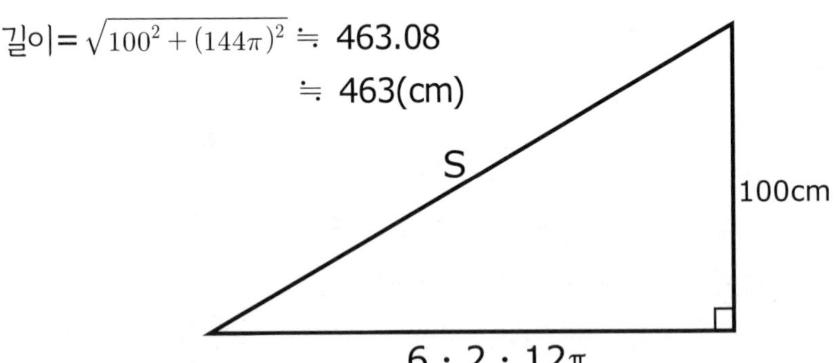

12. 【해답】 40살, 또는 9살

1800년대에서 31의 배수를 찾아보면,

$59\times31=1829$

$1829+59<1900$이므로 모순이다.

$\therefore 60\times31=1860$

$1860+60=1920$ $\therefore$ 40살

$61\times31=1891$

$1891+61=1952$ $\therefore$ 9살

13. 【해답】 30kg

처음에 잘못 기록된 전체 몸무게는 : 60kg×5=300kg

수정된 전체 몸무게는 : 70kg×5=350kg

그러므로 잘못 기록된 몸무게의 수치는 50kg이다.

$\therefore$ 80−50=30(kg)

이것을 대수로 표현하면,

$f_1+f_2+f_3+f_4+f_5=5\times60$

$80+f_2+f_3+f_4+f_5=5\times70$

$f_2+f_3+f_4+f_5=5\times70-80=270$

$f_1=300-270=30$

14. 【해답】 그림과 같다

이 또 다른 방식의 해답은 로브 스트링거라는 미국의 16세 소년이 발견했다.

△ABD, △ABE,

△BDC, △BEC,

△DCE는 모두 넓이가 같다.

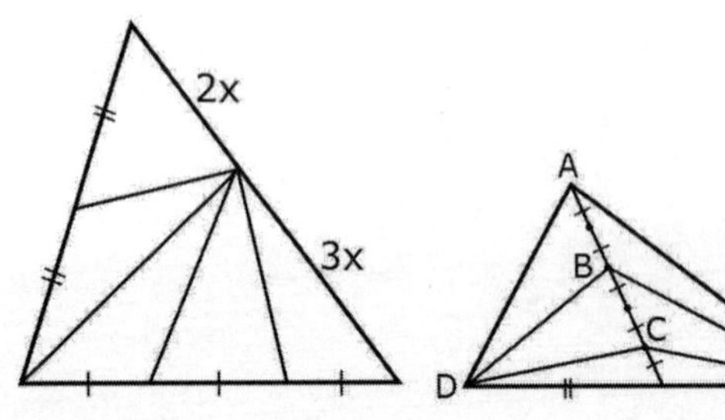

15. 【해답】 1달러 50센트

선인장의 수를 x라 하면,

$(10\times\frac{9}{x})+(4\times\frac{10}{x+2})=20$

∴ x=6 ∴ $\frac{9}{6}=1.5$

16. 【해답】 WA=AB=BT

△SVT에서 VN과 CT는 중선이다.

그러므로 CB= $\frac{1}{2}$ BT

△WRU에서 CA= $\frac{1}{2}$ AW,

CW=CT, AW= $\frac{2}{3}$ CW

BT= $\frac{2}{3}$ CT

∴ WA=AB=BT

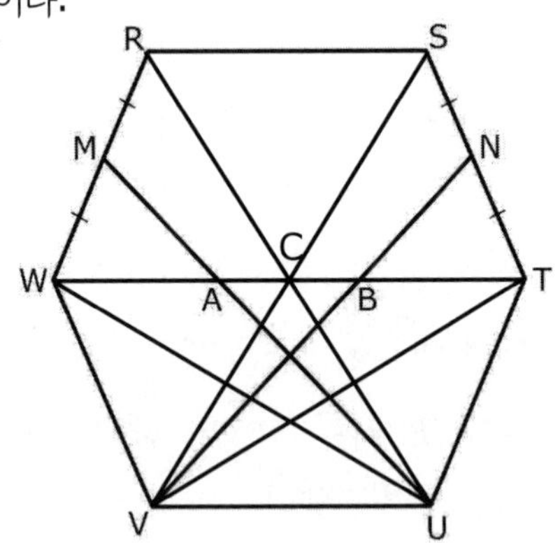

17. 【해답】 1,600달러

일하지 않은 5개월간의 임금은,

7,100－3,475=3,625(달러)

따라서 한 달간의 급료로 계산하면,

3,625÷5=725(달러)가 된다.

말을 대가로 지불받지 않았다면 보수는,

725×12=8,700(달러)가 된다.

그러므로 말의 가치는,

8,700－7,100=1,600(달러)에 해당된다.

18. 【해답】 $-\frac{4}{15}$

$$\frac{\sqrt{4+2\sqrt{3}}-\sqrt{28+10\sqrt{3}}}{15}$$

$$=\frac{\sqrt{(1+\sqrt{3})^2}-\sqrt{(5+\sqrt{3})^2}}{15}$$

$$=\frac{1+\sqrt{3}-5-\sqrt{3}}{15}=-\frac{4}{15}$$

19. 【해답】 13,440달러

중학생 수를 J, 고등학생 수를 S라 하면,

J+S=2,240

쓴 돈=10×($\frac{6}{10}$S)+6×J

=6(S+J)=6×2,240=13,440(달러)

20. 【해답】 −8, 혹은 2

ⓝ$=n^2+38$, $\boxed{n}$ $=2N+3$

그러므로

$\boxed{ⓝ}$ $=2(n^2+38)+3=$ ($\boxed{n}$) $=(2n+3)^2+38$

$\therefore\ n^2+6n-16=0$

$(n+8)(n-2)=0$

$\therefore\ n=-8,\ 2$

21. 【해답】 그림과 같다.

만들어야 할 삼각형의 각 변들이 △PQR의 각 변들과 평행이 되도록 한다. R을 지나는 선 L을 PQ에 평행이 되게 하고, P를 지나는 선 n은 QR에 평행이 되게,

그리고 선 m은 RP에 평행이 되게 긋는다.

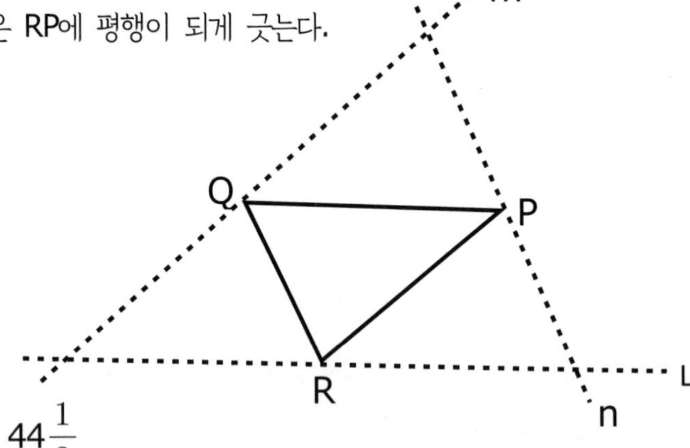

22. 【해답】 $44\frac{1}{2}$

우리가 알고 있는

(1) $\cos x=\sin(90°-x)$

(2) $\sin^2x+\cos^2x=1$

(3) $\cos^2 45° = \frac{1}{2}$

(4) $\cos^2 90° = 0$에 의해서

$\cos^2 1° + \cos^2 2° + \cos^2 3° + \cdots\cdots + \cos^2 45° + \cdots\cdots + \cos^2 87° + \cos^2 88° + \cos^2 89° + \cos^2 90°$

위 식을 다시 정리하면,

$(\cos^2 1° + \cos^2 89°) + (\cos^2 2° + \cos^2 88°) + (\cos^2 3° + \cos^2 87°) + \cdots\cdots + (\cos^2 44° + \cos^2 46°) + \cos^2 45° + \cos^2 90°$

(1)에 의해서

$(\cos^2 1° + \sin^2 1°) + (\cos^2 2° + \sin^2 2°) + (\cos^2 3° + \sin^2 3°) + \cdots\cdots + (\cos^2 44° + \sin^2 44°) + \cos^2 45° + \cos^2 90°$

(2)에 의해서

$1 + 1 + 1 + \cdots\cdots + 1 + \cos^2 45° + \cos^2 90°$

(3), (4)에 의해서

$44 \times 1 + \frac{1}{2} + 0 = 44\frac{1}{2}$

23. 【해답】 파랑

블루 씨의 타이는 흰색이어야 한다. 왜냐하면 파란색은 될 수가 없고, 또 회색이 될 수도 없다(그레이 씨의 셔츠가 회색일 수 없기 때문에).

블루 씨의 셔츠는 회색일 수밖에 없다. 또 흰색일 수도 없다(그레이 씨가 흰색을 입고 있기 때문에). 그러므로 화이트 씨의 셔츠는 파란색이다. 왜냐하면 그의 이름과 같은 흰색일 수 없으며, 또 회색이 될 수도 없다(블루 씨가 회색 셔츠를 입고 있기 때문에).

24. 【해답】 오른쪽 육면체에 0, 1, 2와, 왼쪽 육면체에 0, 6, 7, 8의 수가 숨어 있다.

캘린더를 완벽하게 사용하려면 6의 면을 거꾸로 함으로써 9를 표시할 때에만 가능하다.

25. 【해답】 9cm²

오른쪽 그림의 화살표로 가리킨 맨 아래 정사각형의 한 변의 길이를 가령 1로 해보자. 그러면 그 위의 정사각형의 한 변의 길이는 2이고, 그 왼쪽에는 3인 정사각형이 두 개, 다시 그 왼쪽에는 6인 정사각형이 한 개 늘어선다. 이로부터 오른쪽 두 개의 정사각형의 한 변의 길이도 4와 5가 되고, 오른쪽 아래 직각이등변삼각형의 한 변의 길이는 9가 된다.

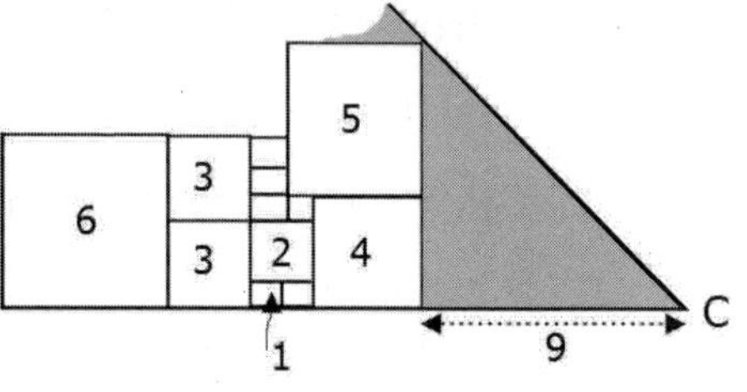

다음은, 오른쪽 그림의 화살표로 표시한 4와 1과 5의 정사각형에서부터 위로 나아간다. 그러면 모두의 길이가 차례로 결정되고 회색 칠한 3개의 직각이등변삼각형의 한 변의 길이는 아래서부터 차례로 4, 4, 7이 된다.

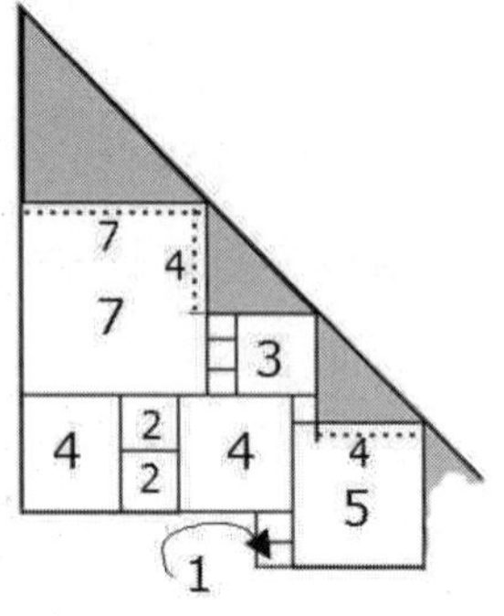

이 치수로 가면,

AD=DE=7, EF=4, FB=6이 되고,

AB의 길이는

AB=AD+DE+EF+FB=7+7+4+6=24이다.

실제의 길이는 8cm이므로, 이것까지의 길이를 3(24÷8)으로 나누면 실제 길이가 된다. 이렇게 해서 회색으로 나타낸 4개의 직각삼각형의 넓이의 합은

$(9/3\times9/3+4/3\times4/3+4/3\times4/3+7/3\times7/3)\div2=9(cm^2)$

가 된다.

26.【해답】 2.15cm

이 정사각형의 넓이는,

$5\times5=25(cm^2)$이다.

또 회색 부분을 제외한 4개의 직각삼각형의 넓이는 각각 왼쪽 아래 귀퉁이=$3.5cm^2$, 왼쪽 위 귀퉁이=$2.25cm^2$, 오른쪽 위 귀퉁이=$4cm^2$, 오른쪽 아래 귀퉁이=$1cm^2$이다. 이로부터 회색 부분의 넓이는,

$25-(3.5+2.25+4+1)=14.25(cm^2)$

가 되고, 그 절반은,

$14.25\div2=7.125(cm^2)$이다.

여기서 오른쪽 그림과 같이 변 BC 위에서 점 B로부터 2cm의 점을 F라고 하면 사다리꼴 ABFE의 넓이는,

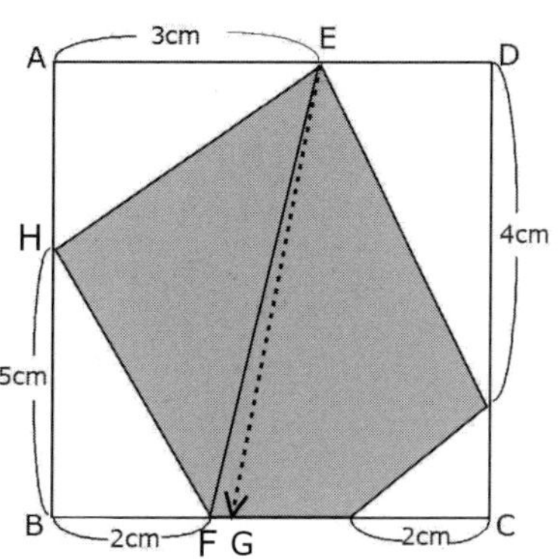

$\{(3+2)\times5\}\div2=12.5(cm^2)$이다.

이로부터 △EHF의 넓이는,

$12.5-(3.5+2.25)=6.75(cm^2)$가 되고,

회색 부분 넓이의 절반인 $7.125cm^2$보다 $0.375cm^2(7.125-6.75)$만큼 작아진다.

이로써 △EFG의 넓이가 $0.375cm^2$가

되도록 하면 직선 EG는 회색 부분의 넓이를 2등분한다.

△EFG의 높이는 5cm이므로,

FG=(0.375÷5)×2=0.15(cm)가 되고,

점 B에서부터의 거리는 2.15cm(2+0.15)가 된다.

27. 【해답】 79년

기원전과 기원후를 구분 짓는 사이에 0으로 불리는 해는 없다. BC 1년 다음에 오는 해는 AD 1년이다.

28. 【해답】 8시간

태평양표준시 오전 9시 30분은 우리나라 표준시로 이튿날 오전 2시 30분이다.

29. 【해답】 같다.

어떤 수를 x라 하면,

$\frac{5(2x+5)-25}{10}$=x

30. 【해답】 각각의 소수 값은 모두 똑같은 6개의 수가 순서로 배열되어 있다.

$\frac{1}{7}$=0.$\overline{142857}$

$\frac{2}{7}$=0.$\overline{285714}$

$\frac{3}{7}=0.\overline{428571}$

$\frac{4}{7}=0.\overline{571428}$

$\frac{5}{7}=0.\overline{714285}$

$\frac{6}{7}=0.\overline{857142}$

December Problem

◀수학 에세이▶

<연쇄(連鎖)의 일부>

다음 식의 답을 찾아보라.

$$(x-a)\cdots\cdots(x-z)=?$$

"지혜로운 이는 작은 돌을 어디에 감출까?"

"바닷가에."

"지혜로운 이는 나뭇잎을 어디에 감출까?"

"숲속에."

이것은 명탐정 브라운 신부의 어떤 이야기 가운데 유명한 대화이다. 이 말에는 문제를 푸는 요령이 숨겨져 있는 것 같다. 출제자가 지혜로운 이라면 풀이하는 이도 지혜로운 이의 사고를 웃돌지 않으면 안 된다.

예를 들면, 이 x를 포함한 식의 답을 구하는 문제를 접해서, 문제 치고는 너무나 어렵다고 생각해버리지나 않을까? 그렇다. 출제자는 아무리 난해하게 보이는 문제라도 그 속에 슬쩍 해답의 실마리를 숨기고 있는 것이다.

식 속에서 앞쪽으로 거슬러 올라가면 $(x-z)(x-y)(x-x)\cdots\cdots$

$x-x=0$, 따라서 식의 답은 0이 된다.

식이 길고 복잡해 보이는 『……』 바로 거기에서 감춰져 있는 실마리를 발견해 내는 것이다. 하나하나 차근차근 실타래를 풀어가는 가운데 $(x-x)$까지 오게 된다.

그렇다! $(x-x)$는 0(zero)이므로 식의 다른 부분이 아무리 복잡하더라도 답은 0밖에 될 수가 없는 것이다.

【해답】 0 (제로)

1.

그림과 같이 $41m^2$, $97m^2$, $196m^2$가 되는 정사각형 테라스에 둘러싸인 정원(삼각형 ABC)의 넓이 S는?

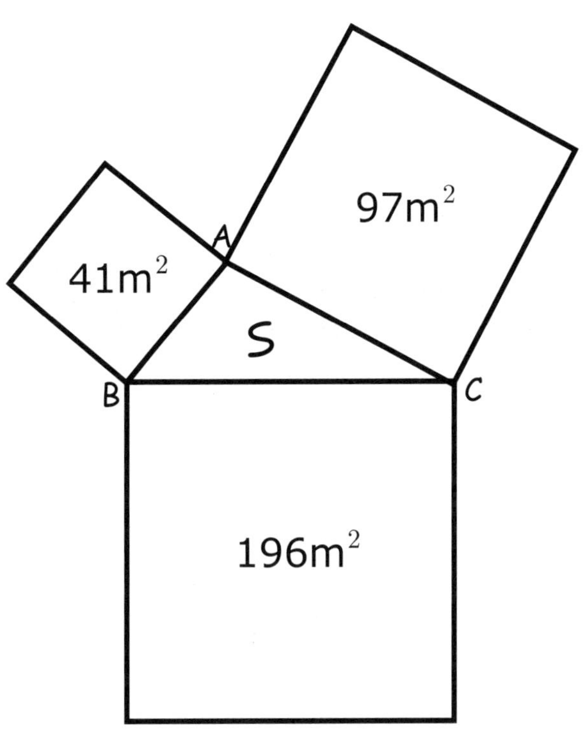

2.

b진법으로 121에 212를 더하면 10진법으로 43의 3배가 된다. 그러면 b진법으로 다음 식은?

$$111+111+11=?$$

3.

같은 문자는 같은 숫자를 나타낸다. 다음 문자들을 숫자로 바꾸어 식을 성립시켜라.

```
  PUPIL
+ PUPIL
-------
 SCHOOL
```

4.

같은 문자는 같은 숫자를 나타내며, S나 M은 0이 아니다. (세 가지 답이 있다.)

$$
\begin{array}{r}
\text{SAVE} \\
+\ \text{MORE} \\
\hline
\text{MONEY}
\end{array}
$$

5.

메리는 3센트, 9센트, 10센트, 12센트, 13센트, 14센트짜리 우표를 각각 1장씩 6장 가지고 있다. 그런데 그 중에서 그림엽서를 부치면서 5장을 써버렸다. 그런데 한 장의 그림엽서는 다른 한 장보다 엽서 값이 2배가 더 비쌌다. 그래서 한 장의 우표만 남았다. 남아 있는 우표는 얼마짜리일까?

6.

다음에서 알 수 있는 것은 이 식에서 7은 하나밖에 없다는 것이다. 빈칸을 채워라.

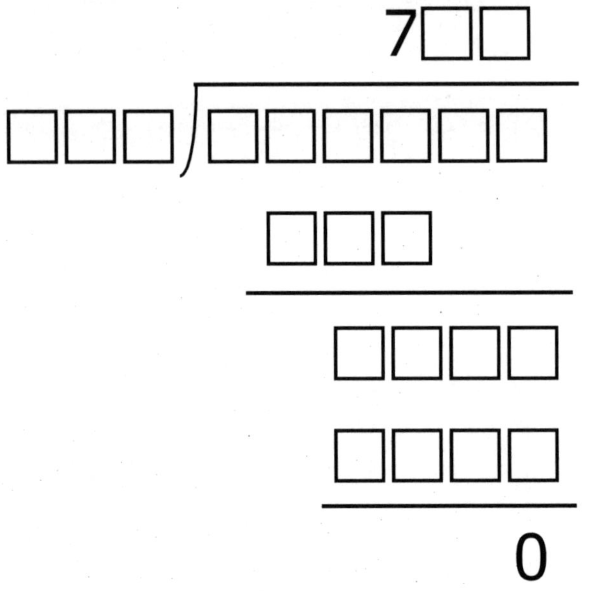

7.

다음 도형을 연필을 띄지 말고 단번에 그려 보라.
(단 같은 길은 두 번 가면 안 된다.)

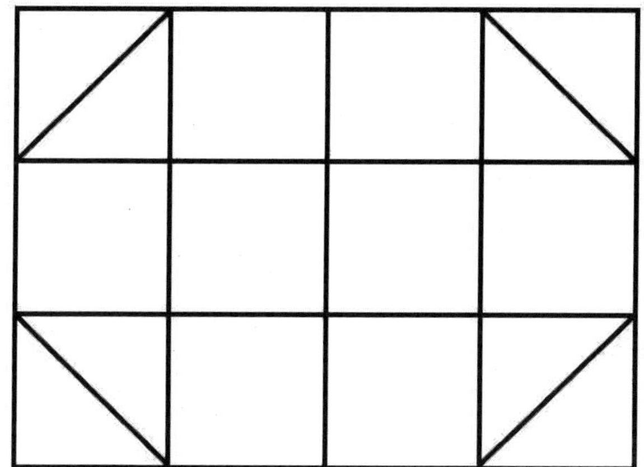

8.

그림과 같은 정오각형이 있다. 이 정오각형 안쪽에 별모양을 그려 보자. 그런 다음 바깥쪽에도 별모양을 그려 보자. (단, 연필과 눈금이 없는 자만 이용한다)

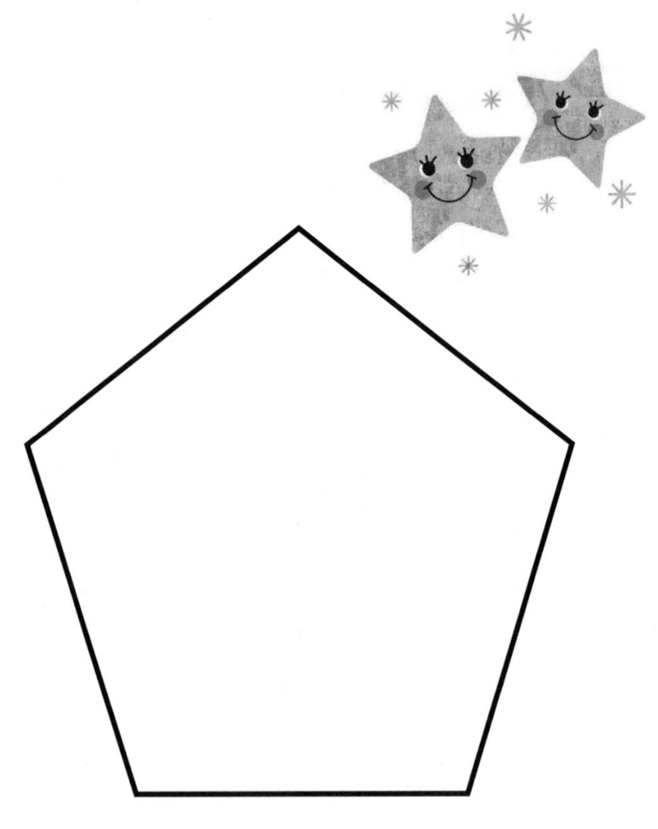

9.

다음 도형에 사각형 한 개를 그려 넣어 똑같은 삼각형 10개를 만들려고 한다. 어떻게 그리면 좋을까?

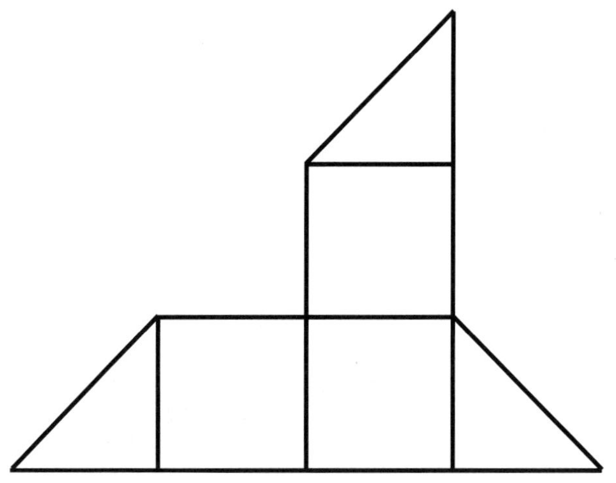

10.

아버지가 세 자식들에게 유언을 했다.

"만일 내가 죽거든 재산 3억 원을 너희들 나이에 비례해서 나누어 갖도록 해라."

그런데 지금 당장 나눈다면 둘째아들은 1억 원을 받을 수 있지만, 아버지는 그 후 8년을 더 살다가 돌아가셨다. 그래서 유언대로 3억 원을 배분하게 되었는데 큰아들은 1억 4천만 원을 받았다. 그렇다면 둘째와 셋째는 얼마씩 받았을까?

11.

X=?

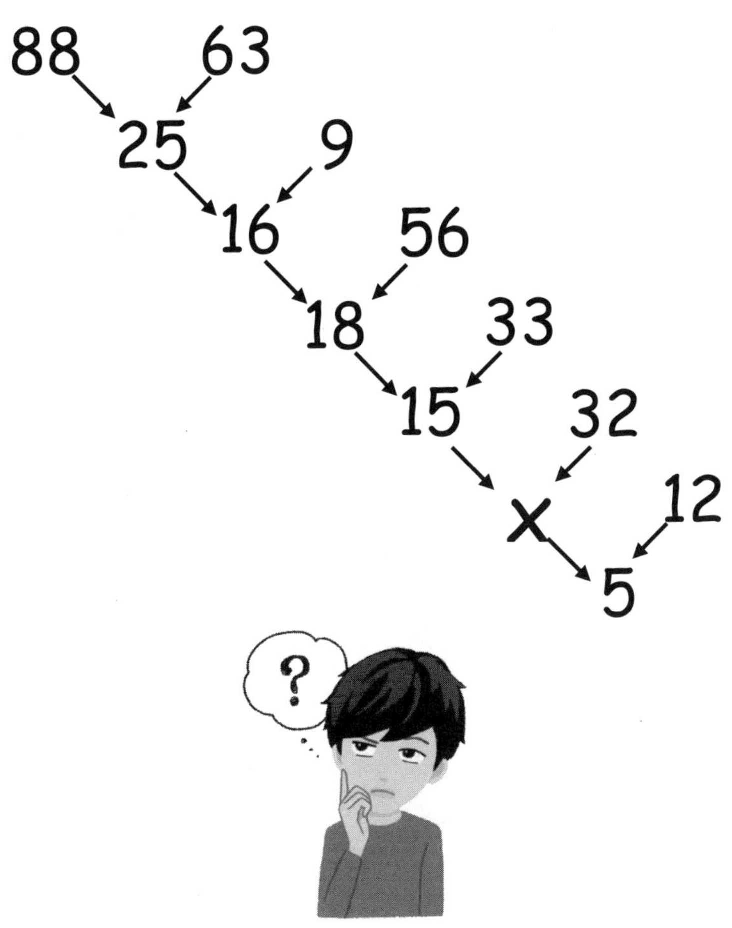

12.

세 개의 원이 그림과 같이 교차해서 A~G 7개의 영역으로 되어 있다. 1에서 7까지의 숫자를 하나씩 맞춰 넣어 어느 원 안의 수의 합도 같아지도록 하는데,

(1) 각 원 안의 수의 합이 가능한 한 적도록 할 것.

(2) 각 원 안의 수의 합이 가능한 한 커지도록 할 것.

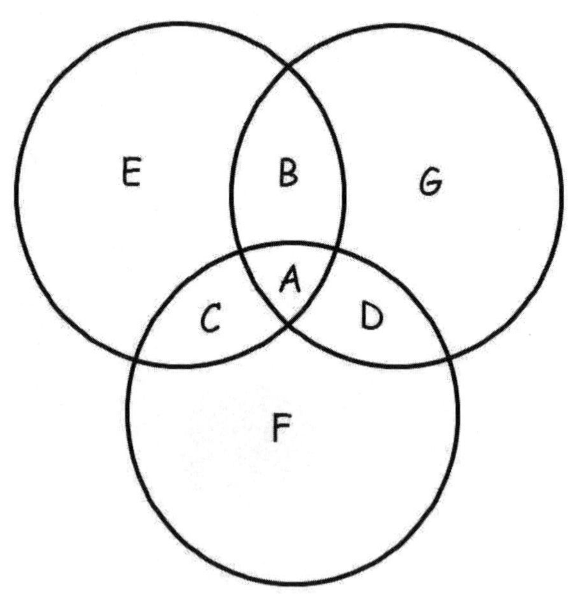

13.

5개의 원이 그림과 같이 줄지어 A~I 9개의 영역으로 되어 있다. 1에서 9까지의 숫자를 하나씩 맞춰 넣어 어느 원 안의 수의 합도 같아지도록 하고 싶다.

(1) 원 안의 숫자의 합이 최소가 되게 하라.

(2) 원 안의 숫자의 합이 최대가 되게 하라.

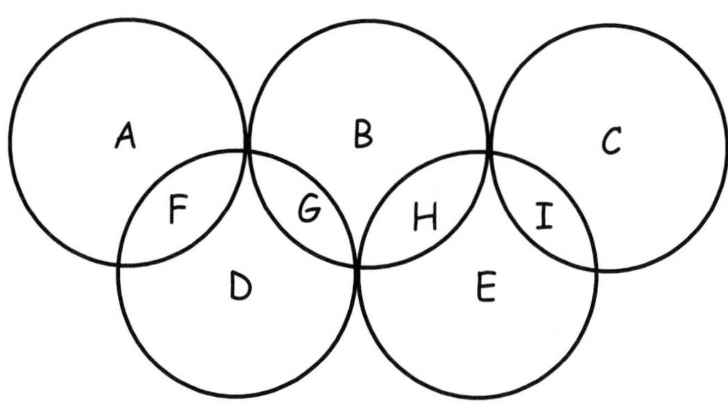

14.

같은 숫자가 셋 이어진 정수를 써 보자. (예를 들면 888)

그 수에서 어떤 세자리수 ①을 빼고 세자리수가 남도록 한다. (예 : 888－135①=753)

그 답에서 또 어떤 세자리수 ②를 빼 세자리수가 남도록 한다. (예 : 753－345②=408③)

처음에 뺀 수, 두 번째 뺀 수, 나머지수를 늘어놓아 아홉자리수를 만든다. (135345408)

이 수는 37로 나누어 떨어져야 한다.

135345408÷37=3657984

이에 대해 증명하라.

15.

한 변의 길이가 3cm인 정사각형의 종이가 있다. 그 위에 한 변의 길이가 4cm인 정사각형 종이의 한 모서리를 처음 종이의 중심 O에 합쳐지도록 그림과 같이 놓는다. 그러면 겹친 부분의 넓이는 얼마인가?

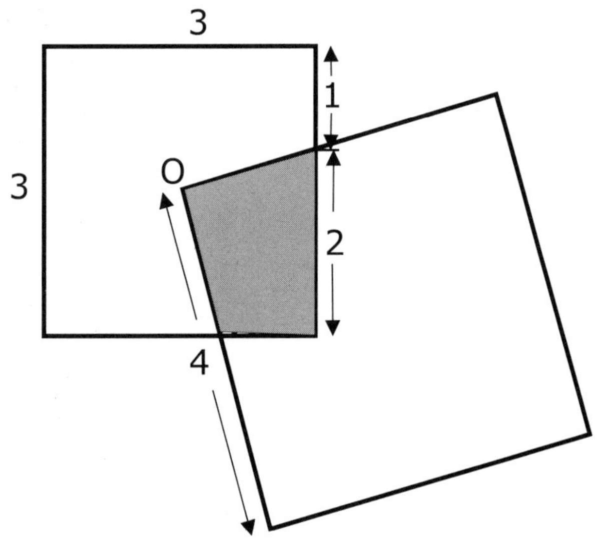

16.

아래와 같은 트랙의 넓이를 구하고 싶은데, 그림과 같이 내부의 원에 접하는 바깥쪽 원의 현 AB를 쟀더니 그 길이가 20m이었다. 그렇다면 트랙의 넓이를 알 수 있을까?

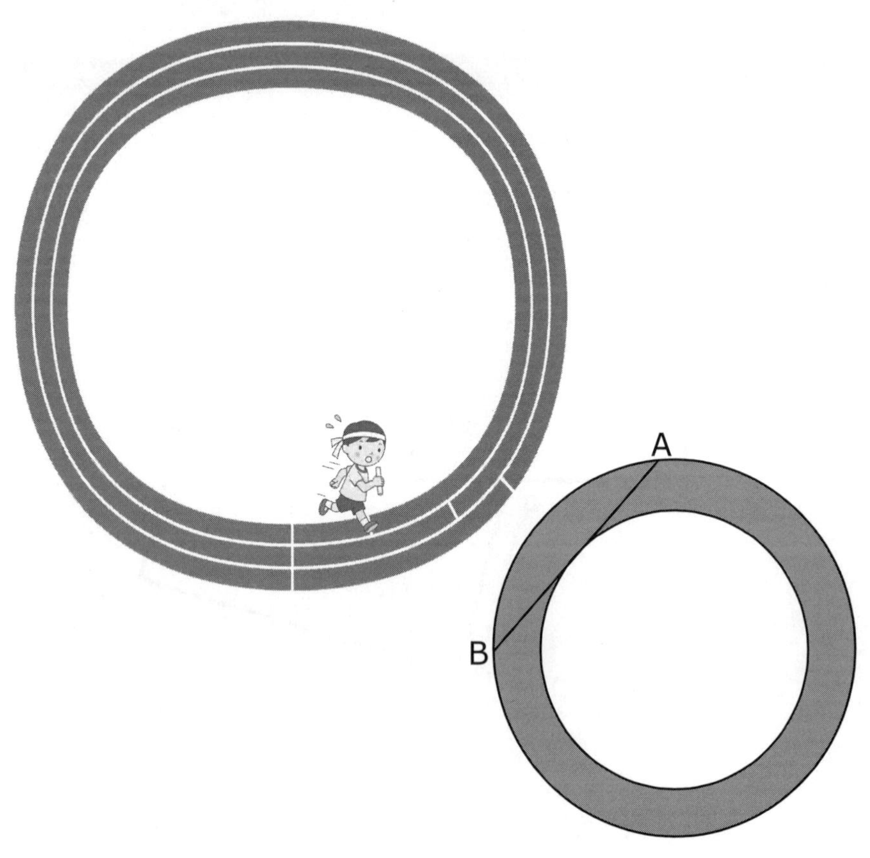

17.

반지름 10cm의 원 O에 내접하는 삼각형 ABC를 그린 다음, 세 변 BC, CA, AB의 중점을 각각 L, M, N이라 할 때, 이 세 점 L, M, N을 지나는 원 O'를 그리면 그 반지름은 몇 cm인가?

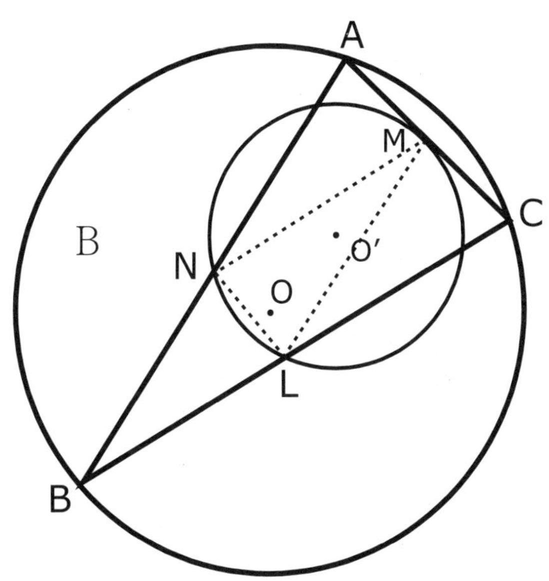

18.

농도가 다른 두 종류의 식염수 A, B가 있다. A에서 30g, B에서 20g을 각각 채취해 섞으면 6%의 식염수가 되고, 바꾸어 A에서 20g, B에서 30g을 채취해 섞으면 8%의 식염수가 된다. 그러면 A, B에서 같은 양을 채취해 섞으면 몇 %의 식염수가 되겠는가?

19.

그림의 △ABC는 ∠B가 직각인 이등변삼각형이다. 삼각형 S_1과 삼각형 S_2는 어느 쪽이 얼마만큼 넓은가?

AD=CE=4cm라는 것만 알고 있다.

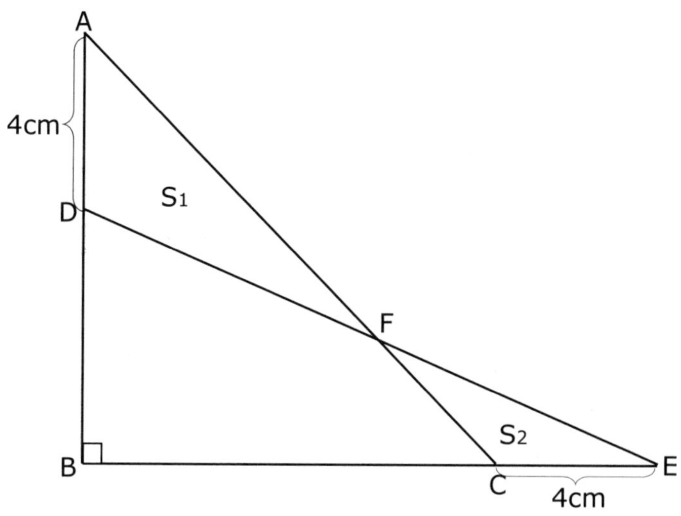

20.

캠프를 간 요리사가 간장 40그램을 달려고 한다. 그러나 그는 50그램 저울과 30그램 저울밖에 가져오지 않았다. 그러나 지혜로운 요리사는 정확하게 40그램의 간장을 사용해서 요리를 했다. 그는 어떻게 해서 달 수 있었을까?

21.

다음 세 개의 정사각형에 둘러싸여 있는 삼각형의 넓이를 구하라.

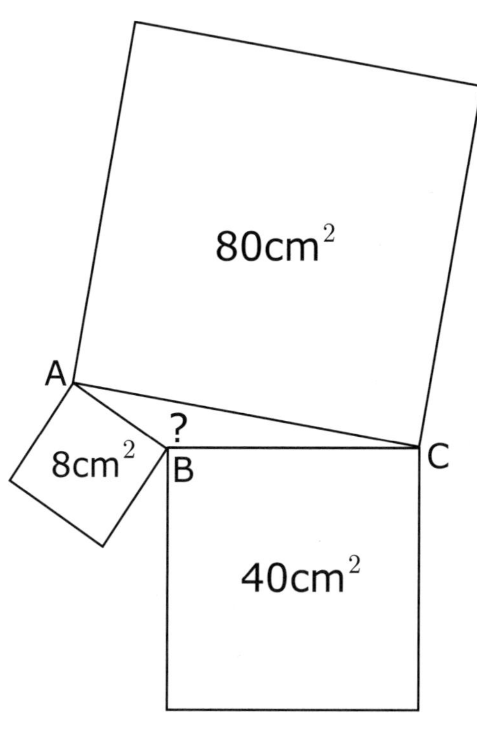

22.

그림과 같이 1×2의 직각사각형 종이에서 1/4에 해당하는 한 귀퉁이 S 부분을 잘라내어 사다리꼴로 만들었다. 이 사다리꼴을 모양과 크기가 같은 4개의 부분으로 분할하라.

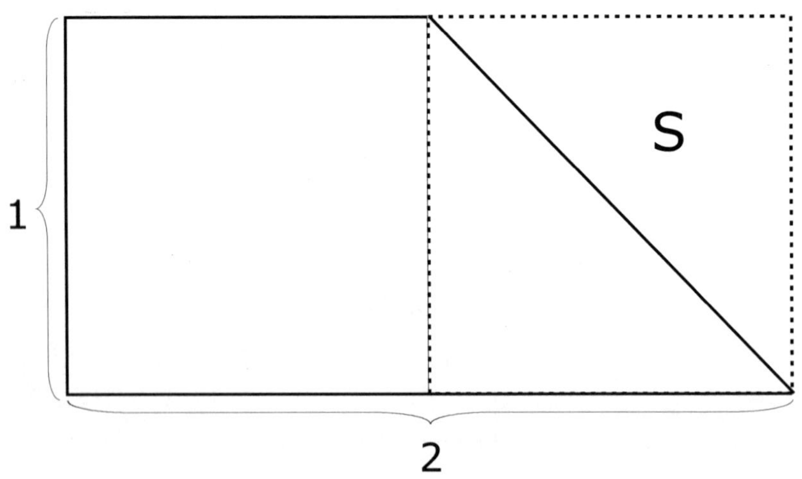

23.

아래 그림의 사각형 ABCD는 A와 B가 직각인 사다리꼴이다. E는 변 DC의 중점이고, 직선 PE는 사다리꼴 ABCD의 넓이를 2등분하도록 그어져 있다. 세 변 AD, AB, BC의 길이가 각각 10cm, 20cm, 36cm라고 할 때, PB의 길이는 얼마가 될까?

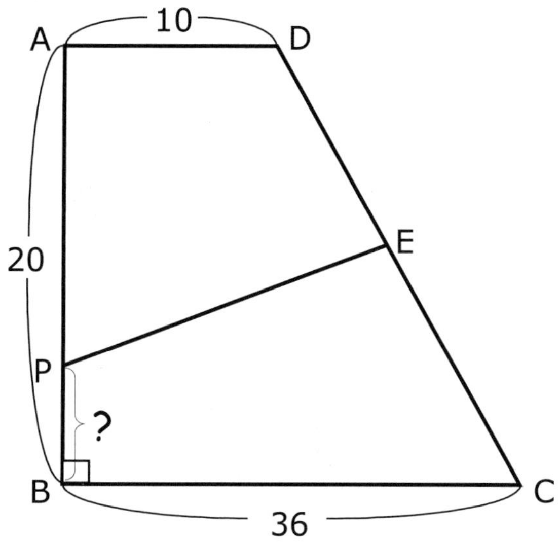

24.

그림과 같은 T자 형 도형을 4개의 같은 모양 같은 크기로 분할하여 오른쪽 그림과 같이 X자 형으로 짜 맞추어보자. (분할된 부분을 뒤집어도 좋다.)

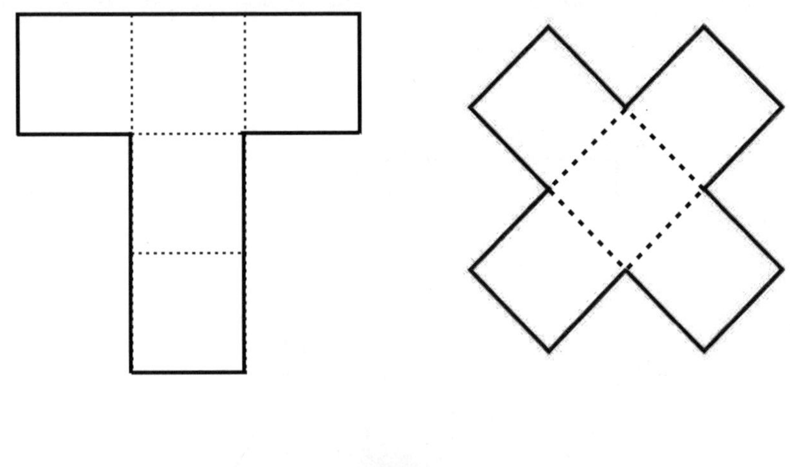

25.

두 변의 비가 $\sqrt{3}$: 2인 직사각형을 넓이가 같은 세 개의 다각형으로 분할한 다음, 그것을 다시 짜맞추어 정육각형을 만들 수 있을까?

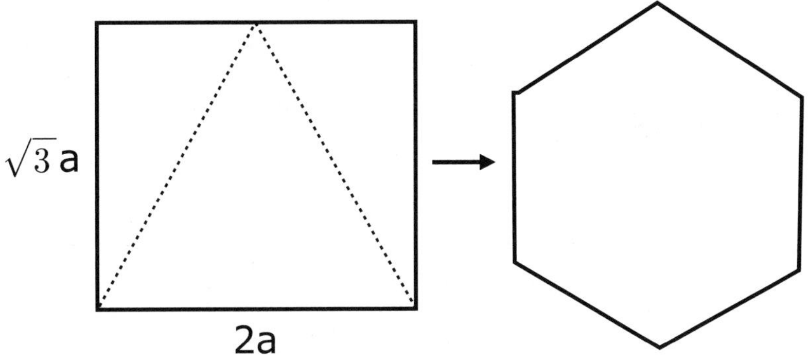

26.

그림에서 점 A는 농부의 집이고, 점 B는 마구간, 점 C는 물가를 나타낸다. 농부는 매일 집에서 물가에 들러 물을 길어 마구간 말에게 물을 먹이고 집으로 돌아온다. 농부가 A에서 C를 거쳐 B로 가는 지름길을 구하는 것은 보통 다음과 같이 구할 수 있다.

점 B의 물가 XY에 대한 대칭점을 B'라 하고 A와 B'를 연결한 선이 XY와의 교점 C를 구하면, A에서 C를 경유해서 B로 가는 길이 가장 지름길이 된다. 그러나 물가 쪽의 점 B'가 결정되지 않는 경우도 있다. 이 경우 육지 쪽만으로 점 C를 구하려면 어떻게 하면 좋을까?

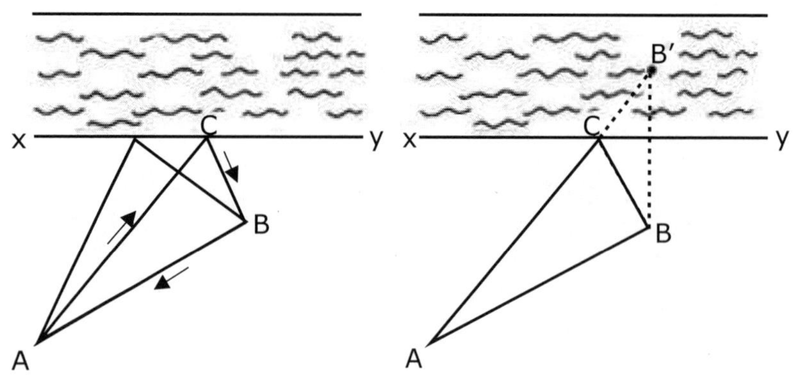

27.

그림과 같이 원 O(중심은 O)는 그 원 내부와 외부에 한 점씩 A와 B가 있다. B에서 A쪽으로 직선을 그으면 원과 두 점에서 만나게 되는데, 이 교점을 컴퍼스만으로 구해 보라.

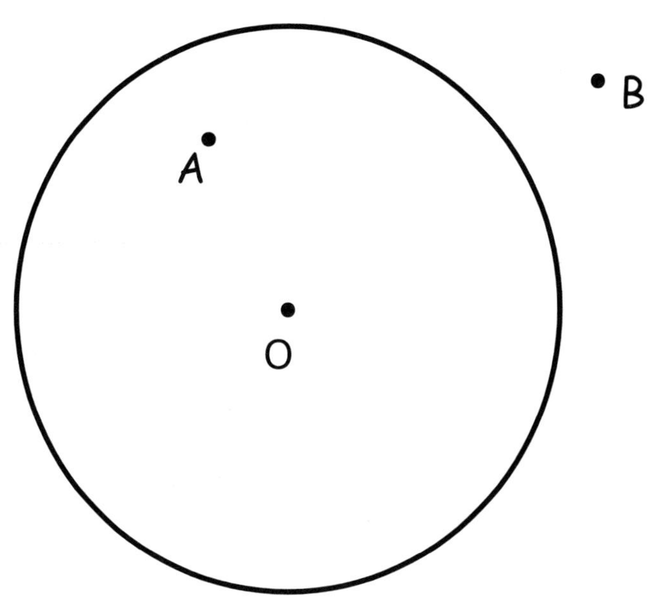

28.

그림과 같이 교차하고 있는 두 원이 있는데, 어느 쪽도 중심이 나타나 있지 않다. 눈금 없는 자(두 점을 통과하는 직선을 그어)만으로 이들 원의 중심을 구하라.

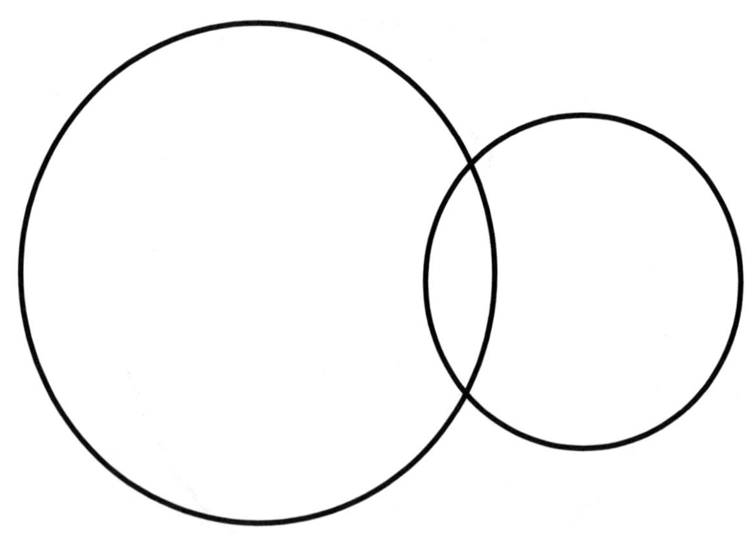

29.

그림의 점 M은 선분 AB의 중점이다. 이 밖에 직선 AB의 선상에 있지 않은 점 P가 있다. 눈금 없는 자만을 사용해서 P를 지나며 AB에 평행한 직선을 그어 보라. 같은 간격으로 나열된 세 점이 직선상에 나타나 있으므로 이 직선에 대한 평행선을 긋는 것이다.

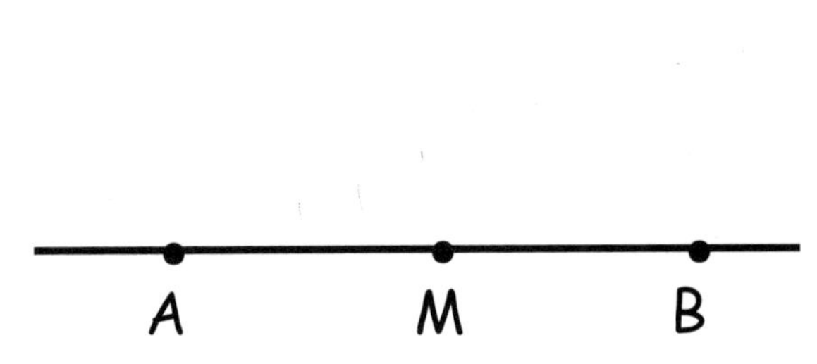

30.

서양장기(체스)에는 나이트란 말(馬)이 있다. 그 나이트는 예의 그림과 같이 진행할 수 있다. 그러면,

(1) 그림 a에서, 나이트가 A에서 출발해서 계속 진행할 때 가장 먼 곳은 어디인가?

(2) 그림 b에서, 나이트가 A에서 출발해서 계속 진행할 때 가장 먼 곳은?

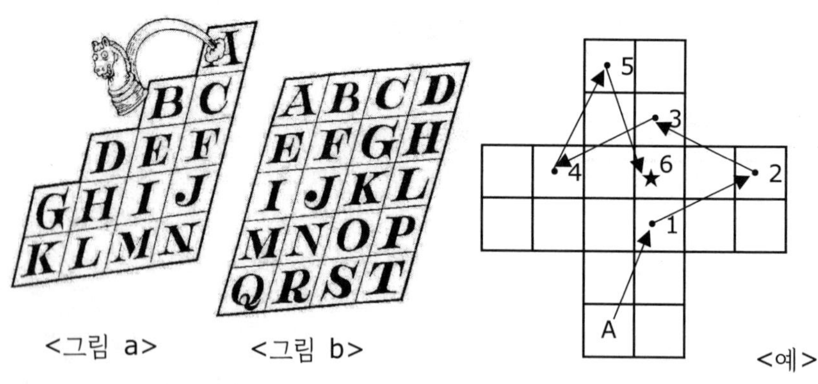

<그림 a> <그림 b> <예>

31.

임의의 형태로 삼각형을 그리고, 세 개의 꼭짓점에서부터 마주 본 변을 2:1로 나누는 세 직선을 그림과 같이 그린다. 빗금 친 내부의 작은 삼각형의 넓이는 원래의 삼각형의 넓이의 몇 분의 몇이 될까?

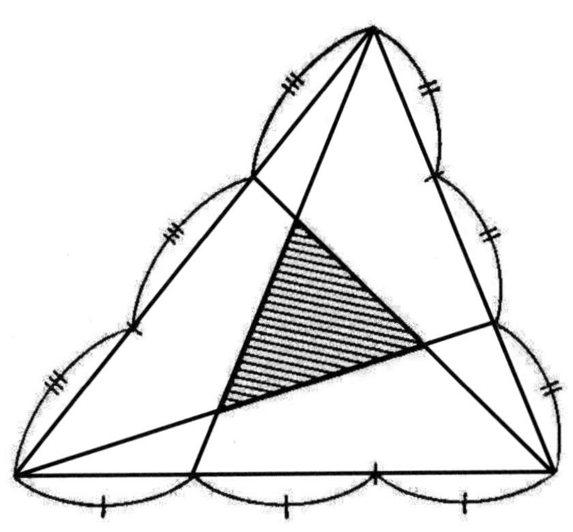

Problem Solving

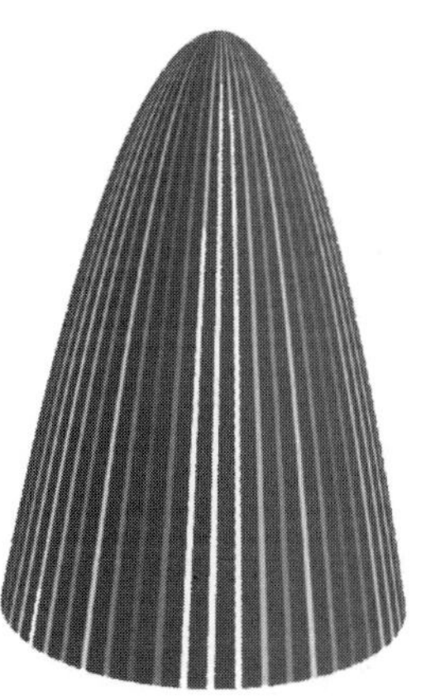

1. 【해답】 28cm²

BC, CA, AB를 각각 a, b, c 라 하면,

$a^2=196$, $b^2=97$, $c^2=41$이 된다.

$\therefore$ a=14

A에서 BC에 수선을 내려 H라 하고, CH=x, BH=y, AH=h라 하면,

$x+y=14$……①

$h^2=97-x^2$……②

$h^2=41-y^2$……③

②, ③에서

$97-x^2=41-y^2$

$(x+y)(x-y)=56$

$14(x-y)=56$($\because$ ①을 대입)

$x-y=4$……④

①, ④에서 x=9, y=5

②에서 h=4가 되므로,

$\triangle ABC=\frac{1}{2}ah=28(m^2)$

이상으로 문제의 해답은 나왔지만, 이 해법은 일반적인 △ABC의 넓이 구하는 방법을 암시하고 있다. 즉 삼각형의 세 변의 길이 a, b, c를 알고 삼각형의 넓이 S를 구하는 공식(헤론의 공식)을 구하는 방법과 같은 것이다.

위의 그림과 같이 a, b, c, x, y, h라 하자.

$x+y=a$………①

$h^2=b^2-x^2$……②

$h^2=c^2-y^2$……③

②, ③에서 h를 지워버리면

$(x+y)(x-y)=b^2-c^2$

여기에 ①을 대입하면

$a(x-y)=b^2-c^2$……④

①, ④에서 y를 지우면

$2ax=a^2+b^2-c^2$……⑤

②의 양변에 $4a^2$을 곱해서 ⑤를 대입하면,

$16S^2=4(ah)^2$

$=(2ab)^2-(a^2+b^2-c^2)^2$

$=(2ab+a^2+b^2+c^2)(2ab-a^2-b^2+c^2)$

$=\{(a+b)^2-c^2\}\{c^2-(a-b)^2\}$

$=(a+b+c)(a+b-c)(c+a-b)(c-a+b)$

여기에서 $2s=a+b+c$로 놓으면

$b+c-a=2s-2a$

$c+a-b=2s-2b$

$a+b-c=2s-2c$가 되므로

$16S^2=16s(s-a)(s-b)(s-c)$

$\therefore$ $S=\sqrt{s(s-a)(s-b)(s-c)}$

이것이 헤론의 공식이다.

*삼각형 세 변의 길이를 a, b, c로 하고 $2s=a+b+c$로 놓으면 삼각형의 넓이 S는 다음 식에 의해 구해진다.

$S=\sqrt{s(s-a)(s-b)(s-c)}$

2. 【해답】 233

b진법의 121+212는 43×3이므로

$b^2+2b+1+2b^2+b+2=43\times3$이 된다.

$3b^2+3b+3=43\times3$

$b^2+b-42=0$

$(b-6)(b+7)=0$

$b>0$이므로 $b=6$

6진법에서의 111+111+11은

$(6^2+6+1)+(6^2+6+1)+6+1=93$

93을 6진법으로 고치면

$93=2\times6^2+3\times6+3$

∴ 233

3. 【해답】 76720+76720=153440

우선 S=1임을 알 수 있다. 또 「단」 자리의 계산으로부터 L=0임을 알게 된다. 다음 「십」 자리 계산으로부터 O는 짝수라는 것을 알 수 있으므로 「십」 자리의 덧셈은 자리올리기를 하지 않고 있다는 것을 알 수 있다. (만일 자리올리기를 했다면 「백」 자리의 덧셈으로 O가 홀수로 되어 모순이 생기기 때문이다.)

2I=O, 2P=10+O……①임을 알 수 있다. 「천」 자리의 덧셈에

자리올리기가 없다고 한다면 「만」 자리의 덧셈으로부터

10+C=2P=10+O ∴C=O가 되어 불합리하다.

그러므로 「천」 자리의 덧셈에는 자리올리기가 있을 것이다.

2U+1=10+H……②

2P+1=10+C……③

①, ③으로부터

C=O+1……④

이미 0과 1은 사용하였으므로 2부터 9까지의 숫자 가운데서 O=2I, P=I+5, C=2I+1, H=2U−9를 만족하는 I, O, P, C, U, H를 구하면 된다.

I는 2, 3, 4 가운데 어느 것인가가 된다.

I=2일 때, O=4, P=7, C=5, U=6, H=3이 얻어진다.

I=3일 때 O=6, P=8, C=7이지만, 아직 U, H를 알 수가 없다.

I=4일 때 P=9=C가 되어 부적합하다. 결국 이 덧셈은,

76720+76720=153440이 되는 것이다.

4. 【해답】

$$\begin{cases} 9376+1086=10462 \\ 9476+1086=10562 \\ 9486+1076=10562 \end{cases}$$

5. 【해답】 10센트짜리

한 장의 그림엽서의 송료가 다른 한 장보다 2배 비싸므로 두 장의 그림엽서 송료의 합은 싼 그림엽서의 3배이므로, 3의 배수가 되어야만 한다.

우표 액수의 합계=3+9+10+12+13+14=61(센트)

이 6장 가운데 1장만 남기고 나머지 5장의 우표의 합계가 3의 배수가 되어야 하므로, 남은 우표는 3으로 나누면 1이 남는 가격의 것이다.

그러므로 남은 것은 10센트짜리이든가, 13센트짜리가 된다.

만일 13센트짜리 우표가 남아 있다고 하면 2장의 그림엽서의 합계는 48센트이고, 싼 것은 16센트가 된다. 그러나 3, 9, 10, 12, 14센트의 우표로는 16센트를 만들 수가 없다.

그러면 10센트짜리가 남아 있다고 하면 2장의 그림엽서의 합계는 51센트로, 싼 것이 17센트이니까 3센트짜리와 14센트짜리 우표를 붙인 셈이 된다. 비싼 것은 34센트로 9센트, 12센트, 13센트짜리 우표를 붙여서 그림엽서를 부친 셈이 되는 것이다.

따라서 남아 있는 것은 10센트짜리다.

6. 【해답】 100536÷142=708

각각의 □ 안에 문자 a, b, c, ……를 맞춰 넣는다.

```
         7od
abc)efghij
       lmn
      ----
       pqij
       ----
       pqij
       ----
          0
```

abc를 x로 놓는다.

lmn에 pq를 더한 것이 efgh이므로

l=9, e=1, f=0일 것이다.

7x는 9mn이니까 7x≦999일 것이고

∴x≦142가 된다. o는 0(제로)이고, 7x는 세자리수이지만 dx는 네자리수이니까 d는 8이나 9가 될 것이다.

또 7od에 x를 곱한 것이 10□□□□

이니까 $709x \geqq 10^5$이 되어 $x \geqq 142$가 되므로 결국 $x=142$이어야만 된다.

d=8과 d=9인 경우에 대해서 실제로 계산해 보면, d=9일 때는 「7」이 따로 또 나오기 때문에 문제의 조건에 맞지 않는다.

결국 이 나눗셈은,

$100536 \div 142 = 708$임을 알 수 있다.

7. 【해답】 그림과 같다.

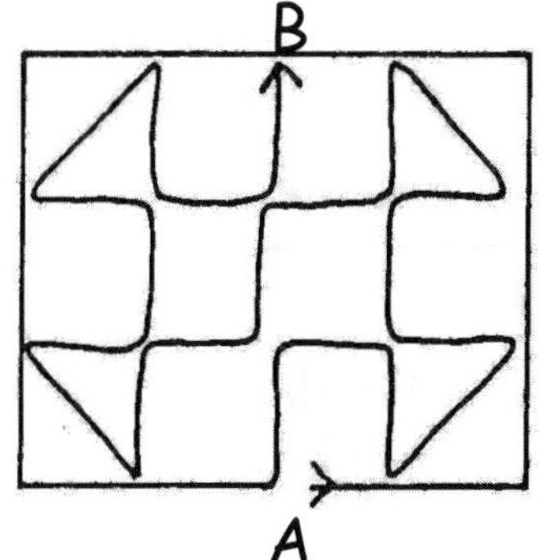

8. 【해답】 그림과 같이 정오각형의 꼭짓점과 변을 이용해서 간단히 그릴 수가 있다.

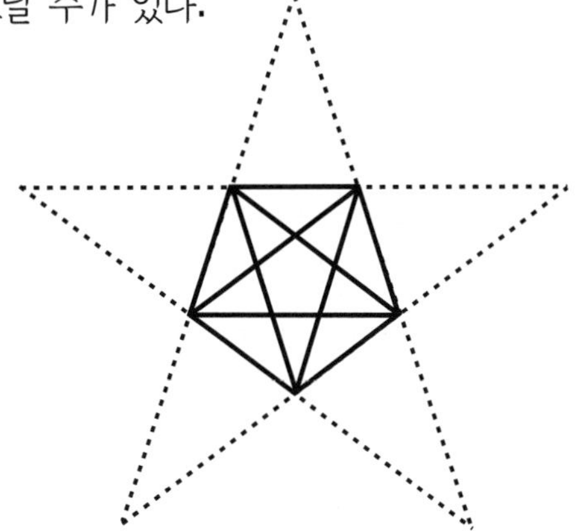

9. 【해답】 그림과 같다.

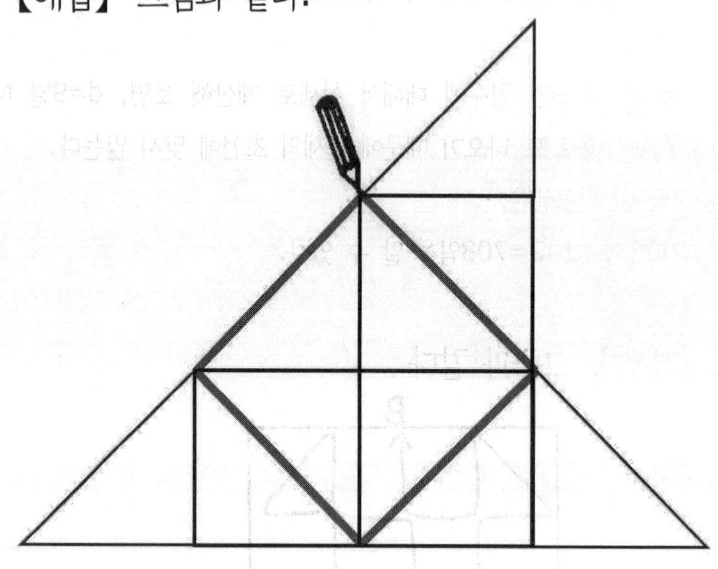

10. 【해답】 둘째아들 : 1억 원,
셋째아들 : 6천만 원

8년 전에 유산을 분배했다면 둘째아들이 1억 원을 받게 된다. 따라서 큰아들과 셋째아들은 합쳐서 2억 원을 받았다는 계산이 된다.

다시 말해서 큰아들과 셋째의 나이의 합계는 둘째의 2배라는 계산이다. 그런데 2배라는 관계는 몇 년이 지나도 변함이 없다.

예를 들면, 큰아들이 13세, 셋째아들이 7세(둘의 합은 20세), 둘째는 10세가 되어 2배가 되고, 그 이듬해에는 14세, 8세(둘의 합은 22세), 둘째가 11세로 2배이다. 그러므로 둘째아들이 받을 유산은 언제가 되더라도 1억 원이다. 단지 큰아들과 셋째만이 그 비율이 달라지지만 문제에서 큰아들은 이미 1억 4천만 원을 받았기 때문에 셋째는 나머지 6천만 원을 받게 된다.

11. 【해답】 11

8+8+6+3=25 이하도 마찬가지로 구성된 숫자를 합해 나가면 x=11이 된다.

12. 【해답】 (1), (2) 그림과 같다.

(1) 각 원 안의 숫자의 합이 최소일 때 (합 13)

(2) 각 원 내의 숫자의 합이 최대일 때 (합 19)

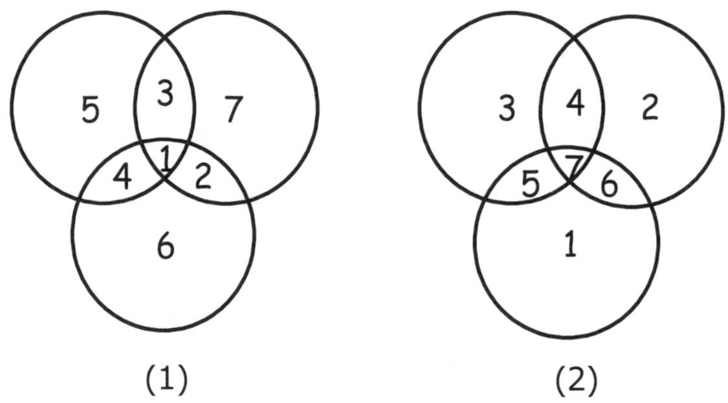

13. 【해답】 그림과 같다.

(1) 원 안의 숫자의 합이 최소일 때 (합 11)

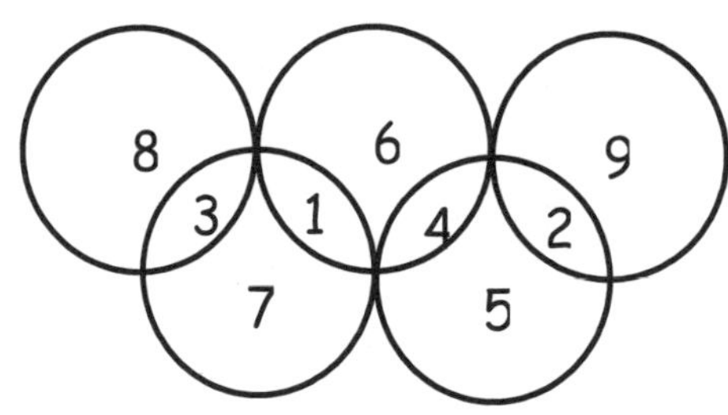

(2) 원 안의 숫자의 합이 최대일 때 (합 14)

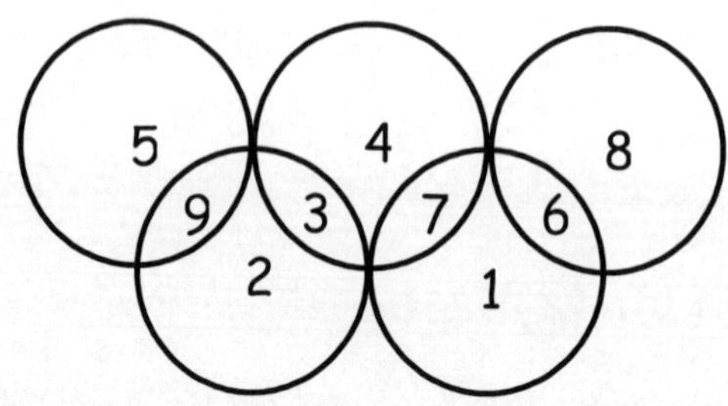

14. 【해답】

처음 3개의 같은 숫자를 N이라 하면, 그 수는 111N으로 표시할 수 있다. 또 처음에서 뺀 수, 두 번째 뺀 수, 나머지수를 각각 A, B, C라 하면, 이것을 늘어놓아 만든 9자리수,

세자리 세자리 세자리
(A) (B) (C)

는 10^6A+10^3B+C로 표시할 수 있다.

10^6=999999+1=37의 배수+1

10^3=999+1=37의 배수+1

따라서 이 9자리수는

10^6 · A +10^3 · B+C

=(37의 배수) · A+A+(37의 배수) · B+B+C

=37의 배수+A+B+C

=37의 배수+111 · N

=37의 배수+37×3 · N

=37의 배수

로 되기 때문이다.

15. 【해답】 2.25cm²

$3\times3\times\frac{1}{4}=2.25$

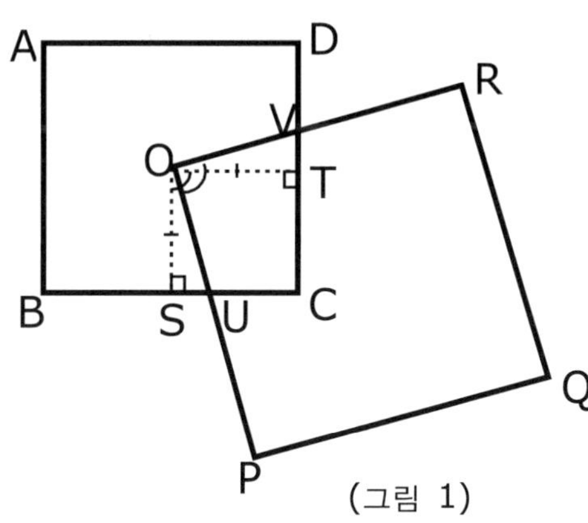

(그림 1)

나중 정사각형의 모서리가 앞의 정사각형의 중심에 있을 때 나중 정사각형을 어떻게 겹쳐 놓든 간에 겹쳐진 부분의 넓이는 똑같다.

그림 (1)에서

△OTV≡△OSU(∵두 각과 정점 간의 변이 같다.)

따라서 사각형 OUCV=사각형 OSCT=정사각형 ABCD$\times\frac{1}{4}$

그림 (2)의 경우에 대해서도 같다고 할 수 있다.

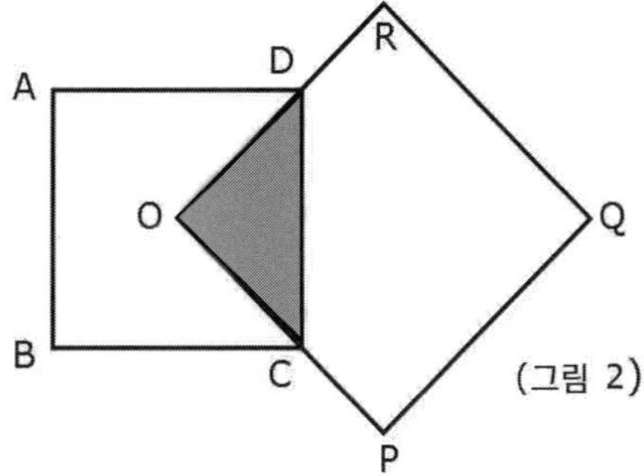

(그림 2)

16. 【해답】 100πm²

바깥쪽 원, 안쪽 원의 반지름을 각각 R, r, 현의 길이를 $\ell(2a)$이라 하자. 중심이 같은 원의 한쪽, 가령 안쪽 원의 반지름 r에 대해서, 그 반지름의 크기에는 무관하다는 것이다.

그래서 r=0인 경우를 생각해 보자.

이때 현의 길이 ℓ은 원 O의 지름이 되며, 트랙의 넓이는 이 원 O의 전체 넓이가 된다.

즉, 중심이 같은 원에 끼여 있는 트랙의 넓이는 안쪽 원에 접하고, 바깥쪽 원의 현을 지름으로 하는 원의 넓이와 같아져서 트랙의 넓이는 다음 식으로 얻을 수 있다.

$\pi\times(\frac{\ell}{2})^2=\pi\times10^2=100\pi(m^2)$

증명을 해보자.

∠OCA=90°이므로 직각삼각형 OAC에서 피타고라스의 정리에 의해서

$R^2-r^2=a^2$……①

그리고 트랙의 넓이를 S라 하면,

$S=\pi R^2-\pi r^2=\pi(R^2-r^2)$……②

②에다 ①을 대입하면,

$S=\pi a^2=\pi\times(\frac{\ell}{2})^2=\frac{1}{4}\pi\ell^2$

즉 S는 ℓ의 길이로 결정된다.

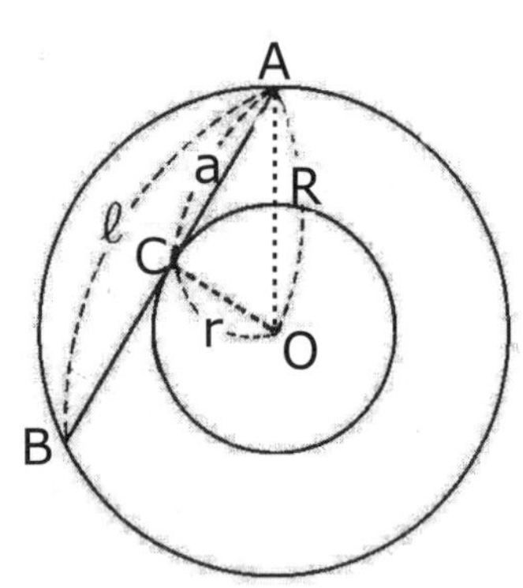

17. 【해답】 5cm

△ABC는 반지름 10cm인 원에 내접한다고 했으므로 △ABC의 크기나 형태는 여러 가지이므로 그것에는 관계없이 답이 같아진다고

추측할 수 있다. 그래서 △ABC가 정삼각형일 경우에 대해서 생각하면 답이 떠오를 것이다.

△ABC에 있어서 L, M, N은 각각 BC, CA, AB의 중점이므로,

$$\left.\begin{aligned} LM &= \frac{1}{2}AB \\ MN &= \frac{1}{2}BC \\ LN &= \frac{1}{2}CA \end{aligned}\right\}$$ [중점연결정리]

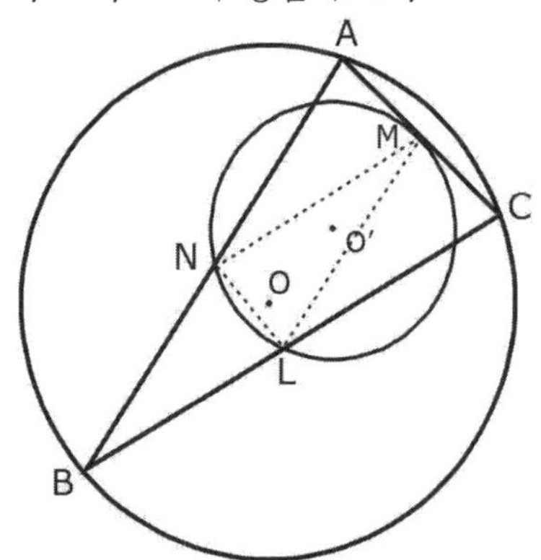

△ABC∽△LMN으로서 2 : 1이다.

따라서 LMN의 외접원의 반지름은 △ABC의 외접원의 반지름의 1/2이다.

이 원에 내접하는 △ABC가 어떤 형태이더라도 그 외접원의 반지름은 10cm로 일정하기 때문에 △LMN의 외접원의 반지름은 10cm의 반으로서 5cm가 된다.

18. 【해답】 7% (항상 7%이다)

만약 (1) A 30g, B 20g에서 6%(전량 50g)

(2) A 20g, B 30g에서 8%(전량 50g)

의 식염수를 따로 만들어서 (1)과 (2)를 섞으면,

(6+8)÷2=7(%)가 된다.

이것은 또 A 50g, B 50g의 같은 양을 섞은 것과 마찬가지이므로 A와 B에서 같은 양을 채취해 섞으면 항상 7%의 식염수가 된다.

19. 【해답】 S_1이 $8cm^2$ 크다.

△ABC의 크기가 주어지지 않았기 때문에 AB의 길이는 4cm보다 작지 않은 몇 cm라도 상관없을 것으로 추측할 수 있다. 그리고 AB=4cm라 하면, B와 D, C와 F가 일치하므로

S_1=△ABC

$=\frac{1}{2}\times4\times4=8(cm^2)$

$S_2=0$이 된다.

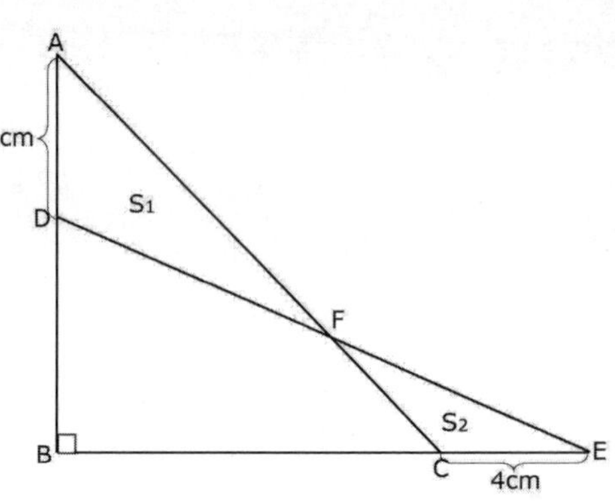

이것에서 일반적으로,

$S_1-S_2=8(cm^2)$일 것으로 추측된다.

이것을 증명하면,

AB=BC=a라 하면,

$\triangle ABC=\frac{1}{2}a^2$

S_1+사각형DBCF$=\frac{1}{2}a^2$

S_2+사각형DBCF$=\frac{1}{2}(a+4)(a-4)$

$=\frac{1}{2}(a^2-16)$

따라서 $S_1-S_2=\frac{1}{2}a^2-\frac{1}{2}(a^2-8)=8(cm^2)$

∴ AB의 길이가 몇 cm(4cm 이상이라면)라 하더라도 $S_1-S_2=8(cm^2)$가 된다.

20. 【해답】

우선 50그램의 저울을 간장 50그램으로 가득 채운다. 그것을 30그램의 저울로 옮겨 가득 채우면 20그램이 남는다.

다음에 30그램 달아 놓은 간장은 다른 그릇에 옮겨 담아 놓는다.

그런 다음 50그램의 저울에 남아 있던 20그램의 간장을 비어 있는 30그램의 저울에 올려놓는다.

다음에 50그램 저울을 또 간장으로 가득 채우고 거기에서 20그램이 들어 있는 30그램 저울에다 10그램을 옮기면 50그램 저울에는 정확히 40그램의 간장이 남게 되는 것이다.

21. 【해답】 $4cm^2$

정사각형의 넓이 $80cm^2$, $8cm^2$, $40cm^2$는 각각

$80=4^2+8^2$, $8=2^2+2^2$, $40=2^2+6^2$이 된다.

여기에서 그림과 같은 설계도를 그릴 수 있을 것이다.

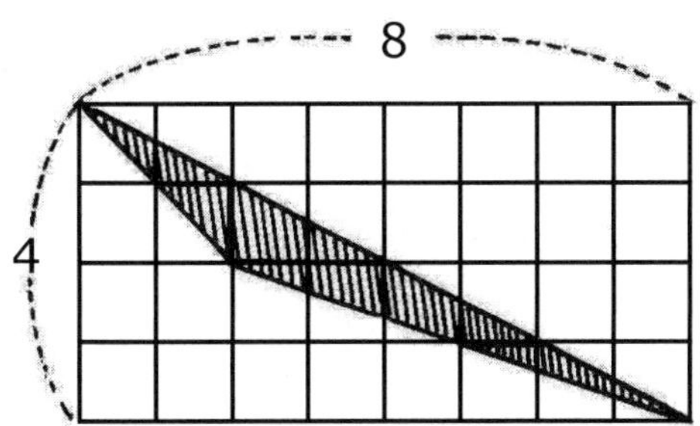

∴ △ABC의 넓이는,

$$\frac{1}{2}(2\times2)+\frac{1}{2}(2\times2)=4(cm^2)$$

22. 【해답】 그림과 같다.

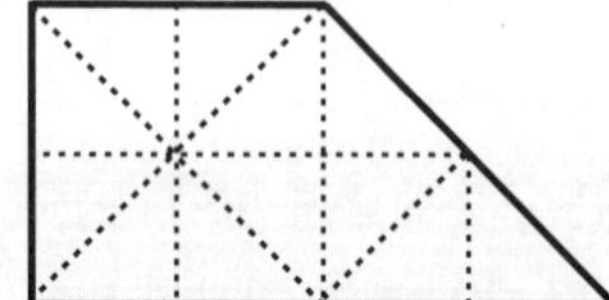

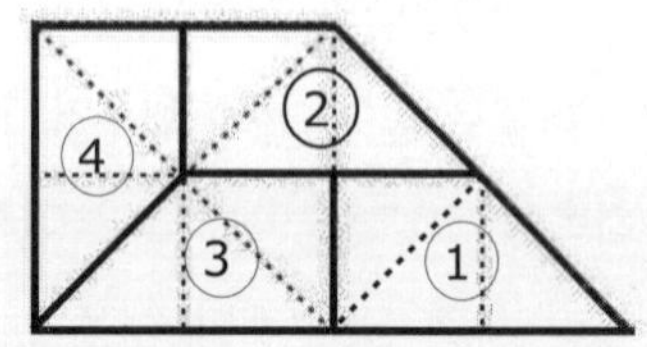

(1) 우선 왼쪽 그림과 같이 같은 모양, 같은 크기로 12개 부분으로 나눈다.

따라서 12개로 나눠진 삼각형 3개씩을 취해 같은 모양을 만드는 것을 생각하는 게 좋을 것이다.

그림에서 ①은 필연적이다. 그것에 따라서 다른 세 부분도 ①과 합동일 것이므로 ②~④가 정해진다.

23. 【해답】 $4\frac{8}{23}$cm

변 AB의 중점을 F로 하고, E와 F를 그림의 점선과 같이 연결합니다. 그러면 E, F는 각각 변 DC, AB의 중점이기 때문에 FE의 길이는 변 AD와 변 BC의 길이의 평균이 되어,

FE=(10+36)÷2=23(cm)가 된다.

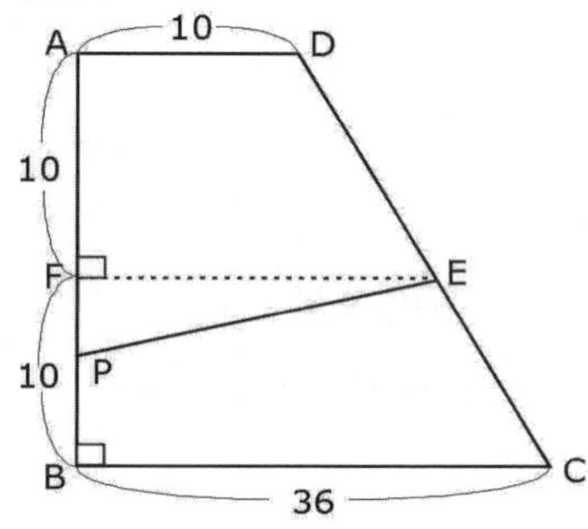

또 변 AD와 변 FE는 평행하기 때문에 사다리꼴 AFED의 넓이는,

(AD+FE)×AF÷2={(10+23)×10}÷2=165(cm^2)이다.

한편 원래의 사다리꼴 ABCD의 넓이는,

$\{(AD+BC)\times AB\}\div 2=\{(10+36)\times 20\}\div 2=460(cm^2)$

이고, 이 절반은 $230cm^2(460\div 2)$이다.

이것으로부터 삼각형 EFP의 넓이가,

$230-165=65(cm^2)$

가 되도록 P의 위치를 결정하면 되고, 이것은,

$(FP\times EF)\div 2=(FP\times 23)\div 2=65$

$FP=(65\times 2)\div 23=5\frac{15}{23}$(cm)가 된다.

이것으로부터 PB의 길이는 $4\frac{8}{23}$cm이다.

24. 【해답】 그림과 같다.

우선 그림과 같이 4등분이 용이하게끔 20개의 작은 정사각형을 그려 보는 것이 포인트가 된다.

그런 다음 작은 정사각형 5개를 가지고 만들 수 있는 도형을 생각해 보면 쉽게 풀 수 있다.

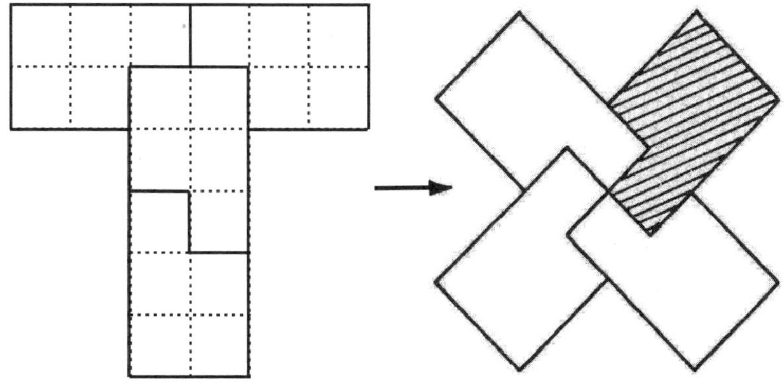

x의 사선 부분은 뒤집혀져 있다.

X, 즉 +자형을 같은 형 같은 크기의 4개의 도형으로 분할하는 것을 생각하는 편이 알기 쉬울는지도 모른다.

25. 【해답】 그림과 같다.

문제에서의 그림과 같이 하나의 정삼각형이 정확하게 들어가는 직사각형을 그린다면, 두 변의 비가 $\sqrt{3}$: 2가 된다.

<그리는 법>

(그림 1)의 직사각형 ABCD의 두 변의 길이를 AB=$\sqrt{3}$a, BC=2a라 하고, 직사각형의 중심을 O라 한다.

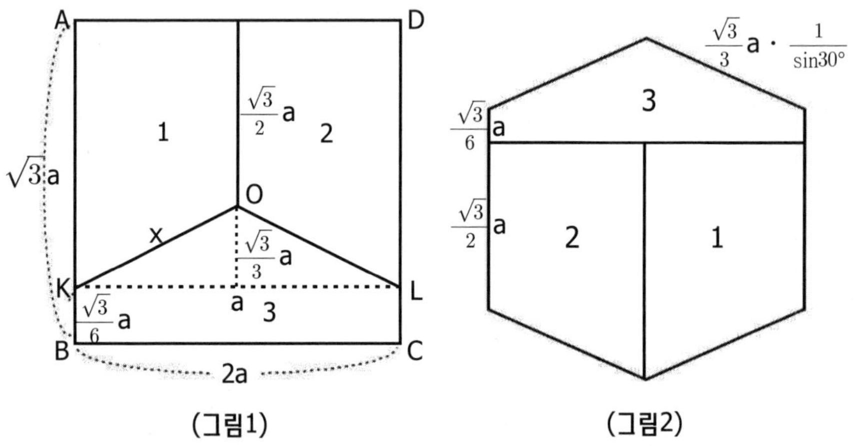

(그림1) (그림2)

AB 상에 BK=$\frac{1}{6}$AB가 되도록 점 K를 잡고, CD 상에 CL=$\frac{1}{6}$CD가 되도록 점 L을 잡아, AD의 중점 M을 잡으면 OK, OL, OM이 절단선이 된다.

이 세 조각으로 (그림 2)와 같이 짜 맞출 수 있다.

(그림 2)에서 생긴 도형이 정육각형이 되는(내각이 어느 것이나 120°로 같고, 변의 길이가 어느 것이나 $\frac{2\sqrt{3}}{3}$a로 같다) 것과, 또 3개 토막의 넓이가 어느 것이나 $\frac{2\sqrt{3}}{3}a^2$으로 같음을 쉽게 증명할 수 있다.

26. 【해답】

어떤 하나의 점(가령 A)을 닮은꼴 중심으로 하고, 예를 들어 1/2 축적으로 도형(점 A, B, 직선 XY)의 축도를 그린다. 점 A_1(이 그림에서는 A와 일치한다), B_1, 직선X_1Y_1이 그것이다.

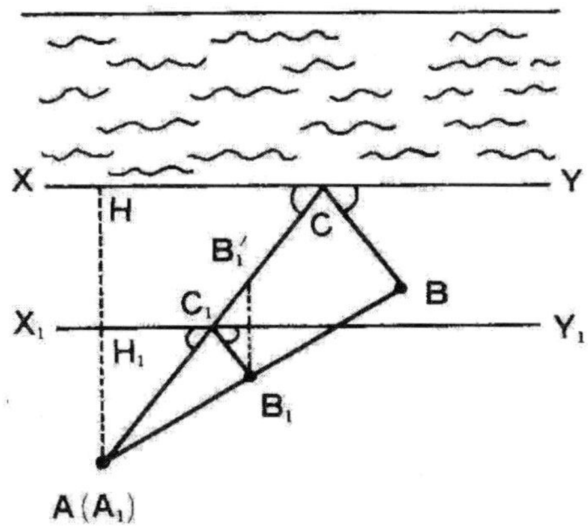

A1에서 X_1Y_1 상의 점을 거쳐서 B_1에 이르는 지름길을 그린다. 즉 X_1Y_1에 대한 B_1의 경우를 B'_1이라 하고 직선$A_1B'_1$이 직선 X_1Y_1과 교차하는 점을 C_1이라 하면 $A_1C_1B_1$이 그것이다. 이것을 A_1의 닮은꼴로 해서 2배로 확대해서 B_1이 B에 오도록 하면 C_1에 대응하는 점 C(XY 상에 있다)를 구하면 절선 ACB가 답이 된다.

$\angle AC_1X_1 = \angle B_1C_1Y_1$, $XY /\!/ X_1Y_1$, $B_1C_1 /\!/ BC$에서

$\therefore$ $\angle ACX = \angle BCY$이므로

점 C가 구하고자 하는 점인 것을 알 수가 있다.

27. 【해답】

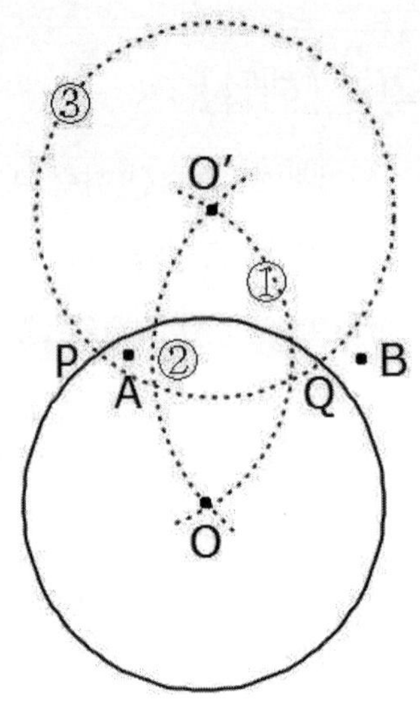

① A를 중심으로 반지름 AO의 원을 그린다.

② B를 중심으로 해서 반지름 BO의 원을 그린다. ①과 ②에서 그린 원의 O 아닌 쪽의 교점을 O'라 한다.

③ O'를 중심으로 해서 원 O와 같은 반지름의 원 O'를 그린다. 원 O와 원 O'의 교점을 P, Q라 하면 이 점이 직선 AB와 원 O와의 교점이 된다.

컴퍼스를 사용한 ①~③의 작도에 의해 원 O'는 직선 AB에 대해서 원 O와 대칭하는 도형이 되어 있으므로 직선 AB와 원 O와의 교점은 동시에 직선 AB와 원 O'와의 교점으로 되는 것이다.

따라서 원 O와 원 O'의 교점을 직선 AB가 지난다. 즉, 두 개의 원의 교점은 원 O와 직선 AB와의 교점이 된다. 원과 직선과의 교점은 두 개보다 많지 않으므로 두 개의 원 O, O'의 교점 외에는 원 O와 직선 AB와의 교점은 아니다.

*두 점 A, B가 원의 안, 밖 어디에 있더라도 직선 AB가 원 O의

중심을 지나지 않는 경우에는 위와 같은 작도가 적용된다. 단지 두 개의 원 O, O'가 교차되지 않을 때는 직선 AB와 원 O와는 교차되지 않는 경우이다. [이것은 마스케로니(Lorenzo Mascheroni)의 컴퍼스만의 작도의 하나이다.]

28. 【해답】 두 개의 원의 교점을 X, Y라 하고 한쪽 원의 한 개의 현 CD를 그린다. (원주 상에 두 점 C, D를 취하는 것만으로도 좋다.)

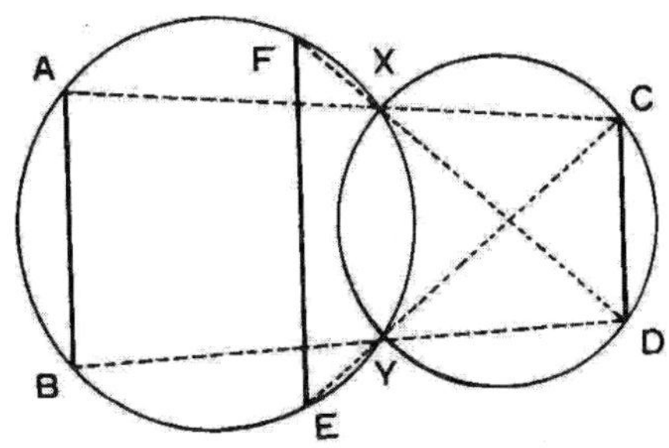

(1) 직선 CX, DY를 그어 다른 쪽 원과의 교점을 각각 A, B라 한다.

(2) 직선 CY, DX를 그어 다른 쪽 원과의 교점을 각각 E, F라 한다.

(3) 직선 AF, BE를 그어 그 교점 P를 구한다.

(4) 직선 AE, BF를 그어 그 교점 Q를 구한다.

(5) 직선 PQ를 긋는다.

이상의 작도에서 현 CD를 그린 쪽의 원에서 CD와는 다른 현 C'D'를 긋고 위와 같은 작도

(1)'~(5)'를 행한다.

(5)의 직선 PQ와 (5)'의 직선 P'Q'와의 교점을 O라 한다. O는

한쪽 원의 중심이 된다. 같은 방법으로 해서 다른 쪽 원의 중심도 구할 수 있다.

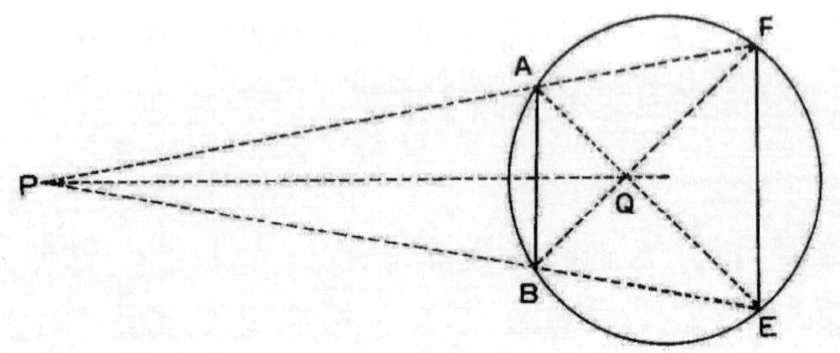

<증명>

Ⓐ 두 개의 원의 교점을 X, Y라 하고, 한쪽 원의 임의의 현을 AB라 할 때 AX, BY와 다른 쪽 원과의 교점을 각각 C, D라 하자. 그리고 CY, DX와 처음 원과의 교점을 각각 E, F라 하면, AB∥EF

Ⓑ 한 원에서 평행한 현을 각기 AB, FE라 하자. 직선 AF, BE의 교점을 P, 직선 AE, BF의 교점을 Q라 하면, 이 원의 중심은 직선 PQ 상에 있다(AF∥BE라면 Q가 이 원 중심과 일치한다). 사각형 ABEF는 등각사다리꼴이 되어 AP=BP, AQ=BQ가 증명되는데, 직선 PQ는 현 AB의 수직 2등분선이 되기 때문이다.

29. 【해답】

(1) 직선 AP를 긋는다.

(2) AP의 연장선상의 임의의 1점을 Q라 하고, 직선 QM을 긋는다.

(3) 직선 BP를 그어 QM과의 만나는 점을 C라 한다.

(4) 직선 AC를 긋는다.

(5) 직선 BQ를 긋는다.

(6) AC, BQ의 만나는 점을 R이라 하고, 직선 PR을 긋는다. 직선

PR은 P를 통과하고 AB에 평행하다.

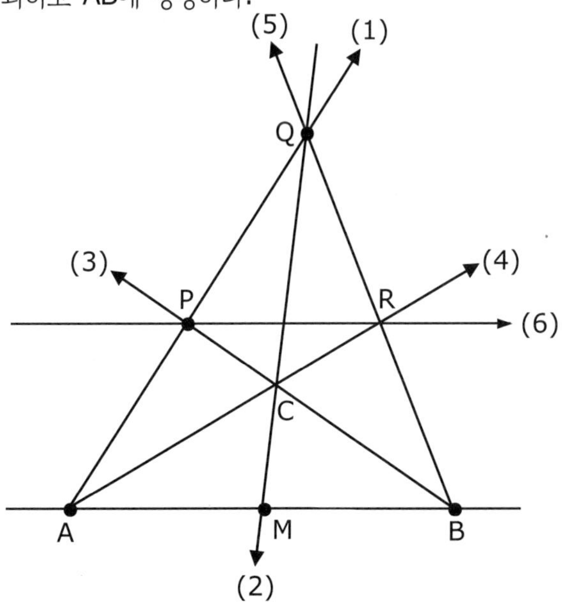

<증명>

세바의 정리에 의해서

$\frac{QP}{PA} \cdot \frac{AM}{MB} \cdot \frac{BR}{RQ}=1$ 또 $\frac{AM}{MB}=1$

따라서

$\frac{QP}{PA} \cdot \frac{BR}{RQ}=1$ 즉 $\frac{QP}{PA}=\frac{RQ}{BR}$

$\therefore$ PR // AB

30. 【해답】 (1) I, (2) D

A에서 출발한 나이트가 진행하는 최소 회수를 각 칸에 기입한다.

<그림 a>에서는 6번 움직여서 도달한 I가 가장 멀다.

<그림 b>에서는 5번 움직여서 도달한 D가 가장 멀다.

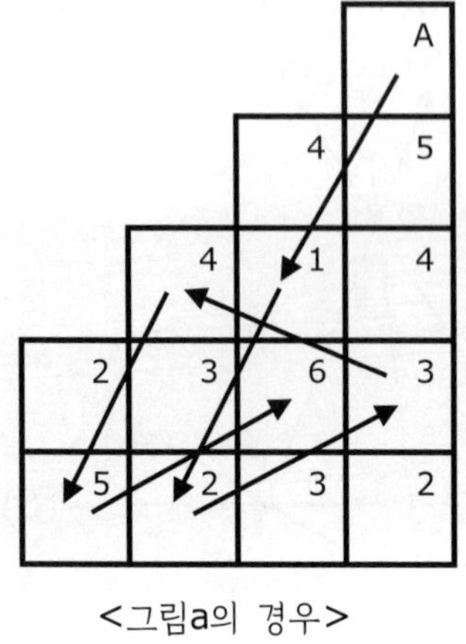

<그림a의 경우>

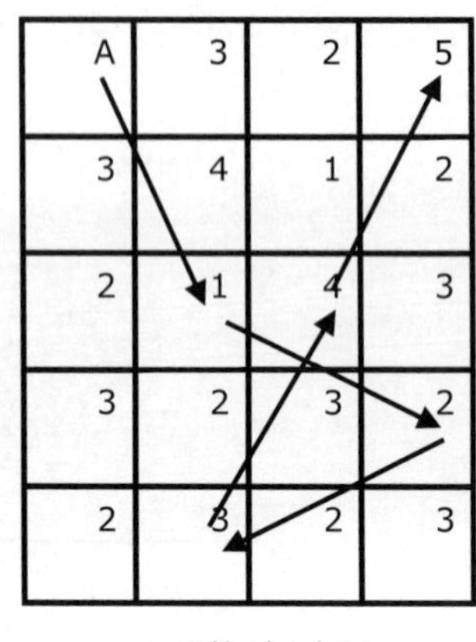

<그림b의 경우>

31.【해답】1/7

빗금 친 내부의 작은 삼각형의 세 꼭짓점과 원래의 큰 삼각형의 세 꼭짓점의 각각으로부터 내부의 작은 삼각형의 세 변과 평행인 직선을 긋고, 그림과 같은 육각형을 만든다. 그러면 이 육각형 속에 빗금 친 삼각형과 똑같은 삼각형이 12개 만들어진다.

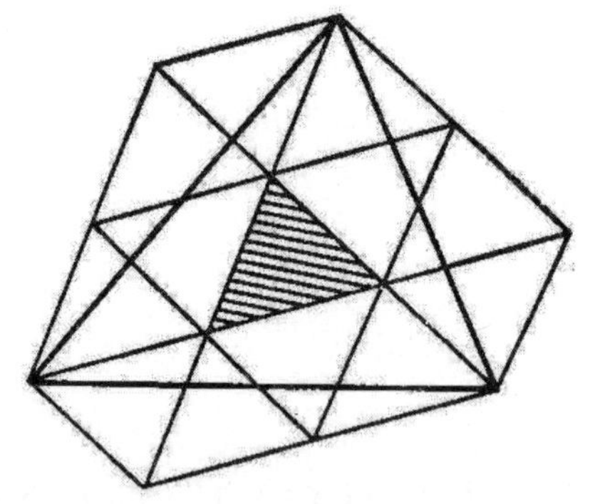

지금 다음 그림처럼 이 육각형을 빗금 친 삼각형과 바깥쪽의 세 개의 평행사변형으로 분리해 보자. 그러면 어느 평행사변형에 대해서도 원래의 큰 삼각형의 내부로 들어가는 부분과 바깥쪽으로 삐죽 나오는 부분이 각각 같은 모양의 삼각형으로 되어 있다.

이로써 빗금 친 삼각형을 에워싸는 12개의 삼각형 가운데 원래의 큰 삼각형의 내부에 들어 있는 것은 넓이로 생각하면 6개의 몫이 된다. 이렇게 해서 원래의 큰 삼각형 속에 빗금 친 삼각형이 7개 들어가는 것이 되고, 빗금 친 삼각형의 넓이는 원래의 큰 삼각형의 넓이의 1/7이 된다.

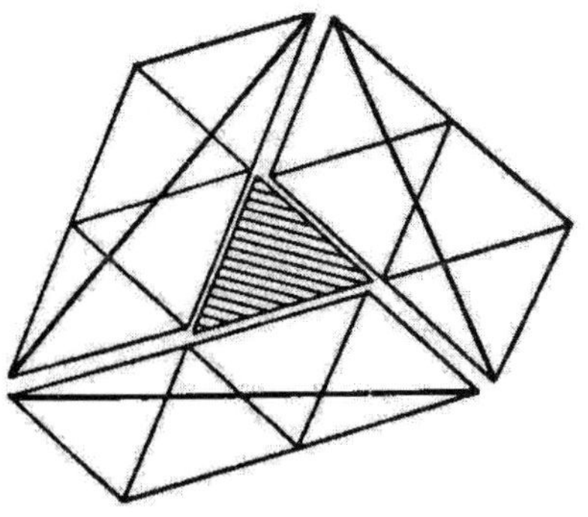

즐거운

365일 수학

"Mathematics Teacher"

개정판 2쇄 발행일 / 2022년 12월 30일

☆

엮은이 / Panda Collection

펴낸이 / 김동구

펴낸데 / 明文堂

(창립 1923년 10월 1일)

서울특별시 종로구 윤보선길 61(안국동)

우체국 010579-01-000682

☎ (영업) 733-3039, 734-4798

(편집) 733-4748

fax. 734-9209

e-mail : mmdbook1@hanmail.net

등록 1977. 11. 19. 제 1-148호

☆

ISBN 979-11-91757-38-5 53410

☆

값 24,000 원

(낙장이나 파본은 구입하신 서점에서 교환해 드립니다.)